현상설계나

설계수업을 할 때,

설계의 폭을 넓히고,

사고를 깊게 하는

힌트가 가득하다!

건축설계의
아이
디어와
힌트

매주 주택을 만드는 모임 저

고성룡 역

470

씨
아이
알

머리말

이 책은 건축설계를 연습하는, '매주 주택을 만드는 모임'이 테마를 선정하고 그 설계의 관점들을 해설한 것입니다.

처음부터 차례대로 읽어나가는 읽을거리로 이용할 수도 있고, 필요에 따라서는 관심 있는 테마나 카테고리를 우선 선택하여 읽을 수 있도록 구성하였습니다. 또 각 테마에서 연상되는 실제 작품 예도 제시하고 있기 때문에, 건축 작품집으로 참고할 수도 있습니다.

이 책에는, 지금까지 '매주 주택을 만드는 모임'의 각 지부에서 열거되었던 주제들 중에서 약 470개의 테마를 선택한 뒤, 그것들을 7개의 장 'A: 형태·형상, B: 소재·물건, C: 현상·상태, D: 부위·장소, E: 환경·자연, F: 조작·동작, G: 개념·사조·의지'로 분류해 소개하고 있습니다. 여기에서는 어디까지나 편의상 테마를 분류하고 있습니다만, 오히려 그 카테고라이즈부터 재검토해 보는 것이, 자신만의 건축을 생각하거나 이해하는 방법을 구축하는 것과 연결될지도 모릅니다.

지금부터 창작활동을 시작하려는 분에게는 많은 도움이 될 힌트가 널려 있을 것이고, 논문을 쓰려고 하거나 이미 실무에 종사하고 있는 분에게는, 딱딱해진 머리를 푸는 스트레칭 효과도 있겠지요. 만일 지금부터 지부 설립을 생각하고 있는 사람에게는, 지부 설립의 매뉴얼 가이드로서 활용할 수 있도록, 모임 진행방식 예도 게재하였습니다. 덧붙여 '매주 주택을 만드는 모임'의 활동에 대해서는 책 끝부분을 보아주시기 바랍니다.

이 책이 건축설계에 종사하는 다양한 사람에게 폭넓게 이용되어, 더욱 자유로운 발상의 단서가 되기를 바랍니다.

매주 주택을 만드는 모임

옮긴이의 글

이 책은 몇 해 전 일본 답사를 다녀온 학생들이 일본 토쿄의 한 건축서점에서 발견한 서적이다. '살펴보니 아주 괜찮다는 느낌을 받아, 교수님이 번역해 주시면 건축설계 수업이나 학생공모전에 많은 도움이 되겠다'며, 답사자료를 빌려준 고마움에 선물 반 숙제 반으로 학생들이 준 책이다.

이 책을 읽어가다 보니 우선 간결한 구성이 눈에 띄었고, 그래픽도 단순하여 생각을 방해하지 않아 좋았으며, 짤막짤막하게 정리된 470여개의 테마들(실제로는 465개)은, 설계 아이디어를 끄집어내는 브레인스토밍이나, 떠올린 주제를 설계의 기본 개념으로 정리하는 데 매우 쓸모 있는 내용이었다. 또한 그런 아이디어나 힌트로 완성된 실제 현대건축들을 구체적인 사례로써 확인할 수 있어, 건축을 스스로 공부하거나 관심을 높이는 데 매우 도움이 되리라 판단하였다.

요즘 건축 관련학회나 건축사협회 등 건축관련 단체에서는, 어린이 건축학교라든가 어린이 건축 창의교실, 일반인들을 위한 건축강좌, 건축 시민대학 등을 개최하여, 일반인들이 건축에 쉽게 접근하도록 안내하고 있으며, 건축 전반에 대한 일반인들의 이해를 높이려고 노력하고 있다. 또한 건축 전공자를 위한 건축 올림피아드, 건축교실 등, 건축을 전공하거나 건축을 공부하려는 학생들을 위해 다양한 프로그램들이 운영되고 있다. 이처럼 여러 계층을 대상으로 하는 각종 건축관련 세미나나 모임에서 이 책이 충분히 시작점이 되며, 이 책의 탄생이 건축 설계연습을 위한 동아리 활동인 '매주 주택을 만드는 모임'의 결과물이기도 하듯이, 우리나라에도 이런 모임이 결성될 수 있으리라 생각된다.

옮긴이는 무엇보다도 이 책이 실무에서 건축설계, 특히 현상설계를 시작할 때 어떤 아이디어의 단초가 필요하거나, 건축전공 학생들이 건축설계과제를 진행할 때, 주어진 주제에 대한 생각을 정리하고 아이디어화하거나 또는 새로운 발상으로 설계방향을 찾으려 할 때 무척 도움되리라 생각한다. 나 자신도 번역하는 과정에서 그 동안 알고 있던 설계개념들을 다시 간략하게 정리할 수 있었음은 물론이다.

끝으로 번역과정에서 일부 일본어 특유의 의성어와 의태어가 많아 이를 우리말로 옮기는 게 쉽지 않았다. 이에 다른 견해도 있으리라 생각되므로 독자 여러분의 좋은 지적을 부탁드린다. 그리고 번역 도중 원고분실로 다시 번역하느라 원고가 늦어졌지만, 훌륭한 책이 되도록 인내심 있게 노력을 아끼지 않으신 CIR 출판사 출판부 여러분과 사장님께 사의를 표한다.

경상대학교 건축설계연구실 소슬재에서 고성룡 씀

차 례

G 조작·동작　151

'매주 주택을 만드는 모임'의 레시피 ~연습의 진행방식과 포인트

'누구라도 · 부담 없이 · 언제라도 참가할 수 있는 것'이, '매주 주택을 만드는 모임[통칭: 슈마이(週毎)]'의 기본 스타일입니다. 그렇지만 정말로 처음일 경우, 무엇을 준비해 어떻게 진행하면 좋을지 모를 것입니다. 그래서 여기에 연습 진행의 한 예를 소개합니다. [협력: 히로시마 지부=히로시마 공업대학 무라카미 토오루(村上徹) 연구실, 이시카와 마코토(石川誠) 외 OB]

❶ 손을 움직여 생각해 보자!

미리 설정된 '주제'(❺를 참조)에 대한 계획안을 준비하자. A4 용지에 평면도나 단면도를 그리고 컨셉을 문장으로 쓰며, 1/200 정도의 작은 모형을 만드는 것이 '매주 주택을 만드는 모임'의 일반적인 스타일이다. 실제로 작업하는 시간이 2~4시간 정도인 사람이 많다. 생각해 둔 따끈따끈한 아이디어를 단번에 형태로 만들어낸다. 또한 참가인 수와 시간에 맞추어 모임장소도 마련해 두어야 한다. 제도실이나 연구실 이외에, 라운지나 찻집이라도 좋다. 다른 사람의 눈길이 있는 편이 자극이 되어 오히려 분위기가 사는 상황이다.

❷ 서로 모두에게 발표하자!

가져온 계획안을 각자 발표해 나간다. 제한시간은 특별히 두지 않아도 좋다. 주제에 대해서 생각한 것, 강조하고 싶은 것, 계획안이 어떻게 실현될 수 있는지 등을 알기 쉽게 설명하자. 듣는 사람은 어떠한 관점에서 안이 고려되었는지에 주의를 기울인다. 덧붙여 사회자는 미리 결정해 두는 편이 좋다. 분위기가 딱딱하게 되지 않도록 하고 자유롭게 발언할 수 있도록 배려하는 것이, '매주 주택을 만드는 모임' 사회자의 최대 임무이다.

❸ 친구의 계획안에도 의견을 말해 보자!

발표가 한 바퀴 돌게 되면, 각각의 대안들을 차분히 돌려보면서 질의응답을 해보자. 발표만으로는 설명이 부족하였거나 생겨난 의문점에 대해 들음으로써 이해를 깊게 할 수 있다. '어떠한 대지를 생각했는지', '가족구성은 어떠한지', '이 조작은 어떤 의미가 있는 것인지' 등 생각나는 것부터 들어본다. 좋게 느낀 점이나 더욱 발전시키는 편이 좋겠다고 생각되는 점을 전달하여도 좋다.

❹ 어떤 안이 좋았는지 투표해 보자!

사실, 어떤 안이 제일 좋았는지를 결정하는 투표는 모든 지부에서 하고 있지는 않다. 그러나 참가자의 의지를 끌어내고, 모임을 지속시키는 데 일정한 효과가 있다. 주제를 깨끗이 정리하고 있는 안을 선택할지, 손질이 덜 되어 있어도 날카로운 아이디어를 보여주는 안을 선택할지는 참가자들 나름의 선택이다. 무기명 투표로 한다면, 참가자의 연령이나 처지의 차이를 신경 쓰지 않고 자유롭게 선택할 수 있을 것이다.

❺ 다음번 주제를 결정하자!

이번 모임의 발표와 투표가 끝나면, 다음번 모임의 주제를 결정하자. 생각이 떠오른 사람부터 제목을 제시해 간다. 화이트보드 등에 써내려 가면 알기 쉬울 것이다. 이번에 다룬 주제에 대해 더욱 깊게 탐구하고 싶다면 다시 한 번 주제로서 제안해도 괜찮다. 제시된 주제들이 대충 다 모이면, 거수로 투표해보자. 1인 2표로 하면 스무드하게 결정하기 쉽다. 어디까지나 말랑말랑한 발상을 얻을 수 있는 장소와 분위기 필요하다. 커피와 과자는 빠뜨릴 수 없다.

❻ 여러 사람들의 의견도 들어 보자!

정해진 멤버들로 모임을 계속해 나가면, 아무래도 관점이 틀에 박히기 십상이다. 때때로 OB·OG나 여러 선배 건축가들, 교수님 쪽의 의견을 들어 보는 것도 좋다. 스스로 투표한 결과와 다른 경우도 자주 있고, 평상시와는 다른 관점을 접할 수도 있다. 물론 이 책에서 열거하고 있는 해설에 대해 서로 이야기하는 것도 발상을 펼치는 데 도움이 된다.

여기서 제시하는 진행방식은 어디까지나 한 예에 지나지 않으며, 지부나 모임에 따라서 진행방식이나 준비 방법이 다를 수 있다. 175쪽에 열거한 지부 활동에 실제로 참가해 보아도 괜찮고, 이 진행방식을 참고하여 독자적으로 발전시켜도 괜찮다. 갖가지 '매주 주택을 만드는 모임'을 즐겨보기 바란다.

Q. 참가자 전원이 자유롭게 이야기하도록 하려면 어떻게 하면 좋을까?

A. 계획안을 설명할 때 되도록 알기 쉬운 말로 이야기합시다. 학생 때에는 학년 차에 따라 지식의 차이가 있는 것은 당연한 일입니다. 항상 공평하게 보려고 의식해야 합니다. 참가자 각자에게 별명을 붙여 서로 부르는 것도, 연령에 따른 울타리를 없애는 데 도움이 되겠지요. 그리고 강평이나 의견 교환을 할 때, 감점방식이 아니라 가점방식으로 해보면, 자연스럽게 논의가 펼쳐져 분위기가 살 수 있습니다.

Q. 활동을 어떻게 계속하면 좋을까?

A. 평상시의 과제 등이 겹쳐, 매주 개최가 어렵다고 느낄지도 모릅니다만, 계속되도록 힘써야 합니다. 매주 진행함으로써 설계의 힘이 붙게 되어 자꾸자꾸 즐거워지고, 스스로 나름대로의 페이스를 잡을 수 있습니다. 또한 홈페이지나 블로그 등을 열어, 테마나 개최 일시, 출결 등의 정보를 공유하면 좋을 것입니다.

Q. 활동을 어떻게 확산시키면 좋을까?

A. 전용 홈페이지나 블로그는 참가자들을 늘리는 계기도 됩니다. 적극적으로 내용을 갱신하여 발신해 나갑시다. 횟수를 거듭하게 되면, 전시회를 열거나 타 대학과 교류하거나 OB나 OG, 기성 건축가를 부를 수도 있습니다. 신선한 의견이나 자극을 받는 계기가 되겠지요.

Q. 설계의 스킬을 올리려면?

A. 일반 공모전에서든지 '매주 주택을 만드는 모임'이든지 마찬가지로, 어떤 주제를 어떻게 읽을지가 포인트이겠지요. 야구에 비유한다면, 던져진 공을 빵! 하고 쳐내는 것입니다. 자신이 히트할 때의 감각을 체득하는 장소로서, '매주 주택을 만드는 모임'을 활용하기 바랍니다. 그리고 여러 번 프레젠테이션 경험을 쌓아 자질을 올리고, 자유로이 의견을 교환할 수 있는 곳이 '매주 주택을 만드는 모임'의 모습입니다.

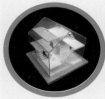

위아래에 열거된 사진들은, 각각 1개의 주제에 대해 도출된 집의 여러 가지 대안들이다. 실로 다종다양한 어프로치를 볼 수 있다.

001 ┃ 면의 집

건축에는 벽이나 바닥, 지붕 등 다양한 곳에 면이 존재한다. 건축은 면으로 구성되어 있다고 해도 과언이 아니다. 면은 공간에 방향성이나 형태를 정의해 준다. 미스 반 데어 로에나 리트펠트와 같이, 면을 구성하여 공간을 만든 건축가도 많다. 면이 면으로서 계속되려면, 그것이 선이나 매스여서는 안 된다. 면으로서 존재하려면 많은 경우, 면의 모서리가 다른 물체에 속하지 않는 형태로 자립해 존재해야 하는 경우가 많다. 공간의 어디를 면으로 보이게 할 것인지, 또 그것들을 어떻게 배치할 것인지. 이를 정리해 보는 것만으로도 좋은 훈련이 될 수 있다.

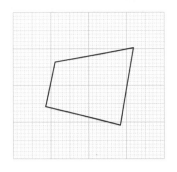

002 ┃ 점의 집

평면도 상에서 선을 벽에 비유한다면, 점은 기둥과 같다. 바우하우스를 이끈 미스 반 데어 로에의 건물 평면은 그러한 해석이 가능하다. 점은 원래 위치나 지점을 나타내는 것이므로 크기를 갖지 않는다. 그 때문에 건축 공간에 표현요소로 나타나는 경우는 적지만, 점들의 모임으로 파악하거나 점과 점을 연결하는 등, 건축의 조작으로 여러 장면에서 나타나고 있다. 구체적인 예로 안도 타다오로 대표되는 제치장 콘크리트 마감에서는, 세퍼레이터 구멍을 점으로 파악하고 그 배치에 주목하여, 점을 가지런히 줄 세워 긴장감을 얻고 있다.

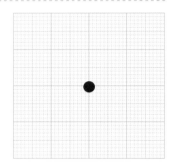

003 ┃ 알파벳의 집

우선은 알파벳을 다이렉트로 건축에 도입해 보자. 알파벳에는 직선도 있고 커브도 있다. 또한 직각도 있는가 하면 예각이나 둔각도 있다. 한 번에 써내려 갈 수 있는 것도 있고, 서로 겹치는 것도 있다. 그 도형이 평면인지, 단면인지 또는 집의 안팎에서 떠오르는 그래픽인지. 구조재에서도 H형강이나 I강철이나 컷 T 등, 단면형상의 명칭에 사용되거나, 여러 가지로 건축과 친숙한 도형으로서의 알파벳이 모여 있는 것 같다. 관심 가는 문자들의 조합도 즐길 수 있다.

【실예】우트레흐트 대학 미나에르트 빌딩/ 노이텔링스 리데이크

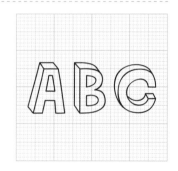

우트레흐트 대학 미나에르트 빌딩
(Utrecht Univ. Minnaert Bldg)

설계 : 노이텔링스 리데이크 (Neutelings-Riedijk)

네덜란드 우트레흐트 대학 건물 중의 하나. 필로티 지지기둥이 알파벳 형상으로 되어 있는 외관이 특징이다. 건물 그 자체를 사인(sign)이 결정해버린 외관은, 한번 봐서 그것이 무엇인지 알 수 있는 표지의 기능도 담당하고 있다. 우트레흐트 대학에는 그밖에 OMA, 메카노우 등도 시설들을 계획하였다.

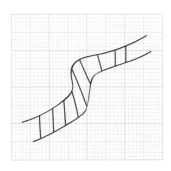

004 | 띠의 집

띠 모양이란, 리니어(linear)라는 말로도 옮길 수 있지만, 선 모양이기 때문에 자르거나 늘이거나 바꿔 넣는 등 비교적 조작을 자유롭게 할 수 있고, 지극히 효율적으로 스터디하기 쉽다. 띠란 또한 선에 폭이 주어진 것이므로, 평면도로 말한다면 복도 같은 것이기도 하고, 입면에서는 창이 띠 모양으로 보이거나 타일 모양이 띠 형상으로 느껴질 수도 있다. 물리적인 성질로 말하자면, 우아한 형태를 보이는 것도 또한 띠의 매력이다. 띠로 물건을 묶어두거나, 미이라처럼 띠로 감을 수도 있다.

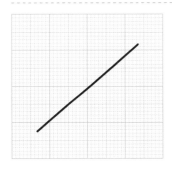

005 | 선의 집

선을 긋지 않으면 건축은 불가능하다. 반대로 말하면 선을 그으면 건축이 가능해진다. 선이 서툰 도면을 건네주게 되면, 그대로 이상하게 건축될 것이다. 선을 긋는 센스야말로, 건축의 좋고 나쁨을 크게 좌우한다. 설계는 선에서 시작해 선으로 끝난다고 말하여도 좋다. 또한 회화와 달리, 선은 건축에서 목적이 아니고 어디까지나 건축이나 공간을 표현하는 수단이나 방법에 지나지 않는다. 선은 각각 명확하게 의미하는 것이 있지만 한편으로 애매한 선도 상상력을 북돋아 준다.

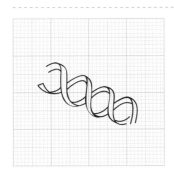

006 | 이중나선의 집

이중나선이라면, DNA시스템을 떠올리기 십상이지만, 건축공간에도 이따금 이중나선이 등장한다. 전망대에서 볼 수 있는 계단이 그러하다. 이 경우 1개는 오름 그리고 1개는 내림과 같이 2개의 계단을 같은 장소에 넣어 깨끗이 해결할 수 있다. 나선 계단의 반경이나 천장 높이 등을 조정할 필요는 있겠지만, 언뜻 하나밖에 없는 것처럼 보이는 계단에 2개가 들어가 있다는 사실에 놀라곤 한다. 이중나선 계단에서 사람의 움직임을 관찰해보면, 교대로 오르고 내려가는 사람을 보는 것도 또한 재미있다.
【실예】아이즈 사자에도(원통 삼잡당)

아이즈(會津) 사자에도[원통삼잡당(圓通三匝堂)]

일본 후쿠시마(福島)현-아이즈와카마츠(會津若松)시에 건립된 육각형 법당이다. 이중나선의 특징을 살려, 매우 콤팩트하면서도 복잡한 스파이럴 공간이 되고 있다. 오르는 동선과 내려오는 동선이 겹치지만 별도의 통로로 되어 있어 일방통행 동선이 되기 때문에, 참배객끼리는 충돌하지 않는 구성이다.

007 ｜ 미궁의 집

미궁이나 미로는 사람을 혼란스럽게 한다. 그리고 건물도 너무 복잡하게 만들면 미궁과 같이 혼란스럽게 된다. 요새 등은 건물을 적으로부터 지키기 위해 일부러 미궁과 같이 만들기도 하였다. 모로코의 도시에서도 미로 같은 구조를 볼 수 있다. 미궁화하는 일도 외부 세계에 대한 해답의 하나이며, 그러한 것도 주택에 응용할 수 있을지도 모른다. 또한 헤매기 쉬운 것에는 어떤 특징이 있는지 조사해 보아도 재미있다. 예를 들어 완전히 똑같은 통로가 2개 있다면 인간은 지금 어디에 있는지 모르게 되며, 완전히 똑같은 치수의 방이 있다면 오롯이 속게 된다.

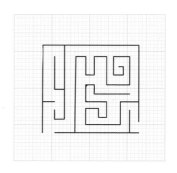

008 ｜ 솔리드 모델의 집

솔리드 모델이란 3D CG 등에서 자주 듣는 말이다. 매스를 수식으로 표현하려고 수학자인 L. 오일러가 고안한 기술방법이다. 각 면의 변에 방향을 갖게 하고, 서로 이웃되는 면의 방향이 역이 되도록 배치하여 모든 면에서 그것이 가능하다면, 내용물은 가득 차 있음이 보증된다는 개념이다. 자세한 내용은 다른 서적에게 양보하고, 건축에서도 과연 솔리드란 어떤 경우를 가리킬까 하고 생각하는 계기가 되었으면 한다. 컴퓨터 소프트웨어 중에 이러한 판정이 가능한 소프트웨어를 솔리드 모델러라고 한다. 솔리드 모델러 1개 정도는 마스터 해둘 필요가 있다.

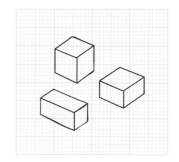

009 ｜ 상자의 집

건축을 가장 간략하게 표현하면 상자와 같아진다. 요컨대 아무 것도 아닌 공간을 형상화하면 상자처럼 된다. 다만 상자라고 해도 여러 가지 프로포션이 있어, 그 프로포션의 좋고 나쁨만으로도 다양하게 논의될 수 있다. 또한 상자를 각 방으로 간주해, 방과 방의 연결을 상자로 검토할 수도 있다. 어쨌든 어린아이가 집짓기 놀이를 하는 감각으로, 공간을 어떻게 배치할지 등을 검토할 때 이 상자는 소중하다.
【실예】 최소한 주거/ 마스자와 마코토

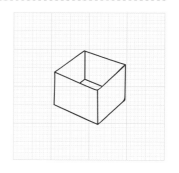

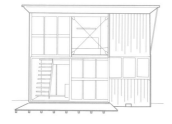

최소한 주거

설계 : 마스자와 마코토(增澤洵)

제2차 세계대전 이후 주택업계에 큰 영향을 주었던 건축가 자신의 집이다. 2층 건물로, 오픈된 공간을 이용하여 작은 주택 안에서도 쾌적하게 살 수 있다는 강한 의지를 공간으로 나타내 보인, 생활을 위한 '상자'. 9평 하우스라는 애칭으로도 사랑받고 있어, 지금까지도 협소주택의 이상적인 모델로서 인용되고 있다.

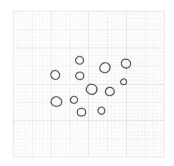

010 | 입자의 집

일본에는 입자(粒子) 모양의 음식물이 많이 있다. 쌀, 참깨, 콩 등이 입자 모양이다. 건축에서는, 모래, 자갈 등 입자로 된 골재들이 넓게 유통되고, 물갈기 마감으로 작은 돌을 썰어내 입자 형상의 표정을 연출하기도 한다. 미장재료로서 입자의 입도에 따라, 표정이나 촉감의 기분도 바뀐다. 입자는 어쩐지 매스와는 대조되는 형태로 파악되지만, 입자가 모여 볼륨을 이룬다면 매스로 파악될 수도 있다. 세상의 물체에 눈을 돌려보면, 물질을 작게 분쇄해가면 입자 모양이 되기도 하며, 반대로 거대한 것도 둥근 입자 형상이기도 하다. 멀리 보이는 별은 확실히 입자 모양이다.

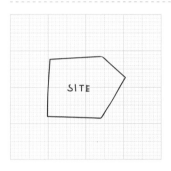

011 | 대지 모양의 집

대지 모양은 다양하다. 네모반듯한 것부터, 길고 좁은 것, 깃대 같은 것, 삼각형 등 주변상황 때문에 잘려진 대지에는 다양한 이유가 있다. 대지를 파악할 때 도대체 대지가 어떻게 이러한 형태가 되었는지를 우선 분석할 필요가 있다. 예를 들어, 구획된 곳에 경사진 도로가 지나게 되어 대지가 변형되었거나, 강이나 벼랑처럼 자연요소에 의해 잘려지는 등 다양한 룰을 발견할 수 있다.

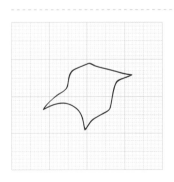

012 | 3차곡면의 집

3차 곡면은 2차 곡면과 다르게 3방향 모두가 자유 형태인 것을 말한다. 최근에는 NURBS 곡면 등으로, 컴퓨터로도 엄밀하게 정의할 수 있게 되었다. 3D CAD에서도 곡면을 뽑내는 CAD가 있다. 원래는 자동차 디자인에 사용되어 온 분야이지만, 환경이 갖추어져 건축에서도 그 조형의 응용이 시도되고 있다. 현대 건축에서는, 프랭크 O. 게리로 대표되는 건축가들이 3차 곡면을 구사하고 있다. 거기에서 보이는 새로운 가능성들도 생각해 보면 좋겠다.

【실예】 빌바오 구겐하임 미술관/ 프랭크 O. 게리

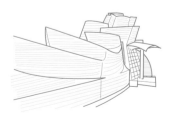

빌바오 구겐하임 미술관

설계 : 프랭크 O. 게리

스페인 빌바오에 건립된 20세기를 대표하는 미술관이다. 그 존재감은 당시 빌바오라는 무명 도시를, 전 세계 사람을 불러들이는 관광지로 바꾸어 놓았다. 건축가의 조형능력과 최첨단 컴퓨터기술을 구사하여, 내부 외부 모두 3차 곡면으로 구성되는 공간을 실현하였다. 완성된 형태도 재미있지만, 모형과 CG 사이에서 피드백을 반복한 제작과정도 반드시 볼만하다.

형태·형상

소재·물건

현상·상태

부위·장소

환경·자연

조작·동작

개념·사조·의지

013 | 메쉬의 집

3차원 형태를 점들의 집합으로 잡아, 그 점들을 삼각형 면들로 묶은 것을 3D 메쉬(mesh)라고 한다. 3D 초기에는, 매끄러운 3차 곡면을 정의할 수 없었으므로 이러한 방법을 사용하였다. 현재는 더욱 매끄러운 방법이 가능하게 되었지만, 지금까지도 연산속도가 빠르기 때문에 메쉬가 많이 사용되고 있다. 이러한 메쉬로 만들 수 있는 건축도 많이 있어, 삼각형뿐만 아니라 육각형이나 5각형을 단위로 한 것 등 매우 공이 많이 드는 것까지 볼 수 있다.
참고: 풀러 돔/ 버크민스터 풀러

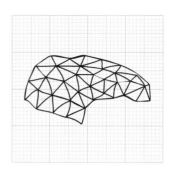

014 | 궤적의 집

어떤 사람이나 사물이 더듬어 온 자취를 궤적이라고 부르지만, 건축설계에서는 인간행위의 궤적을 덧씌우듯이 공간을 검토하는 경우가 있다. 이번에는 완전히 다른 궤적을 주택에 적용시켜 보자. 또한 무엇인가의 궤적을 벽이나 바닥, 천장의 단면에 옮겨놓는다는 설계 수법에 따라 건축을 재구축해 보자. 실제로 자연의 등고선을 따라 배치된 건축이나, 태양이나 별의 궤적을 따라 뚫려진 창문 등이 있다. 일상생활에서는 따르지 않는 궤적을 발견함으로써, 완전히 새로운 주택이 생길지도 모른다.

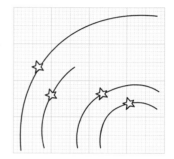

015 | 지그재그의 집

지그재그한 형태는, 꼬불꼬불한 비탈길(구절양장 길)과 같이 급경사면에 나타나기도 하고, 톱날 끝과 같이 작은 곳에서도 볼 수 있다. 들쭉날쭉한 건축은 조금은 애처롭게 보이기도 하고, 절단된 면의 보일 듯 말 듯 함은 다이내믹하게 보이기도 한다. 지그재그하게 하여 만들 수 있는 효과로는, 거리를 띄우거나 이러 저러한 방향으로 면을 열거나, 작은 장소에서 컴팩트하게 전개할 수 있는 등, 다양한 특징이 있다.
【실예】 베를린 유대박물관/ 다니엘 리베스킨드

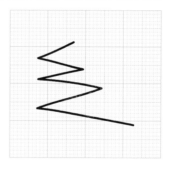

베를린 유대박물관

설계 : 다니엘 리베스킨드 (Daniel Libeskind)

독일 베를린에 건립된 유태인 문화를 전시하는 미술관. 티타늄과 아연으로 덮인 금속 볼륨이, 지그재그한 평면 모양으로 대지 위에 세워졌다. 출입구가 없어, 인접한 건물을 통하여 지하에서 액세스한다. 내부는 다양한 방향으로 찢어진 슬릿 형상의 개구부들이, 더욱 강하고 날카로운 지그재그한 인상을 준다.

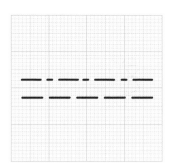

016 | 점선의 집

점선이나 파선은, 선의 존재를 조금 약하게 하고 싶을 때, 또는 도면 상으로는 필요하지만 눈에 보이는 형태로는 실재하지 않는 선 등을 그릴 때, 점선으로 표현하는 경우가 많다. 도로 중앙선이나 대지 경계선이기도 하다. 또한 가동칸막이처럼, 존재하고 있을 때와 존재하지 않을 때가 있는 경우에도 점선이나 파선을 사용하며, 머리 위 오픈공간의 표현에도 사용한다. 이러한 존재인 희미한 선을 건축에서 어떻게 다루어야할지 건축표현 방법도 포함하여 생각해 보자.

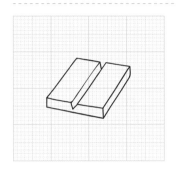

017 | 구(溝)의 집

구(溝)란 오목한 형상을 가리키지만, 한자로는 삼수변이 붙은 것으로, 원래는 물을 흘리는 틈새를 가리킨다. 건물 주위나 대지 경계에 배치된 측구(側溝)가 그러하지만, 물을 흘린다는 의미에서는 출입구 발판 밑이나 목욕탕의 배수구도 이에 해당될 것이다. 그러나 구(溝)는 실제로는 좀 더 넓은 의미로, 오목한 상태의 것을 가리킨다. 미닫이의 구(溝)라든가, 소재의 교체 마감부위에 쓰이는 구(溝), 장식으로서의 구(溝) 등이 있다. 디테일로서는, 표면에 구(溝)를 붙임으로써 소재를 잘 물리게 하거나 접합이 잘 되게 한다.

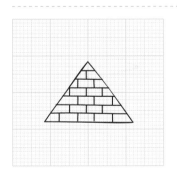

018 | 피라미드의 집

피라미드란, 이집트에서 볼 수 있는 사각뿔을 가리키지만, 이 형상은 구체(球体)와 마찬가지로 매우 파워 있는 형태이다. 그러므로 이 형태에 손을 대는 것은 매우 특별한 경우이므로 다룰 때 조심할 필요가 있다. 다만 어떠한 문맥도 눌러 버리는 파워가 있기 때문에, 잘 이용하면 획기적인 쓰임새도 있을 것이다. 건물의 지붕 부분은 삼각 형태이기 때문에, 그 형태나 구배에 따라서는 피라미드처럼 보이기도 한다.
【실예】루브르미술관 개수계획/ I. M. 페이

루브르미술관 개수계획

설계 : I. M. 페이 (Pei)

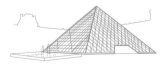

프랑스 파리에 지어진 루브르미술관 엔트런스 공간을 꾸미는 유리 피라미드. 역사 있는 도시의 경관을 존중하는 파리 시민들이 피라미드형이라는 매우 강한 형태를 대담하게 쓴 것에 대해, 당시로는 상당히 비판하였다고 한다. 그러나 지금은 그 피라미드가 오히려 파리를 대표하는 랜드마크가 되고 있다. 아래에서 올려다보는 역피라미드는 세계에서도 몇 안 되는 유리 공간이다.

형태・형상

소재・물건

현상・상태

부위・장소

환경・자연

조작・동작

개념・사조・의지

019 | 그릇의 집

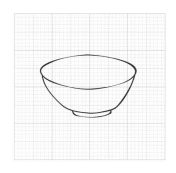

건축은 그릇과 같다. 요구된 크기의 것을 넣기 위한 그릇이다. 큰 것에서 작은 것까지, 또한 얕은 것에서 깊은 것까지 여러 가지 형태가 있다. 또한 그릇을, 우아한 형상이나 표면의 표정 그리고 감촉 상태 등, 다양한 관점에서 즐길 수도 있다. 또 그릇들이 정연하게 놓인 모습이 아름답거나, 시간이 경과함에 따라 독특한 감촉이 나타나거나, 갈라져 망가져 버리는 것도, 매력 중의 하나일지도 모른다. 건축도 멋진 그릇으로 계속되고 싶다.

020 | 바구니의 집

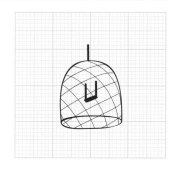

건물은 바구니(농籠) 같은 것일까 아니면, 우리(함檻) 같은 것일까? 이는 그 안에 놓이게 되는 인간의 상황에 따라 달라진다. 건물 속에 있으면서 밖으로 나오는 것이 거절되는 순간 그것은 우리처럼 보일 것이고, 외적에게 쫓겨 몸을 지키는 수단으로서의 건축이 등장한다면 그것은 바구니에 가깝다고 느낄 것이다. 예부터 건축에는 감옥이나 우리라는 기능도 있어, 결코 쾌적한 공간만을 위해 건물이 존재하여 오지는 않았다. 현대에는 외벽에 메쉬 형상의 구조체를 배치하여 바구니(籠)와 같은 이미지를 실현한 건물이 등장하고 있다.
참고: 베이징 올림픽스타디움/ 헤르조그 & 드 므롱

021 | 그물의 집

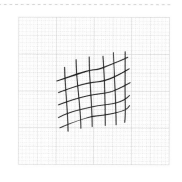

그물(망網)이란, 섬유상의 것을 틈새가 있도록 엮은 것이다. 격자라는 단순한 구성이면서도 복잡한 형상을 만들 수 있다. 격자를 엮는 방법은 여러 가지가 있으며, 그물은 어업을 비롯해 다양한 분야에서 쓰이고 있다. 건축에서도 망상창이나 울타리 등에서 볼 수 있다. 대공간에도 사용되어 망상형 배근에서 거대한 메쉬 형상의 구조체에 이르기까지, 유기적인 형상에도 적용되고 있다. 의복의 세계에서 예를 들어, 망 형태의 타이즈는 입체감이나 섹시함을 크게 어필하는 기능이 있다.
【실예】프라다 부띠끄 아오야마점/ 헤르조그 & 드 므롱

프라다 부띠끄 아오야마(靑山)점

설계 : 헤르조그 & 드 므롱

부띠끄 숍 오픈에 세계적인 건축가를 기용한 프라다의 토쿄 아오야마점이다. 구조체가 된 그물 형상의 파사드가 섹시한 인상을 준다. 마름모꼴 형태에 짜 넣어진 유리가, 1장 1장 부드럽게 볼록한 모양인 것도 특징이다. 그물 모양의 마름모꼴 단면이 그대로 튜브 형상으로 횡단하고 있는 내부 공간도 재미있다. 밤에는 한층 더 그물 형상의 실루엣이 두드러져 그 모습이 요염해진다.

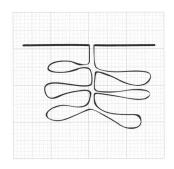

022 | 둥지의 집

개미 둥지를 투명 아크릴 상자에 넣고 관찰하던 어렸을 때 기억이 있다. 단면을 종횡무진 개척해 나가는 상태가 둥지 만들기의 즐거움을 가르쳐 준다. 인간은 개미와 같은 둥지를 만들지는 않지만, 그 두근 두근하는 감각으로, 또한 각각의 동물에는 각각의 둥지 만드는 방식이 있다는 것을 통해, 인간의 둥지를 찾아보는 것도 재미있을지 모른다. 인간은 아마 다른 동물과 마찬가지로, 둥지 만드는 법을 배우지 않아도 유전자적으로 만들어 낼 수 있을지도 모른다. 만약 그렇다면 인간은 모두 건축가일지도 모른다.

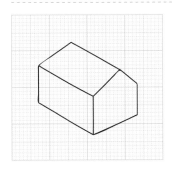

023 | 맞배지붕의 집

맞배지붕을 얹은 건물은 이른바 스탠다드한 형태로, 특징 있는 지붕면을 갖고 있다. 이 형태는 지붕의 가구架構와도 관계있으며, 내리는 비의 해결을 고려한 가장 원시적인 형상이다. 비는 양사이드로 흘러가고 지붕틀은 트러스로 기능하는 것도 있다. 또한 열 환경적으로는 지붕의 뜨거운 공기를 피하는 장소로도 기능하고 있다. 현재는 이 독특한 형상이 가진 기호적 특성 때문에 '가형(家型)' 또는 '집모양'이라고 불린다. 어린아이가 그리는 집의 외형 대부분이 이 맞배지붕 형태인 것도 흥미롭다.

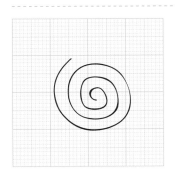

024 | 소용돌이의 집

소용돌이 형상을 건축에 활용할 수는 없을까? 도시계획에서 미술관 확장계획에 이르기까지, 지금까지도 다양한 곳에서 응용되어 왔다. 그런데 소용돌이에도 두 종류가 있다. 그것은 안쪽을 향해 소용돌이가 발전해가는 경우와, 바깥쪽으로 발전해 나가는 경우가 있다. 소용돌이가 다이렉트하게 건축에 반영된 것에는 특수한 경우가 많지만, 장식 디테일에서는 자주 볼 수 있는 조형이다.

【실예】일본 국립 서양미술관/ 르 꼬르뷔제(본관)/ 마에카와 쿠니오(신관)

일본 국립 서양미술관

설계 : 르 꼬르뷔제(본관)/ 마에카와 쿠니오(前川國男, 신관)

일본 토쿄 우에노(上野)에 세워진 미술관. 일본에 유일하게 건립된 르 꼬르뷔제 설계의 건축물. 그 구상 스케치에서 보아도, 당초보다 소용돌이가 강하게 이미지화되고 있음을 알 수 있다. 고둥과 같은 소용돌이 구성으로, 안쪽에서 바깥쪽을 향해 계속 확장해 가는 공간이 주요 컨셉이 되고 있다.

형태·형상

소재·물건

현상·상태

부위·장소

환경·자연

조작·동작

개념·사조·의지

025 | 퍼져나감의 집

퍼져나감은 재수 좋은 형태이며, 한자 八자처럼 퍼진 부채꼴은, 원점으로 갈수록 좁아지는 반면에 단부는 크게 확대된다. 스커트와 같은 것도 퍼져나감의 한 형태일지도 모른다. 맞배지붕은, 지붕만 보면 퍼져나가는 모양이라고 할 수 있지만, 일반적으로는 둥그스름함을 띤 곡선 상으로 퍼져나가는 것을 말한다. 평면이라도 좋고, 단면이어도 좋다. 이 대조적인 성격의 형태나 건축의 모양새에 대해 생각해 보자.

유의어: 부채꼴

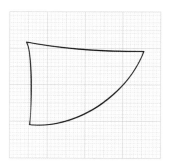

026 | 산접기 · 골접기의 집

종이접기와 같이 종이를 접으면 거기에는 접힌 자국이 생겨, 다양한 형태로 접기를 할 수 있다. 종이에 겉과 뒤가 있다고 가정하면, 이에는 2가지 다른 접기 방법이 있다. 산 접기와 골 접기이다. 각각 반대로 접는 방법이 되겠지만, 이들의 조합으로 종이접기가 이루어진다. 건축에서도 예를 들어, 지붕에도 산 접기와 골 접기가 있어, 빗물이 새는 것을 막는 방법 등을 고려할 때 중요해진다. 지붕재로 이용되는 '절판'(또는 '골판')도, 철판을 산 접기 골 접기 한 것으로, 적은 재료로도 강한 구조가 되므로 다양한 장면에서 응용되고 있다.

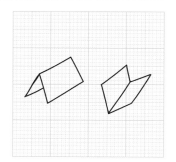

027 | 나선의 집

건축에 등장하는 나선으로는 우선 나선계단이 있다. 회전하면서 Z축 방향으로도 일정한 속도로 움직여 나가는 궤적을 말한다. 빙글빙글 돌면서 오르는 것은 즐겁고, 시야가 시시각각 360°로 바뀌는 것도 재미있다. 또한 실내에 배치되는 나선 계단은 독특한 형태 때문에, 그 건물의 심볼과 같은 것이 되기에도 충분하고, 공간에 다이너미즘을 만들어 낸다.

관련어: 이중나선, 빙글빙글

【실예】구겐하임 미술관/ 프랭크 로이드 라이트

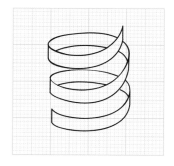

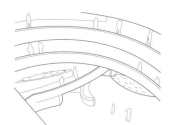

솔로몬 R. 구겐하임 미술관

설계 : 프랭크 로이드 라이트 (F. LL, Wright)

뉴욕에 세운 근대미술을 주로 전시하는 미술관. 나선 모양의 동선 공간 그 자체가 전시 공간이 되고 있다. 건물의 중심은 거대한 오픈공간이며, 그 주위를 나선 모양으로 전시공간이 둘러싸고 있다. 관람객은 맨 처음 엘리베이터로 최상층에 오른 후, 나선 모양의 전시 공간을 빙글빙글 아래로 내려가면서 작품을 감상하는 구성이다.

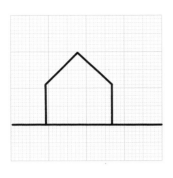

028 | 부정형의 집

건축은 다양한 주변 조건이나 요구 때문에 정형이 아닌 부정형이 되는 경우가 있다. 그 조건이 특이하면 특이할수록 부정형은 더욱 기괴하게 보이기도 한다.

한편 소재가 부정형인 것으로는, 점토나 슬라임(slime), 고무 상태의 것들이 있다. 힘을 풀면 원래대로 돌아가는 형상기억 물체가 있는가 하면, 힘을 더하면 원래 그대로는 돌아가지 않는 것도 있다. 형태가 애매하고 종잡을 수 없는 것도 있고, 시시각각 변화하는 것도 있다. 고정된 형태는 그래서 규칙 바르고 매력적이지만, 조금은 정해지지 않고 안정되지 않는 형태도 또 다른 매력을 갖고 있다.

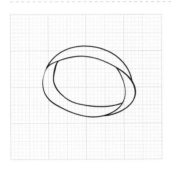

029 | 뫼비우스 고리의 집

뫼비우스 고리는, 띠 모양의 장방형 한쪽을 180° 비틀어 다른 한쪽 끝과 연결한 형상을 가리킨다. 이것은 겉과 뒤가 연결되어 있는 불가사의한 고리로, 지금까지 건축뿐만 아니라 예술·문학에서도 소재가 되었던 적이 있다. 1개의 면을 따라 보면 어느새 뒤편으로 가게 되거나 되돌아오거나 하여, 마치 다른 차원의 공간 같게도 느껴진다. 이런 다른 차원의 성질을 가진 형상에 의해서, 3차원을 넘어선 새로운 건축을 발견할 수 있을지도 모른다. 부디 너무 지나치게 생각해 자신의 사고까지 뫼비우스 고리처럼 되지 않도록 조심해야 한다.
참고: 뫼비우스 하우스/ 벤 판 베르켈(Ben van Berkel)

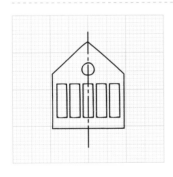

030 | 대칭성의 집

심메트리라고도 하지만 대칭성에는 크게 두 가지 종류가 있다. 그 하나는 선대칭이고 다른 하나는 점대칭이다. 선대칭은 어떤 축을 중심으로 상이 반전되는 것을 말하며, 점대칭이란 점을 중심으로 상이 180° 회전되는 것을 말한다. 건축은 고대부터 대칭성을 존중하여 왔다. 그 배경에는 대칭성이 가지는 아름다움이나 정연한 배치의 매력 등을 생각할 수 있다. 또한 자연물에 눈을 돌려 봐도 대칭성이 숨어 있어, 어떤 종류의 미의 기준 중의 하나로 받아들여지고 있다. 그러나 너무 대칭에 구애되면 단조로운 인상이 되어 버리므로 조심해야 한다.
【실예】나카야마 주택/ 이소자키 아라타

나카야마(中山) 주택

설계 : 이소자키 아라타(磯崎新)

의원을 겸하는 개인 주택. 거의 정육면체 평면의 RC조 2층 건물로 구성된다. 외부형태 각 코너에는, 정육면체 평면의 박스들이 설치되어 있고, 중앙 상부에는 4개의 상자 모양 톱라이트가 설치되어 그로부터 빛을 받아들이고 있다. 크고 작은 정육면체들이 대칭으로 배치되어 완결되는 외관이 특징. 내부는 가구와 칸막이로 나누어져, 생활에 따라 플렉시블하게 대응된다. 1964년 설계.

형태·형상

소재·물건

현상·상태

부위·장소

환경·자연

조작·동작

개념·사조·의지

031 | 8자형의 집

숫자 8자는 가락지가 아니어서, 자기 자신과 만나는 닫힌 형태이다. 교차하는 특성 때문에, 8이란 글자꼴에 따라 2개로 나뉘는 영역이 생기며, 또한 원과 달리 회전 방향이 역전하게 된다. 서로 만나는 부분이 입체적으로 교차하는지 또는 평면적으로 교차하는지에 따라서 공간은 꽤 달라진다. 직접 8자 형태여도 좋고, 사람의 동선이나 공기의 흐름 등, 눈에 보이지 않는 것이 8자가 되어도 재미있을지 모른다.

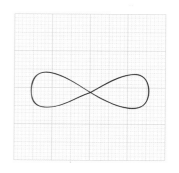

032 | 구(球)의 집

구기 스포츠에서 많이 볼 수 있는 각종 공부터, 지구, 원자에 이르기까지 둥근 구와 같은 형태는 많다. 건축이 만약에 구라면… 하고 생각해 본다면, 살 수 있을 것 같기는 하지만, 평평한 면이 없기 때문에 현실적이지 않을지도 모르겠다. 그런데도 과감히 구체의 건축을 한번 생각해 보자. 1개의 커다란 구여도 좋고, 여러 개의 크고 작은 다양한 구가 있어도 된다. 구는 어디나 둥글기 때문에, 어디에서 보나 형태는 같고 심리스(seamless)한 모양이 특징이다.

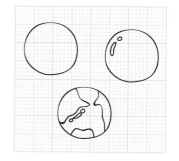

033 | 볼트의 집

중세 서양건축에서 자주 볼 수 있는 어묵 모양의 반원기둥 형태이다. 압축 축력으로 성립되므로 구조적으로도 합리적인 형식이다. 그 구조적 특성 때문에, 토목구조물에서 많이 볼 수 있으며, 건축에서는 넓은 공간을 만들 때나 지붕을 얇게 만들 때에 쓰였다. 또한 벽(기둥)과 천장면이 이음새 없이 연속되므로, 각 부재의 존재가 희미해져 동굴 같은 인상을 주기도 한다. 근래에는 벽에 대해 반부조로 사용되는 예도 많이 볼 수 있어, 표현 가능성은 아직도 감추어져 있고 할 수 있다.

【실예】 킴벌 미술관/ 루이스 I. 칸

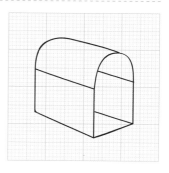

킴벌 미술관

설계 : 루이스 I. 칸 (Louis I. Kahn)

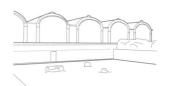

미국 텍사스주 포트워드에 미술수집가인 케이 킴벌 부부가 콜렉션을 전시하려고 지은 미술관이다. 어묵 모양 볼트지붕이 연속해 줄선 외관이 특징이다. 볼트 꼭대기에 설치된 톱라이트에서, 제치장 콘크리트로 만들어진 볼트 천장을 미끄러지듯이 부드러운 자연광이 비추어진다.

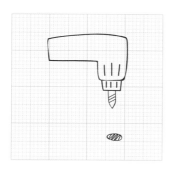

034 | 혈(穴)의 집

'구멍'에는 엄밀하게, 혈(穴)과 공(孔)이 있다. 안쪽으로 파였지만 관통하지는 않았는지, 또는 관통하였는지가 차이이다. 공(孔)을 도너츠 구멍 같이 파악하는 방법은 위상기하학과도 상통하며, 혈(穴)은 건축을 구성하는 여러 곳에서 볼 수 있다. 수혈식 주거나 횡혈식 주거를 시작으로, 보통 건물의 창이나 환기구도 모두가 혈(穴)이다. 재료에도 혈이 나있는 것이 있는데, 펀칭 메탈이나 유공 보드 등이 이에 해당된다. 혈(穴)로 가능한 집에 대해서 생각해 보자. 하나라도 좋고 많이 있어도 괜찮다. 혈(穴)투성이여서 경량화나 뜻밖의 시각 효과를 도모하는 것도, 혈을 이용한 건축적 발상이라고 할 수 있다.

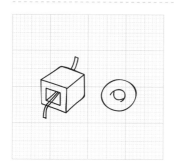

035 | 공(孔)의 집

공(孔)이란 3차원 매스를 꿰뚫은 형태의 것을 말하며, 실과 같은 것이 통과할 수 있다. 닮은 말로 터널이라는 표현도 있지만, 그것은 뚫린 구멍(孔) 중에서도 비교적 길이가 있는 것을 가리키는 것 같다. 또한 공孔이 점차 커짐에 따라 도형-배경의 관계가 애매해져, 도너츠와 같이 구멍으로 보아야 할지, 고리로 보아야 할지 구별하기 어려운 경우도 있다. 창이 열린 상자 모양의 형태도, 보기에 따라서는 3차원의 구멍이 뚫려 있다고도 할 수 있다.
참고: 프랑스 국립도서관 응모안 / OMA

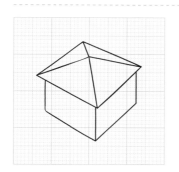

036 | 방형의 집

사방으로 지붕면이 있는 형태이며, 안정감 있는 지붕형태이다. 공간적으로는 맨 가운데가 높고 주변으로 갈수록 낮아지는 것으로, 주위에 비해 높이를 낮게 보이게 하고 싶을 때 효과 있게 사용할 수 있다. 외부에서 보면 어느 방향에서도 지붕면이 똑같은 모습으로 보인다. 저층 건물에 적용하면 큰 지붕이 우산과 같이 작용하여, 내부가 일실 공간이 되므로, 지붕 덮인 인상이 더욱 강해진다.
[실예] 스몰하우스/ 이누이 쿠미코

스몰하우스

설계 : 이누이 쿠미코(乾久美子)

카루이자와(輕井澤)의 별장지에, 별동으로 지어져 기존 안방과는 떨어져 있다. 정방형 평면에 방형지붕과 외관이 이루는 심플함이 특징. 내부는 방형 지붕의 능선 상에, 즉 대각선상에 벽을 세워, 정방형 평면이 4개의 삼각형으로 분할되어 있다. 개구부가 각기 다른 높이로 계획되어, 서로 이웃된 방의 공간 체험도 크게 다르다.

형태 · 형상

소재 · 물건

현상 · 상태

부위 · 장소

환경 · 자연

조작 · 동작

개념 · 사조 · 의지

037 | HP곡면의 집

복잡한 형태라고 생각되겠지만, 건축에서는 꽤 오래전부터 사용하여 왔다. HP곡면은 선분의 집합으로 만들어질 수 있는데, 실로 간단하게 형태를 만들어 검토할 수 있다. 이를 직접 건축에 응용하려면 그 특징을 주의 깊게 살필 필요가 있겠지만, 지붕면의 형태에 예로부터 비교적 다양한 것들이 시도되고 있다. 그 선분 상에서 단면을 잘라 가면 곡선은 존재하지 않고 단면이 직선만으로 구성되는 것도 특징 중의 하나이다. 비틀린 형태도 이미지화하기 쉬울지 모른다.

참고: 토쿄 카테드랄/ 탄게 겐조(丹下健三)

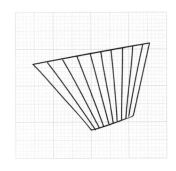

038 | 쌍곡선의 집

원뿔곡선과 한 무리이며, 이 곡선의 용법은 극히 한정적이어서, 그다지 많이 나타나지는 않는다. 수학적인 특징으로서는 초점이 있다는 것에서 타원과 닮은 성질을 어딘가 갖추고 있다. 단, 한 번 연결하여 나타나는 많은 곡선에 대해, 그 상대로서 나타나는 것도 이 곡선의 큰 특징일 것이다. 건축 분야에서 신세지고 있는 쌍곡선으로는, 일영곡선이 있다. 태양의 움직임을 플롯하면 쌍곡선이 되기 때문에, 실제로는 매일 그 움직임을 체험하고 있다는 것에 조금 놀랄지도 모른다.

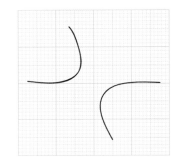

039 | 부풀음의 집

튀어나옴과 유사하지만, 여기에서 부풀음이라는 키워드로 다룬다. 아주 작은 변화에 의해서도 부풀음을 느낄 수 있어 풍부한 표정을 만들어 낸다. 튀어나옴과 분명하게 다른 것은, 부풀음은 어떤 면 일부가 미세하게 변화한 것으로, 돌발적인 변화가 아닌 것이다. 한자어로 생각해보면 팽창과 의미가 가까우며, 공기 등이 팽팽한 모습을 나타낸다. 풍선도 일종의 부풀음이라 할 수 있는 형태이다.

【실예】House SH/ 나카무라 히로시

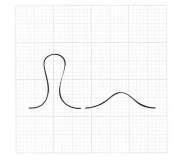

House SH

설계 : 나카무라 히로시(中村拓志)

주택가에 세운 개인주택. 도로에 면해 닫힌 외벽의 일부가, 임산부의 배처럼 불룩 부풀어 있다. 희고 평활하고 추상적인 벽면과 일부분이 유기적으로 부푼 외관과 함께 매우 인상적이다. 이 부풀음은 내부에서는 걸터앉을 수 있는 알코브와 같은 것이 되어, 매우 부드러운 인테리어 인상을 만들어 내고 있다.

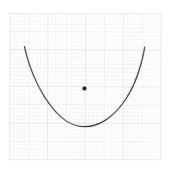

040 | 포물선의 집

포물선은 이름 그대로, 물체를 던졌을 때 나타나는 곡선이다. 물론 공기저항이 있어 실제 모양은 약간 다르겠지만, 그렇지만 물체를 던져 완성되는 그 자연스러운 형태는 정말 경쾌하고 보기에도 기분 좋다. 수학적인 정의로는 원뿔곡선의 일종으로 파악할 수 있고, 방정식으로 나타내보면 알 수 있듯이 제곱이 그려내는 라인으로도 파악할 수 있다. 또 파라볼라 안테나와 같이, 한 점에 전파나 빛을 모을 수 있는 것도 특징 중의 하나이다.

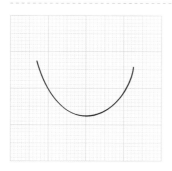

041 | 현수곡선의 집

원뿔곡선과는 달리 현수곡선은 자연계에 존재하는 물리적인 특성에서 생겨나는 곡선으로 파악하는 편이 좋다. 이른바 늘어뜨린 형태이며 자연계에는 많이 존재한다. 느슨해진 천이나 쳐진 와이어도 그러하다. 또 물체의 처짐 등도 현수곡선의 일부라고 볼 수 있다. 장력에 따라 곡선의 형태도 여러 가지이고, 분위기도 꽤 달라 보인다. 처짐으로 만들어지는 형태이기 때문에 중력과 크게 관계되며, 건축에서는 가우디의 역 현수 모형이 유명하다.
참고: 콜로니알 구엘/ 안토니오 가우디

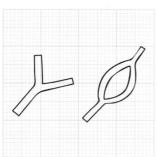
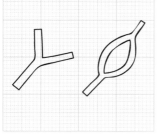

042 | 갈라져나감의 집

수학 함수로는 표현할 수 없는 것이어서, 위상기하학의 중요한 분야 중의 하나이기도 하다(그래프 이론). 갈라져 나간 가지 수나 합류 등을 수학적으로 정리하여 관계성을 나타낼 수 있고, 갈라져 나간 끝에서 다시 갈라져 나가면 트리 구조가 되기도 하고, 갈라져 나갔다고 생각되는 것이 원래의 위치로 돌아와 버리기도 한다. 길이나 복도처럼 사람이 통과하는 장소에는 이러한 갈라져 나감이 존재하며, 공간을 만드는 데에도 키포인트가 되는 곳이다.
【실예】Y house/ 스티븐 홀

Y house

설계 : 스티븐 홀(Steven Holl)

진빨강으로 물들여진 외관이 녹음 속에서 두드러져 보이는 개인 주택이다. 공간이 두 갈래로 확실히 갈라져 나간 공간 구성은, 외관에서 알아차릴 수 있을 만큼 명쾌하다. 내부 공간은 갈라져 나가는 주요 구성에 더하여, 갈라져 나간 끝부분이 2층이 되어 경사지붕, 건물 높이나 천장 높이, 개구부의 형태 등에 다양한 변화를 더하고 있다.

형태·형상

소재·물건

현상·상태

부위·장소

환경·자연

조직·동작

개념·사조·입지

043 | 클라인병의 집

위상 기하학의 발명품이며, 뫼비우스 고리의 1차원 상의 형태이다. 특징으로는 닫힌 형태의 외형을 이루는 면의 겉과 뒤가 연결되는 형태이며, 교차를 허용하지 않는다면 실제 3차원에서는 표현할 수 없는 형태이다. 다만 서적 등에서는 편의상 옆 그림처럼 설명하고 있다. 또한 면의 겉과 뒤가 연결되어 있는 것은, 거기에 따라 둘러싸는 공간도 연결되는 것으로, 건축의 애매한 내부/외부의 문제와 관련하여 말해지기도 한다.
유의어: 뫼비우스의 고리

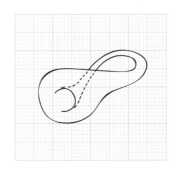

044 | 매듭의 집

선 형상인 것을 얽어 만들어낼 수 있는 형태를 가리킨다. 매듭에는 많은 종류가 있다. 자기 자체로 얽혀지는 매듭이 있는가 하면, 어떤 물건이나 막대 모양의 물건과 결합되는 것도 있다. 그것들을 이용해, 손잡이를 만들거나 자재를 운반하거나 물건을 정리할 수 있다. 꽤 많은 매듭 방법들이 존재하므로 자세한 것은 전문서적을 참고하면 좋겠다. 수학적으로는 위상 기하학으로 분류되어, 3차원에서 얽히는 매듭도 4차원에서는 풀릴 수 있다고 한다. 매듭을 연상하면서 공간을 구성하는 것도 즐거운 일이다.

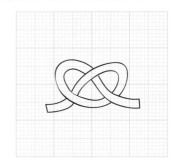

045 | 가형(家型)의 집

아이콘적인 도형을 나타내는 말이지만, 집 모양을 '가형(家型)'이라고 할 정도이므로 꽤 건축적인 말이다. 야구의 홈베이스를 뒤집어 돌려 놓은 것 같은 심플한 5각형이, 그만큼이나 집으로 상징되고 인식되기 때문에, 그 형태가 가지는 힘은 매우 세다. 집임을 표현하려고 의도적으로 외관에 이 형태를 이용하는 경우도 많이 볼 수 있다. 어린 아이가 그리는 대표적인 집의 모습이라고도 할 수 있어, 이미 친밀감이나 애착을 가지고 말해지는 형태를 구사하여 주택을 만들어 보자. 아직도 '가형'의 용도는 있을 것이다.
【실예】 사카다 야마츠케의 집/ 사카모토 카즈나리

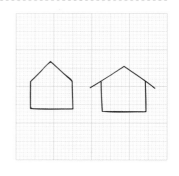

사카다 야마츠케(坂田山附)의 집

설계 : 사카모토 카즈나리(坂本一成)

1978년에 지은, 집 모양의 파사드가 특징인 개인주택. 실버 한 가지 색으로 통일된 외장에, 내부는 시나 합판 마감으로 심플하게 내장이 통일되어 있다. 집 모양의 외관은 아이콘적인 의미도 강하고 인상도 강하다. 건축가의 여러 집 모양 시리즈 작품 중에서도 가장 완결된 형태를 띠고 있다고 말할 수 있다.

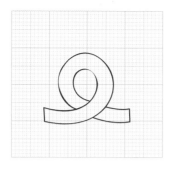

046 | 공중제비의 집

공중제비는 글자 그대로 **공중으로 뒤집어 넘는 것**이지만, 건축은 중력에 지배되고 있기 때문에, 공중제비와 같은 건축은 좀처럼 존재하지 않는다. 그러나 롤러코스터와 같은 탈 것에는 공중제비가 있어 스릴을 맛볼 수 있다. **공중에서 빙글빙글 회전하는 건축**이 있다면 매우 재미있을 것이다. 내부의 표면적이 그대로 연면적이 되므로 작은 볼륨으로도 넓게 사용할 수 있을지도 모르고, 개구부의 위치도 움직일 수 있을 것이다. 건축 자체가 공중제비를 하지 않아도, **공중제비하면서 얻을 수 있는 재미**를 만들 수는 없을까?

참고: 프랑스 국립도서관 응모안/ OMA

047 | 파동의 집

파동을 건축에 넣을 수는 없을까? 건물은 자연계의 파동을 제어하는 기능을 갖추고 있다. 음파나 광파(가시광선이나 자외선)를, 건물 속을 통과하는 사람의 형편에 맞추어 넣거나 배제하거나 한다. 건자재에서 파동이라 하면 **파형 판상의 판금(板金)**이 있다. 포퓰러한 재료이지만 왠지 저렴한 이미지를 갖고 있다. 파형으로 만들면, 자재를 얇고 가볍고 싸게 할 수 있지만, 오히려 고마움을 느끼지 못하는 재료이다. 파동의 성질인 간섭이나, 장애물 뒤로 돌아나가는 회절에 **주목해 계획한다면 재미있겠다.**

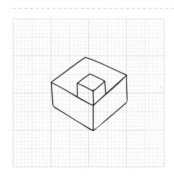

048 | 상자 속 상자*의 집

박스 인 박스(Box-in-box)라고도 하지만, 이름 그대로 **상자 안에 상자가 들어가 있는 상태**를 '상자 속 상자'라고 한다. 공간구성에서도 매우 심플하면서도 다양한 공간을 낳는 수법으로 많이 이용되고 있다. 실제로 공간을 체험해보면, 상상 이상으로 복잡한 인상을 받는 경우가 많다. 같은 위상인데도 멀리 있는 것처럼 느껴지거나, 공간이 서로 이웃하여 꽉 차있는 인상을 받기도 한다. '상자 속 상자'라고 말하기 어려울지도 모르지만, 마트료시카와 같이 열어도 열어도 다음 방이 계속 나오는 구성도 즐거울지 모른다.

【실예】하우스 N/ 후지모토 쇼스케

* 이레코(入れ子): 여러 크기의 상자들은 포개 넣은 한 벌의 상자. 여기서는 뜻을 따라 '상자 속 상자'로 번역. 유사한 것으로 찬합이 있다.

하우스 N

설계: 후지모토 쇼스케(藤本壯介)

주택지 모퉁이 땅에 지은 개인주택이다. 지붕면을 포함해 무수히 창을 열 수 있는 백색 상자 모양의 공간이 '상자 속 상자' 형태로 구성된 것이 특징이다. 안도 밖도 아닌 중간 영역 같은 버퍼 존에 적극적으로 외부를 도입해 내부를 확장하는 것 같은 공간을 만드는 동시에 시각적으로도 공간에 깊이감을 주고 있다.

형태·형상

소재·물건

현상·상태

부위·장소

환경·자연

조작·동작

개념·사조·의지

049 | 교차의 집

선이 교차할 때, 교차되는 그곳은 특별한 장소가 된다. 예를 들어 길과 길이 교차하는 곳은 쉽게 알 수 있다고 생각된다. 교차점은 특이점으로서 거리에 활기를 준다. 건물 부위에서도, 예를 들어 보의 교차나 기초의 교차처럼, 면을 구성하는 기초로서 교차가 존재한다. 이처럼 교차는 어떤 면을 구성하는 것과 관계되어 있다. 물론 교차라 해도, 실제로는 교차되지 않고 어느 방향에서 보았을 때 교차하는 것처럼 보이는 경우도 있다. 입체교차가 그러한 예이다.

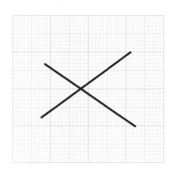

050 | 루프의 집

건축에서 이미지를 떠올리기 쉬운 루프 중의 하나가 회랑평면이다. 말하자면 빙빙 돌 수 있는 회유성이 있는 평면이다. 방들이 중앙에 모여 있고, 순환선과 같이 주위를 복도가 돌아다니고 있어, 그 복도에서 각 방으로 액세스한다. 루프는 동선은 알기 쉽지만 그 밖에는 어떨까? 일상생활 속에서 하루 동안 사람의 움직임, 동선 등을 더듬어 보면 미세한 차이는 있지만 대부분 매일 똑같이 집안을 움직여나간다. 평면이나 사람의 흐름, 움직임에 주목하면서 새로운 루프를 찾아내 보자.

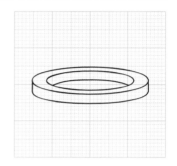

051 | 요형(凹型)의 집

요(凹)형은, 어떤 모양을 한 형태에서 뺄셈할 때 가능한 형태라고 할 수 있다. 설계를 해나갈 때 제자리에 있지 않고, 나오게 하는 것은 있어도 들어가게 하는 것은 적다. 중정 등 외부 요인을 생각해 볼 수 있지만, 내부의 볼륨을 줄이는 요(凹)는 강한 표현이 아닐까? 들어가게 한 쪽에는, 거기에 무엇이 올지 당연히 신경이 쓰인다. 주차장은 자주 언급되는 것일지도 모른다. 들어가게 하면 할수록 좋아지는, 역경 속에서도 강한 요형(凹型)의 집을 상상해 보면 재미있겠다.

유의어: 끌어 들임

【실예】주말주택/ 니시자와 류에

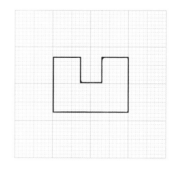

주말주택(Weekend House)

설계 : 니시자와 류에(西澤立衛)

푸른 숲으로 둘러싸인 대지에 세운 주말주택. 볼륨을 요형(凹型)에 빠뜨린 것 같이 중정들이 분산 배치되어 있다. 외관은 폐쇄적이지만, 광정(光庭)에서 떨어져 들어오는 빛은 우아하고도 밝은 인상이다. 요형 평면의 유리박스는 원룸을 나누고 있는데, 빛의 칸막이처럼 보인다. 천장 면을 광택 있는 마감으로 처리하고 있다.

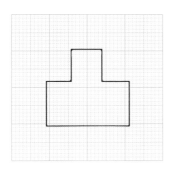

052 ┃ 철형(凸型)의 집

어느 형태 일부가 튀어나온 모습을 철형(凸型)이라고 표현한다. 철(凸)이라고 판단할 수 있는 것은, 튀어나온 부분을 형태의 일부로 볼 수 있기 때문이다. 전체 대부분이 튀어나와 있다면, 그것은 철(凸)이라고 하지 않고 부풀었다고 한다. 그런 의미에서는 철은 전체를 깨뜨리는 것이 1개소일 수도 있고 다수가 있어도 성립된다. 다만 너무 많다면 울퉁불퉁하다고 한다. 잘 보면 그 울퉁불퉁함에도 철(凸)이 있으며, 얼마든지 잘게 할 수도 있다. 다양한 차원의 '철(凸)'에 주목해 보자.

유의어: 튀어나옴, 불룩함

053 ┃ 직각다각형의 집

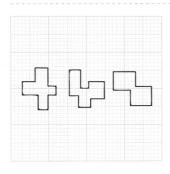

직각들이 모여 외형을 이룬 다각형을 직각다각형이라 한다. 건물의 평면 외형은 상당수가 직각다각형이라고 할 수 있다. 일본 전통주택의 오모야*[모옥(母屋)]과 시다야**[하옥(下屋)]은 그 한 예이다. 일본 전통 목조는 910mm 그리드 상에서 직각을 유지하며 얼마든지 전개될 수 있다. 한편 그리드와 상관없이 직각 사각형에 직각 사각형을 더하거나 당기거나 할 경우, 축선을 물리지 않고도 조작을 시도하기 쉽다. 단면 외형을 봐도 같은 모습이며, 중력 방향의 수직과 바닥면의 수평이 직각 다각형을 만드는 원리이다.

* 오모야(母屋)는 일본 전통주택에서 주가 되는 건물, 안채를 말한다.
** 시다야(下屋)는 안채에 딸린 작은 집채, 아래채를 말하거나, 안채에 붙여 단 달개집을 말한다.

054 ┃ 원의 집

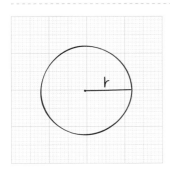

건축의 많은 장면에서 등장하는 '원'. 중심이 명확하고 곡률도 일정하므로, 도형 중에서는 비교적 다루기 쉽기 때문에, 건축이나 그래픽에서 많이 볼 수 있다. 선대칭인 한편 점대칭이기도 하며, 형태 밸런스가 좋은 도형으로서 안정감도 있기 때문에, 부재 단면에도 많이 쓰이고 있다. 사용방법에 따라 상징성이나 구심성을 나타낼 수도 있다. '원진(圓陣)'을 짜는 것도, 원의 성격을 이용한 예라고 할 수 있다. 원을 늘어놓아 물방울무늬를 이룬다면 큐티함을 얻을 수도 있다. 그런 '원'이 가지는 다종다양한 성격 중 어느 부분을 클로즈업할 수 있을까?

[실예] 숲의 별장/ 세지마 가즈요

숲의 별장

설계 : 세지마 가즈요(妹島和世)

숲 속에 세운 아틀리에가 딸린 별장이다. 서로 크기가 다른 2개의 정원(正圓)이 상자 속 상자 형상으로 평면을 이룬 공간 구성. 중심이 다른 2개의 원형 사이에서 생겨나 순환하는 고리형 공간은, 가늘어지는 곳이 있는가 하면 넓어지는 곳도 있다. 여러 기능이 있는 각 실들은 원호에서 뛰쳐나오는 형태를 하고 있어, 원의 공간을 유지하면서도 특징적인 외관을 만들고 있다.

형태・형상

소재・물건

현상・상태

부위・장소

환경・자연

조작・동작

개념・사조・의지

055 ┃ 고리의 집

바퀴[윤(輪)], 고리[환(環)], 링(ring)은, 한 바퀴 일주하여도 양끝이 이어져 있는 상태의 것을 가리킨다. 리본과 같은 평면 형태, 도너츠와 같은 솔리드 형태, 낚시찌 고리와 같은 튜브 형태 등으로 나눌 수 있다. 건축 스케일에서는 링 형태를 조합하여 장식으로 다루거나 "회유성 있는 평면" 등에 사용된다. 단순한 형태이지만 시점이나 종점이 없는 연속성이나, 어디까지라도 맞은편이 보이지 않는 상태를 만들 수 있는 특징이 있다. 공간요소로서의 가능성을 찾아보는 것도 좋겠다.

유의어: 뫼비우스의 고리

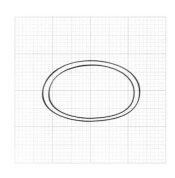

056 ┃ 내밀음 · 들이밀음의 집

내밀음을 뒤에서 보면 들이밀음이 된다. 내밀은 곳에는 들이밀음이 있다. 한쪽으로만 보지 않으면 어느 쪽인지 느낄 수 없기 때문에, 그 뒷면의 상태도 세트로 붙어 오는 것에 주목해야 한다. 가장 가까운 건축 예가 내민창이 아닐까? 일정기준을 지킨다면 바닥 면적에 포함되지 않는다는 기준법 덕분에, 집장사 주택의 필수 아이템처럼 사용되고 있다. 창대를 마련하고 조금이라도 밖으로 내밀어, 안을 넓게 느끼게 하는 동시에 특징 있는 외관을 만드는 대표적인 내밀음이다. 내밀음의 효과, 들이밀음의 효과를 찾아내 보자.

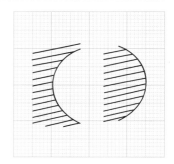

057 ┃ 알 모양의 집

알 모양이라고들 잘 이야기하지만, 알 모양의 정의는 무엇일까? 생물에 따라 알의 형태가 다를 것이고, 실제로는 알 모양에 대해 잘 알고 있기도 하고 잘 알지 못하고 있기도 한 것은 아닐까? 도형적으로는 곡률이 다른 폐곡선이 장축에 대칭을 이루면 그것을 알 모양이라고 할 수 있을까? 대충 편향이 있는 타원이라고 해도 좋을까? 우선은 자기 나름의 알 모양 라인을 그어 보자. 새로운 알 모양을 찾으면 새로운 건축을 만들어 낼 수 있을지도 모른다. 알이 먼저인가, 건축이 먼저인가…

【실예】콩그렉스포 / OMA

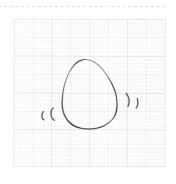

콩그렉스포(Congrexpo)

설계 : OMA

프랑스 리으에 건립된 상품전시 컨벤션센터. 건물의 거대한 스케일 때문에 평면이 알 모양인 것을 지상 레벨에서는 인식하기 어렵지만, 완만하게 커브진 외벽이 계속되는 정면성 없는 외관이 특징이다. 유리나 폴리카보네이트판, 골판 등 다양한 현대적인 소재가 조잡하게 그리고 몹시 거칠게 표현되어 있어, 강렬한 인상으로 가로막고 서 있다.

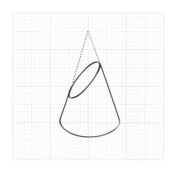

058 | 타원의 집

정원(正圓)을 균등하게 끌어당기거나 찌그러뜨리면 타원이 된다. 말을 바꾸자면, 원에 조금 움직임을 주면 타원이 될지도 모른다. 원과는 달리 방향성이 있으므로, 많이 쓰면 전체로는 큰 움직임을 만들어낸다. 타원의 평면은 비교적 잘 볼 수 있다. 주변에서 타원은 좀처럼 눈에 띄지 않지만, 예를 들어 비스듬하게 자른 대파의 단면은 타원이다. 또한 카구야히메*가 들어가 있던 대나무의 단면도 타원이었고, 죽순도 자르면 거기에도 타원이 나타난다. 타원을 찾아보기 위해 여러 가지 물건을 절단해 보는 것도 재미있다.

* 카구야히메(かぐや姫): 일본 헤이안 시대 고전 문학작품 '타케토리모노가타리(竹取物語)'의 여주인공

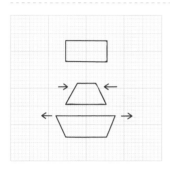

059 | 사다리꼴의 집

사각형을 이리저리 변형시킨 것들을 많이 만들어 보자. 그 중에서 평행선을 갖고 있는 것이 '사다리꼴'이다. 사각형보다도 움직임이 있는 도형이라 말할 수 있지만, 너무 자유롭지 않도록 평행이라는 질서를 남긴 성실한 도형이라는 인상이 있으며, 건축에서도 비교적 다루기 쉽다. 직각이나 평행이 건축에서는 합리적이거나 경제적으로 작용하는 경우가 있으므로, 자주 이 사다리꼴이 등장한다. 사다리꼴을 평면으로 볼 때, 열려가는 공간과 닫혀가는 공간이 혼재하고 있어 재미있다. 이것도 사다리꼴 특징 중의 하나이다.

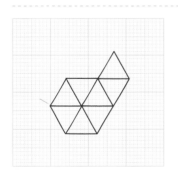

060 | 삼각형의 집

삼각형은 기본 기하도형으로서 임팩트가 강하며, 면적이 작아 물리적으로 사용하기 어렵기 때문에, 평면으로 옮겨놓을 때 덮어놓고 싫어하거나 다루기 힘든 도형이다. 반대로 거대한 건물이라면 그 디메리트(demerit)는 작아진다. 오히려 구조적인 이점이 귀중한 보물이 되어 활발하게 쓰이는 장면이 많다. 트러스구조도 삼각형을 베이스로 하는 구성이며, 커다란 곡면이나 다면체도 삼각형의 집합으로 구성되는 폴리곤(polygon)임을 알아차린다면 이해하기 쉬울 것이다. 삼각주처럼 자연에서 생겨나는 삼각형에도 시야를 넓혀보자.
【실예】 포럼 2004 빌딩과 광장/ 헤르조그 & 드 므롱

포럼 2004를 위한 포럼 빌딩과 광장

설계 : 헤르조그 & 드 므롱

스페인 바르셀로나에 건립된 포럼 빌딩. 거대한 치즈 같은 삼각형 볼륨에는 3,200석의 회의장이 있고, 언뜻 보면 납작하게 보이지만 높이가 25m나 되어 그 스케일은 거대하다. 푸른색 외관이나, 찢어진 것 같은 개구부, 파도치는 물가가 뒤집힌 것 같이 빛나는 필로티 천장이 특징. 톱라이트에서 떨어지는 빛이 효과적으로 필로티를 밝게 비추고 있다.

형태 · 형상

소재 · 물건

현상 · 상태

부위 · 장소

환경 · 자연

조작 · 동작

개념 · 사조 · 의지

061 | 사각형의 집

집이나 건축물 대부분은 사각 형태이므로, 여기서는 하나 더, **직각을 갖지 않는 사각형**에 대해서도 생각해 보면 어떨까? 4개의 정점을 자유롭게 움직여 보고, 사각 형태가 어떤 표정을 만들 수 있는지 고찰해 보자. 그것을 평면에 적용하든지, 단면으로 세워보든지, 전체인지 부분인지, 단수인지 복수인지, 어쨌든 익숙해진 사각을 주무르다 보면, 평소의 구형(직각으로 구성된 사각형)도 이번에는 다르게 보일지도 모른다.

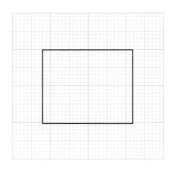

062 | 오각형의 집

생각에 떠오르는 5각형으로는 펜타곤이나, 축구공의 검은 조각부분이 있다. 도형으로 보면 **사각과 삼각이 조합된 도형이거나, 사각에 점을 늘려 확장된 도형**이라고 할 수 있지 않을까? 극단적인 예각이 생기지 않기 때문에 건축 평면에서도 자주 볼 수 있는 형태이다. 사각형이나 육각형에는 없는 언밸런스감 때문에 선호되기도 한다. 집의 아이콘으로 이용되는 '가형(家型)'도 잘 보면 5각형이다. 가형으로 뛰어난 5각형 집을 생각해 보자. 5각형을 모방한 합격*[호각(互角)] 상품도 하나둘씩 떠올려 보자. 노려라! 합격의 집.

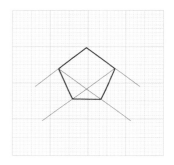

* 합격이 일본어 발음으로 고우카쿠(合格:ごうかく)이고, 오각형은 고카쿠(五角:ごかく)로 비슷하게 발음되기 때문에, 일본에서는 합격기원 선물로 오각형 연필 등 오각형으로 된 상품을 주고받는다.

063 | 육각형의 집

벌집 형태가 연상되는 탓인지, 육각형에서 어쩐지 오가닉(organic)한 인상을 받는다. 정육각형을 틈새 없이 늘어놓은 구조로서 친숙한 '허니콤 구조'는, 건축에서 이미지를 떠올리기 쉬운 대표적인 육각형이라고 할 수 있다. 평상시 주변에서 육각형을 볼 일은 그리 흔치 않지만, 생각해 보면 생물계에서 벌집이나 또 자연계에서는 눈의 결정에서 육각형을 볼 수 있으며, 불가사의한 매력을 가진 도형이다. 육각형 하나라도 좋고, 연결시켜도 좋다. 육각형을 유기적으로 건축에 잘 맺어보자.

【실예】 초호지 롯카쿠도(頂法寺 六角堂)

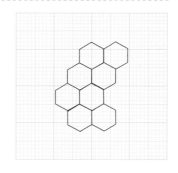

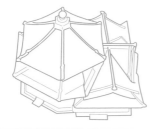

초호지 롯카쿠도(頂法寺 六角堂)

설계 : 미상

일본 쇼오토쿠 태자가 창건하였다고 전해지는 일본 초호지[정법사(頂法寺)]에 세워진 육각형 본당. 꽃꽂이 발상지로도 알려져 있다. 사람에게 생겨나는 욕망의 수에 따라 6개의 각을 만들었다고 한다. 위에서 본 형태, 즉 평면이 육각형이어서, 그 도형이 그대로 본당의 이름이 된 것이 특징이다. 일본 각지에 육각당이 존재하지만, 일반적으로 육각당이라면, 이 쿄토의 시운잔[자운산(紫雲山)] 초호지의 롯카쿠도(六角堂)를 가리킨다.

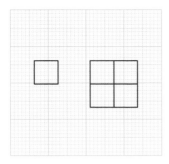

064 | 정방형의 집

직각을 가진 사각형=구형(矩形) 중의 하나이다. 그런 의미에서는 장방형과 같지만, 정방형은 조금 달리 '정방형이다'라는 것을 의식해 사용하는 경우가 많다. 도형으로서는 대칭형이며, 방향성이 없기 때문에 그 형태가 가지는 힘도 매우 세다. 사례에서 자주 볼 수 있듯이, 평면의 외형이 정방형을 이루어 강한 임팩트를 주는 경우도 많이 볼 수 있다. 직교 그리드의 기본이 되는 단위이므로, 건축에서는 매우 자주 볼 수 있는 도형이라고도 할 수 있다. 평면에서나 입면, 단면, 형태에서도 좋을지 모른다. 정방형의 새로운 측면을 찾아내 보자.

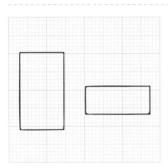

065 | 장방형의 집

건축에서는 자주 보이는 흔한 도형 중의 하나이다. 사각형[구형(矩形)]이라는 의미에서는 정방형과 같지만, 방향성이 있는 것이 크게 다르다. 정방형에 비해 한 변이 길다고 할 만한 차이이지만, 무한히 형태를 만들 수 있기 때문에, 건축에 한정되지 않고 일상생활 속에서도 장방형은 어디에나 있다고도 할 수 있다. 반대로 말하자면 '굳이 장방형을 사용했다'라는 표현이 어려울 만큼 그 형태는 흔하다. 그러니까 이제는 '장방형밖에는 가능하지 않은 무엇인가'를 생각하여, '새로운 장방형의 용법'을 찾아내어야 한다.

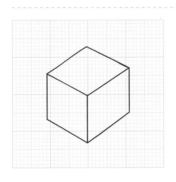

066 | 볼륨의 집

음량이나 용량 등, 볼륨이란 일반적으로 '양'을 나타내는 경우가 대부분이지만, 건축에서는 '부피'를 나타내는 경우가 많다. 더 말하자면, 지상에서 보이는 부분, 즉 실제로 눈에 보이는 범위의 건물 '크기'나, 그곳에 건립되어 나타나는 '형태' 그 자체를 가리키는 경우가 많다. 일영 규제나 사선제한 등, 대지 조건에서 산출되는 볼륨이 있는가 하면, 거기를 중심으로 주변 환경이 만드는 볼륨도 있다. 자신이 생각한 집이 볼륨으로서 사람들의 눈에 어떻게 비쳐지는지, 객관적으로 다시 살펴보자. 새로운 발견이 있을지도 모른다.

[실예] 오이즈미의 집/ 키쿠치 히로시

오이즈미(大泉)의 집

설계 : 키쿠치 히로시(菊地廣)

기차선로에 접하고 동시에 도로에 접하고 있는 삼각형 대지에 세운 개인주택. 까다로운 대지 조건 속에서, 주택에 필요한 바닥면적을 확보하기 위해, 사선제한이나 일영 규제 등으로 깎여나가는 것을 피하면서, 3층 분의 높이를 확보하고 있다. 적갈색으로 모노코크(monocoque)하게 표현된 외관은 조각적이어서, 보는 방향에 따라 서로 다른 볼륨의 인상을 주고 있다.

형태 · 형상

소재 · 물건

현상 · 상태

부위 · 장소

환경 · 자연

조작 · 동작

개념 · 사조 · 의지

067 | 둔각의 집

빗각의 일종으로 90° =직각을 경계로, 90도보다는 크고 180도보다는 작은 각도를 둔각이라 한다. 둔각을 연속해 그려가면 서서히 다각형이 되며, 거기에다 더욱더 자잘하게 계속 그려나가면 원형에 가까워지는 특징도 있다. 그러기 때문인지 건축에서도 둔각은 조금 부드러운 인상을 주는 경우가 많다. 벽과 벽이 부딪치는 코너 부분을 생각해 보면, 직각보다는 너그러운 인상을 준다. 또 코너 부분의 스페이스도 조금 넓혀져 사용하기에도 쉬워지므로, 평면적으로는 비교적 익숙한 각도이다.

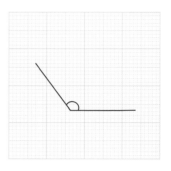

068 | 예각의 집

빗각 중의 하나로, 90° =직각을 경계로 그보다 작은 각도를 예각이라고 한다. 글자 그대로 실제의 인상도 예리하게 보이므로, 건축을 더욱 샤프하게 보여 주고 싶을 때나, 지붕이나 차양의 맨 끝 등에 사용한다. 평면 계획보다는, 부분적인 엣지에 이용되는 경우가 많다. 평면에서는 아무래도 데드스페이스를 만들게 되므로, 조금이라도 공간을 유효하게 활용해야 하는 건축에서는, 조금 다루기 힘든 각도일지도 모른다. 여기서는 트레이닝을 위해, 굳이 날카로운 건축을 만들어 보면 어떨까?

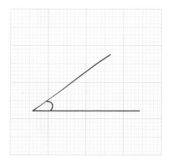

069 | 스카이라인의 집

어떤 도시계획을 예로 들자면, 건축물에 의한 스카이라인을 언덕의 스카이라인에 맞춘다는 것이 있다. 언덕으로 만들어지는 자연의 라인과 도시 인공물의 라인이 똑같이 서로 이웃되는 광경이다. 건축으로 풍경을 만들 때, 스카이라인에는 어떤 가능성이 있을까? 건축물로 만들어지는 능선이나 지형, 숲 등도 생각해 볼 수 있다. 또한 스카이라인을 보기 위한 장치로서의 건축을 생각해 볼 수는 없을까?
【실예】야마토 인터내셔널/ 하라 히로시

야마토 인터내셔널

설계 : 하라 히로시(原廣司)

공원에 면한 대지에 건립된 기업의 사옥빌딩. 창고, 물류 시설과 사무실을 갖추고 있다. 대로에 면한 지상 9층의 파사드는, 다양한 형태를 계속 조합하여, 1개의 건물이라기보다는 밀집된 취락과 같은 양상으로, 풍경의 스카이라인을 형성하고 있다.

형태 · 형상
Shape
A

소재 · 물건
Material
B_

현상 · 상태
Phenomenon, State
C

부위 · 장소
Part, Place
D

환경 · 자연
Environment, Nature
E

조작 · 동작
Operation, Behavior
F

개념 · 사조 · 의지
Concept, Trend of Thought, Will
G

070 | 소재의 집

나무, 돌, 쇠 등, 온갖 물체들은 구조 부재로도 이용되고 마감 부재로도 쓰인다. 이것들은 이 세상의 베풂음이기도 하여 건축은 오랫동안 그것들과 사이좋게 지내왔다. 친밀한 물체들을 사용하여 만들어지는 건축 풍경은 어딘지 그 주변 환경을 닮아 왔다. 지금은 다양한 소재들이 전 세계로부터 모이고 또한 인공소재도 증가하고 있어 예로부터 전해지던 표정이 점차 사라지고 있으며, 아직도 자연 소재에는 미치지 못하는 인공소재도 많기 때문에, 되도록 자연 소재를 소중히 써나가야 한다. 소재는 실제로 손으로 만져보고 느끼는 것이 중요하며, 소재를 이해하는 가장 빠른 지름길이다.

071 | 장식의 집

건축의 기둥, 벽, 입구 등 다양한 곳을 장식하여 왔다. 또한 어떤 시대에는 장식은 죄악이라 하여 배제되기도 하였다. 다만 현재에는 장식이 조금씩 다시 재검토되고 있다. 장식이 건축공간을 풍부하게 하는 것은 사실이며, 사소한 곳도 장식되면서 매우 멋있는 설계가 되기도 한다. 다만 장식은 너무 지나쳐도 안 되고, 목적이 별로 뚜렷하지 않아도 실패한다. 장식도 소재와 마찬가지로 제대로 된 효과를 노리려면 적재적소에 쓰여야 한다.

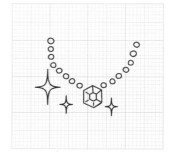

072 | 샹들리에의 집

샹들리에에 대해 들어보면, 호화찬란한 조명으로 장식적인 이미지가 있다고 생각한다. 실제로 눈에 잘 띄는 것들을 보면, 초목이나 꽃을 모티브로 하여, 커트 유리를 사용해 구성하여 복잡한 빛을 연출하고 있다. 목적이나 장소에 따라 멋진 분위기를 맛볼 수 있다. 한편, 초기의 샹들리에는 교회에서 큰 홀을 효과적으로 비추려고 사용되었다고 한다. 현대에서 말하는 간접조명이라고도 생각되지만, 옛날이나 지금이나 연출이라는 의미에서는 아주 대단한 힘을 발휘하고 있지 않을까? 어떤 관점에서 만들까도 중요하지만, 최신의 "샹들리에"를 꼭 만들어 보았으면 한다.

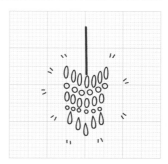

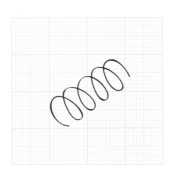

073 | 용수철의 집

용수철이란 탄성 에너지를 축적해 둘 수 있는 것이다. 건축에서는 경첩 속에 짜 넣어져 있거나, 댐퍼와 같이 개폐를 조정하는 것, 또한 지진의 진동을 억제하는 탄성고무 등, 형태는 다양하지만 모두 용수철의 특성을 응용한 것들이다.

가구에 응용한 예로, 용수철의 성질을 이용해 쾌적한 수면에 좋은 침대가 소파도 되는 소파베드를 들 수 있다. 그런 가변성 있는 디자인을 생각해 봐도 재미있겠다.

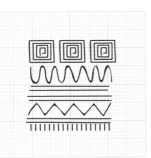

074 | 문양의 집

건축에는 토기나 의복과 마찬가지로 고대부터 문양을 넣어 왔다. 문양을 넣는 이유는 다양하겠지만, 문양도 건축의 일부라는 것은 의심할 여지가 없다. 다양한 문양들을 배워야 하는 동시에, 문양이 건축에 미치는 효과 그리고 보완해 주는 효과 등, 다각적인 방면에서 생각해 보아야 한다. 문양은 시대에 따라 받아들여지거나 멀리하는 등 다양한 경위를 거쳐오고 있지만, 건물을 매력 있게 해주는 한 요소임에는 변함이 없다.

유의어: 장식

075 | 도장의 집

도장(塗裝)에는 여러 방법이 있다. 솔이나 롤러, 그리고 에어브러시 등은 모두 액체도료를 바르는 도구이다. 기본적으로는 색을 바르는 회화 도구와 도장 방법은 동일하다. 도료는 바탕만 허락한다면, 다른 소재를 가로질러 바를 수 있다. 또한 정기적으로 바꿔 바르거나 벽에 색을 도포할 수도 있다. 현재에는 벽지로 교체되고 있긴 하지만, 아직까지도 칠하는 것 이외로는 얻을 수 없는 질감과 분위기가 있어, 완전하게 바뀔 수는 없을 것이다. 설계에서는 실제로 물체에 도료를 바르고 생각해 보는 것도 좋다.

【실례】루이스 바라간 주택/ 루이스 바라간

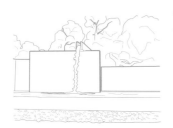

루이스 바라간 주택

설계 : 루이스 바라간(Luis Barragán)

멕시코시티에 지은 건축가의 자택 겸 작업실이다. 2층 건물이며 바닥면적은 700㎡ 정도이다. 단순히 외관이라고 하기보다는, 핑크색, 노란색, 보라색, 빨간색 등, 멕시코 고유의 색들이 컬러풀하게 채색된 벽면들로 구성되는 풍경이나 정원이 특징인 주택이다. 준공은 1948년이고, 2004년 유네스코 세계 유산으로 등록되어 있다.

형태 · 형상

소재 · 물건

현상 · 상태

부위 · 장소

환경 · 자연

조작 · 동작

개념 · 사조 · 의지

076 │ **타일의 집**

타일에는 매우 다양한 종류가 있어, 크기가 큰 것부터 작은 것까지, 형상도 둥근 것부터 네모진 것까지 다종다양하다. 그리고 타일은 공간의 여러 곳에 시공되어 거주공간을 연출하여 왔다. 타일은 기본적으로 물과 관계된 곳 또는 청소하기 쉬움이 요구되는 장소 등을 중심으로 깔리게 되지만, 타일의 서늘한 차가움, 그리고 주변을 비추는 반짝거림 등, 타일 자체의 매력도 크다. 아름다운 타일이 시공된 아랍 모스크 등은 그 좋은 예일 것이다.

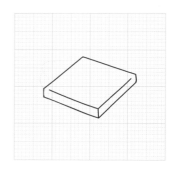

077 │ **거울의 집**

거울은 그 자체로 특별한 힘이 있어, 인간의 발명품 중에서도 특별한 매력을 지니고 있다. 거울은 유리로 만든 것, 금속을 갈아 만든 것 등, 몇 가지 선택사항이 있다. 거울은 설명할 것도 없이, 상을 반사해 반전된 풍경을 보여준다. 거울을 이용하면 좁은 공간도 넓게 보이고 압박감도 없애 줄 수 있다. 거울로 둘러싸인 공간에는 상이 무한히 반복되는 특수한 효과도 있다. 또한 거울은 상이 조금 어둡게 비춰지는데, 그것도 또한 독특한 분위기를 만들고 있다. 보기 위한 거울뿐만이 아니라, 공간을 풍부하게 하려고 거울을 배치하기도 한다.

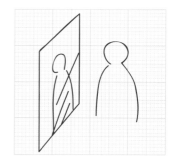

078 │ **모형의 집**

설계자로서 건축에 관계하는 많은 사람들에게는, 실제로 지어진 건축보다도 그때까지 만든 모형의 수가 훨씬 많을 것이다. 무엇인가 떠오른 아이디어를 형태로 만들어보거나 또는 완성 예상 모습을 기록하거나 기념하기 위해 만드는 등, 동기는 다르지만 건축과 모형은 관련이 깊다. 모형은 착상의 의도를 스트레이트하게 전달할 수 있는 수단이다. 모형을 만들어 보았을 때는 좋았지만, 건축 실물을 보면 이런 게 아니었는데…라고 하는 일도 자주 있다. 건축모형도 표현의 하나로 생각한다면, 실재하는 건축과의 갭에 주목하여, 새로운 건축의 모습을 생각할 수도 있지 않을까?

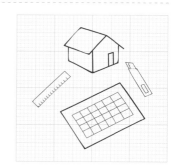

079 | 이불의 집

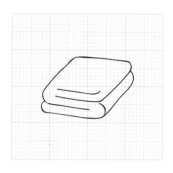

침대에서 자는 문화와 달리, 일본에는 이불을 깐다 그리고 갠다는 문화가 있다. 이는 생활공간 속에서 자는 시간과 그 이외의 시간을, 이불을 깔고 갠다는 행위에 따라 구분하여 사용하는 것이다. 또한 베란다에서 이불을 말리는 습관은, 일본의 랜드스케이프에 독특한 풍경을 만들어 내고 있다. 이불이 건축계획에 직접 영향을 주는 부분은 이불의 수납장소 문제이다. 이불을 접는 방법에 따라 반침의 깊이 치수가 정해진다.

080 | 가구의 집

가구에는 의자나 책상, 서랍장, 찬장 등 다양한 것이 있으며, 붙박이인지 가동식의 물건인지에 따라서도 자리 매김이 달라진다. 또한 공간과 가구의 관계는 떼어낼래야 떼어낼 수 없는 것으로 매우 복잡하다. 가구는 독특한 개성을 가진 디자인이 있어, 공간과 어떻게 조화를 이루는 가라는 의미에서, 공간의 좋고 나쁨을 크게 좌우하는 경우가 있다. 가구 1개로 공간에 스케일감을 주거나 돌연 분위기가 바뀌기도 한다. 어떻게 서로를 어울리게 할까를 생각해 보면 재미있다.
참고: 슈뢰더 주택/ H. T. 리트펠트

081 | 커튼의 집

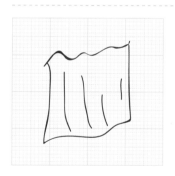

커튼은 원래 창주변의 차광을 위해서 발명된 것이다. 그러나 현재 커튼이라고 하면 좀 더 폭넓은 의미로 사용되어, 레일로 움직여가는 천 형태의 물건이면 모두 그렇게 부른다. 샤워커튼이나, 공간을 나누는 칸막이로서의 커튼 등도 있다. 또 창 주변의 커튼은, 레이스 커튼이나 차광 커튼과 같이 용도에 따라 다양한 종류가 있다. 겹쳐 사용할 수 있는 것도 커튼의 특징일 것이다. 조금 형태는 다르지만 비슷한 물건으로 롤스크린도 있다.
【실예】 디오르 오모테산도 /SANAA

디오르 오모테산도(表参道)

설계 : SANAA

오모테산도에 세운 패션 부띠끄 빌딩이다. 스커트나 커튼의 드레이프 (drape, 장식 주름)과 같은 표현을 파사드 전면에 도입하고 아크릴판을 써서 실현하고 있다. 조명이 켜진 밤의 외관은, 커튼과 같은 부드러운 표현이 더욱 두드러진다.

형태·형상

소재·물건

현상·상태

부위·장소

환경·자연

조작·동작

개념·사조·의지

082 | 침대의 집

침대는 이불과는 달리 항상 공간에 놓여 있다. 조금 피로해졌을 때에도 곧바로 잠을 붙일 수 있다는 의미에서 침대는 매우 편리하다. 그러나 항상 공간 내에 존재해야 하기 때문에, **침실은 항상 침대가 놓인 풍경의 방으로 가정해야 한다.** 침대의 크기는 싱글, 세미더블, 더블 등 여러 사이즈가 있다. 또 바닥에서 꽤 오르는 높이의 것부터 이불에 가까운 매트 형태의 침대도 있다. 사람은 인생의 1/3을 잠을 자고 있다. 그러므로 이 잠도 배려해 보아야 한다.

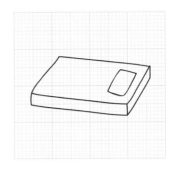

083 | 의자의 집

의자는 **가구의 왕과 같은 존재**이며, 지금까지 여러 디자이너들이 의자를 디자인해 왔다. 그 중에는 건축가가 디자인한 것도 많다. 명작이라고 알려진 의자를 물론 **실제로 앉아보아, 어떤 인상을 지녔는지** 경험을 해두는 것도 좋다. 그 중에는 좀처럼 실물을 만나볼 수 없는 것도 있다. 만약 기회가 된다면, 의자를 실제로 만들어 볼 것을 추천한다. 의자에 대한 이해도 비약적으로 깊어질 것이다. 의자 디자인은 무시할 수 없으며, 공간 안에 1개를 둔 것만으로도 공간이 멋지게 되기도 한다. 만약 마음에 드는 의자가 있다면, 꼭 구입하여 자신의 방에 두어 보면 좋겠다.

084 | 루버의 집

루버란 커튼과 마찬가지로 **차광하기 위한 시스템**이다. 루버는 블라인드와 같이 실내에 설치하는 것도 있는가 하면, 창 밖에 시공되는 **외부부착 타입**도 있다. 루버는 실내 환경을 조정하는 것이지만, 특히 외부에 설치되는 것은 파사드의 표정으로 나타나기 때문에 의장적으로도 큰 관심사가 된다. 블라인드의 방향에는, 크게 나누어 **가로 방향과 세로 방향**이 있다. 적도에 가까운 나라는 가로 방향으로 블라인드를 설치하고, 위도가 높은 국가에서는 세로 방향의 블라인드를 많이 사용한다. 이는 태양고도나 태양의 움직임과 관계되기 때문이다.
【실예】 나카가와마치 메즈 히로시게 미술관/ 쿠마 켄고

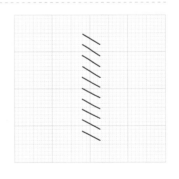

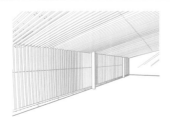

나카가와마치(那珂川町) 메즈 히로시게(馬頭廣重) 미술관

설계 : 쿠마 켄고(隈研吾)

일본 토치기현 나스군에 세운 미술관. 우타가와 히로시게(歌川廣重)의 에도시대 풍속화인 우키에요나 육필화·판화 등이 전시되어 있다. 지붕, 외벽, 천장 모든 것이 섬세한 목제 루버로 구성·표현되고 있어 공간이 매우 인상적이다. 루버에는 현지의 삼나무가 쓰였고, 바닥이나 벽에도 현지의 석재나 일본 한지가 많이 쓰였다.

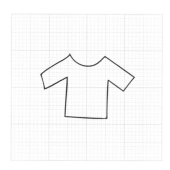

085 | 옷의 집

양복은, 공간 안에 색채를 더해 준다. 물론 색이 없는 옷도 있지만, 인간은 옷을 입기 때문에 움직이는 인간과 함께 공간에 움직임을 주어, 다양한 장면을 건축과 함께 만들어 낸다. 집과 옷은 언뜻 보기에 다르게 보이지만, 인간을 외적 환경으로부터 지킨다는 의미에서는 서로 닮은 성격이다. 또 건축을 양복의 일부에 비유하여, 몸에 걸친다는 감각으로 건축을 파악할 수는 없을까라는 다양한 시도도 있어 왔다. 양복 디자이너 중에는 의외로 건축을 공부한 사람도 많다.

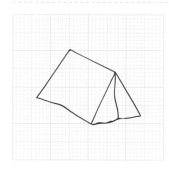

086 | 텐트의 집

건축 중에는 텐트와 같이 골조와 막이 주체가 되는 형식이 있다. 텐트는 가벼운 골조와 방수 가공된 천으로 되어 있다. 건축의 원형은 텐트이며, 환경에 대해 자꾸자꾸 강하고 단단하게 만들어간 결과, 지금과 같은 건물의 모습이 되었다고도 말할 수 있다. 그 중에서 아웃도어나 등산용으로 이용되는 텐트는, 경량이어서 운반 가능한 최소한의 건축이라고 볼 수도 있다. 또한 경량화를 위해 다양한 하이테크가 구사되고 있는 분야이기도 하다.

087 | 테이블의 집

의자와 세트를 이루는 물건으로서 테이블이 있다. 테이블은, 식사하는 곳, 공부하는 곳, 그리고 일하는 곳 등, 다양한 용도에 따라 크기나 높이가 달라진다. 어른 여러 명이 이용하는 것은 꽤 커야 하며, 허드렛일을 하는 테이블이면 꽤 작아도 된다. 테이블도 의자와 마찬가지로 공간의 분위기에 큰 영향을 미친다. 보통 테이블 높이는 70cm 정도이지만, 밥상과 같이 바닥에 앉아 사용하는 낮은 테이블도 있다.
【실예】2004/ 나카야마 히데유키

2004

설계 : 나카야마 히데유키(中山英之)

지하가 있는 3층으로 구성된 개인주택이다. 중앙의 오픈 공간에 고정된 커다란 철판은, 그 위에 사람이 서는 바닥으로서도 견딜 수 있는 강도로 설계된 테이블이다. 그것을 얇은 슬래브로 된 중층으로도 파악할 수 있다. 또는 반대로 두께를 훨씬 억제한 얇은 바닥은, 가구와 같은 존재감을 갖고 있다고도 볼 수 있다.

형태·형상

소재·물건

현상·상태

부위·장소

환경·자연

조작·동작

개념·사조·의지

088 ┃ 도면의 집

'도면 작도 방법이 제대로 되어 있지 않다!'라고 하는 경우가 있지만, 거기서부터 재검토해 보는 것도 재미있다. 먼저 중심선을 그리고, 몸체를 그린 후, 마감을 그린다는 것과 같이, 레이어 형상으로 구성되는 작도 방법이 일반적이다. 그러나 순서가 분명한 이러한 작도방법에 반하여, 무엇인가를 착상할 수 있는 곳부터 도면을 그려 나가본다면, 어떤 새로운 발견을 할 수 있을지도 모른다. 건축에서 '도면'은 **가장 중요한 커뮤니케이션 툴 중의 하나라고 말한다.** 생각을 전하는 문장도 아니고 그림도 아닌, '도면'을 그리는 방법과 표현에 대해서 생각해 보자.

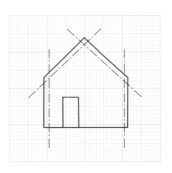

089 ┃ 컴퓨터의 집

건축 안에서도 다양한 컴퓨터가 활약하고 있다. 가까운 곳부터 예로 들자면, 센서 기능이나 타이머 기능은 생활을 지지하는 컴퓨터 기능이라고 할 수 있다. 사람의 일상생활에서 컴퓨터는 기계라기보다는 이미 커뮤니케이션 툴의 하나로서 자연스럽게 침투하고 있다. 마찬가지로 컴퓨터가 더욱더 공간으로 침투해 왔을 때에, 건축에는 어떤 재미있는 일이 일어날까? **공간과 컴퓨터의 자연스러운 관계에 대해** 생각해 보자.

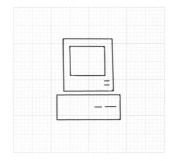

090 ┃ 비중의 집

물체에는 무게가 있어 가벼운 것이 있으면 무거운 것도 있다. 건축은 여러 무게를 지닌 것들을 조합하여 결과적으로 상당한 무게를 가지고 지구상에 존재하게 되지만, 이를 이해하는 데 더하여 **가볍게 보이게 하거나 무겁게 보이게 하는 등,** 여러 가지 궁리를 해보는 것도 재미있다. 필로티 건축과 같이 무거운 것을 떠 있는 것처럼 가볍게 보이게 하거나, 기단건축과 같이 무거운 것 위에 건물을 두어 가볍게 보이게 하는 등, **같은 크기나 형태에서도 그 비중의 표현 방법에 따라 인상은 크게 달라진다.** 얇은 콘크리트나 두꺼운 유리 등 재료 자체만의 비중에 주목하는 것도 재미있다.

유의어: 무게, 가벼움

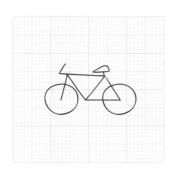

091 | 자전거의 집

자전거는 자동차만큼 크지 않고, 탈 것으로는 어딘지 모르게 **가구에 가까운 감각을 가지고 있다.** 단순히 탈 것이 아니라, 자전거가 취미가 되거나 생활의 일부인 사람도 증가하고 있다. 실내에 장식되거나 놓이기도 하며, 건물 외부에 두는 경우도 있다. 그런 자전거가 의외로 **건축의 풍경을 만들기도 한다.** 다양한 관점에서 자전거와 건축의 관계에 대해 생각해 보자. 자전거 투어링 감각으로 즐길 수 있는, 그런 주택이 있다면 즐거울지도 모른다.

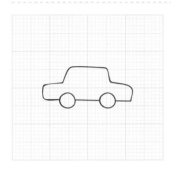

092 | 자동차의 집

주택 대부분에는 주차장이 있어, 거기에 자동차가 머문다. 자동차는 건물 속에 보관되기도 하고, 집밖에 비를 맞히며 세워두기도 한다. **차가 대지에 어떻게 배치되는가에 따라 계획은 크게 좌우된다.** 자신이 아끼는 차를 바라보고 싶다는 클라이언트의 집에서는, 이미 차가 건물의 중심이 되고 있는 사례도 본 적이 있을 것이다. **차의 궤적이 건축의 형태를 규정하는 경우도 있다.** 건물의 형태를 정의하기 위해 적극적으로 차와 건물의 관계를 긴밀하게 해 나가는 것도 좋다.

참고: 사보이 주택/ 르 꼬르뷔제

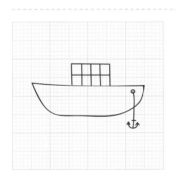

093 | 배의 집

해변이나 호숫가에 있는 건물에서는, **배가 자동차와 마찬가지로 건축과 직접 관계되는 경우가** 있다. 건물 하부에서 직접 배에 오를 수 있거나 건물 전면에 정박되기도 한다. 보트 하우스와 같이 배가 주거가 되는 예도 있다. 건축이 지면 위에 있듯이, **배는 수면 위에 있는 집**이라고 이해할 수도 있다. 또 건축 역사에서는 위니테 다비타시옹(Unité d'Habitation)처럼 건물을 배에 비유해 말해왔던 적도 자주 있었다. 어딘지 모르게 배는 건축에서는 동경의 대상이 되는 존재인지도 모른다.

【실예】 바다 박물관/ 나이토 히로시

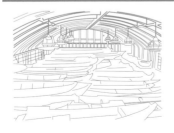

바다 박물관

설계 : 나이토 히로시(内藤廣)

일본 미에(三重)현 토바(鳥羽)시에 세운, 바다에 대한 내용을 전시하는 박물관. 검은색으로 물든 조용한 외관과는 대조적으로, 내부는 강력한 목조 가구로 구성되어 있다. 배를 수용하는 창고도 함께 설치되어 있어, 그 공간은 확실히 바닷속 박물관 같다.

형태·형상

소재·물건

현상·상태

부위·장소

환경·자연

조작·동작

개념·사조·의지

094 | 금속의 집

건축에는 다양한 금속들이 등장한다. 대표적인 금속으로는, **철, 알루미늄, 구리, 놋쇠** 등이 있다. 도금된 것도 있어, 아연 도금이나 크롬 도금 등은 언뜻 보면 금속의 표정을 하고 있지만 표면만 마감된 것이다. **소재에 따라 금속의 강도나 특징은 다양하다.** 철은 강하고, 구리는 손으로 굽힐 수 있을 만큼 유연하다. 또한 **금속 특유의 독특한 빛**도 매력 중의 하나이다. 빛이 강한 것, 둔한 빛을 띤 것 등. 여러 가지 금속에 대해 그 성질과 표정을 파악하여 건축에 활용해 보자.

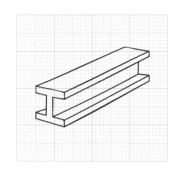

095 | 판자의 집

건축자재에는 **판자 모양의 물건**이 많이 있다. 석고보드에서 합판에 이르기까지 온갖 물건이, 공간을 구성하기 위해 면 형태로 준비되어 있다. **대부분은 가공품으로,** 원래 면의 형태를 띤 자연 소재는 별로 없다. 형틀로 성형된 것부터 얇은 것을 적층한 것 그리고 돌과 같이 얇게 자른 것 등이 있다. 판자가 있으면 마루나 벽을 만들 수 있고, 선반을 만들고 테이블이 만들어진다. 이 판자의 성질을 알아 두면 적재적소를 판단할 수 있고, 폭넓게 응용할 수도 있다.

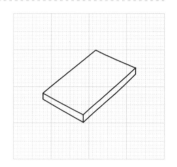

096 | 목재의 집

많은 건축들은 구조재가 나무인 목구조이다. 목재는 **가공성이 좋거나 주변에서 쉽게 구할 수 있다**는 이유로 쉽게 떠올릴 수 있는 재료이다. 목재에는 재료를 다루는 데 따라, 곧은 결, 엇결, 휨 등 자연 소재만의 특성이 있다. 구조재뿐만 아니라, 마감재로서의 구실 또한 중요한 나무의 기능이다. 손에 닿는 데 적합한 것, 습기에 강한 것 등, 장소나 용도에 따라 구분하여 사용할 수도 있다. 목재의 표정을 잡아내는 것과 함께, 어떤 재료가 어디에 적절한지 잘 연구하여, 나무의 특징을 파악함과 동시에 목재로서의 건축을 생각해 보자.

【실예】 로그하우스

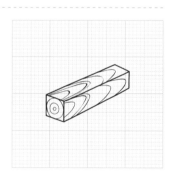

로그하우스(Log house)

오두막에서 잘 볼 수 있는, 통나무를 조합해 만든 목조주택의 프로토 타입이다. 통나무 봉의 단면 그 자체가 벽이 되고 동시에 마감도 겸하게 되므로, 통나무 봉으로 건물 내외가 같이 마감된다. 같은 목재를 사용하는 구법이지만, 일반적인 재래의 목구조와는 구성이 크게 다르다. 틈새 없이 쌓아 올려간다는 점에서 확대 해석하자면 조적조라고 파악할 수도 있다.

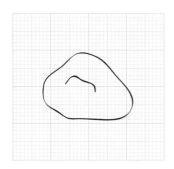

097 | 점토의 집

건축의 형태를 결정할 때 점토를 이용하는 일이 있다. 이는 조각이나 도예와도 비슷하며, 생각하는 형태대로 점토를 손으로 자유롭게 변형시켜 간다. 잘 생각해 보면, 매우 자유로운 소재로, 1개의 형태로 변형할 수도 있고, 뜯어내어 여러 개의 형태를 만들거나 붙일 수도 있다. 마음에 들지 않으면 부수고 원래 형태로 되돌릴 수도 있다. 이런 방법으로 스터디된 건축은 어딘가 유기적이기도 하다. 손으로 반죽해서 만들 수 있는 건축은 멋질지도 모른다.

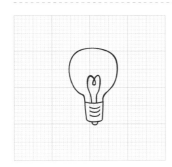

098 | 조명의 집

조명에는, 전구에서 형광등 그리고 LED 등, 여러 종류가 등장한다. 그 중에서 실내를 비춘다는 기능은 이미 존재 이유가 되질 않고, 얼마나 효율이 좋은가에 중점을 두어 조명의 질이 수면 아래에서 문제가 되고 있다. 밝지만 불쾌하다는 말이 있다. 또 조명은 태양광과 비교해 색 스펙트럼 분포가 편향이 크다. 형광등처럼 빛의 분포가 불연속적인 것은 효율은 좋지만, 전구와 비교하면 질적으로 만족스럽지 못한 면이 있다. 조명은 앞으로도 계속 발전해 나가겠지만, 조명의 질 문제가 건축에서는 중요한 과제가 되어 갈 것이다.

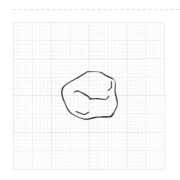

099 | 돌의 집

돌은 확실히 덩어리로서의 존재감이 있다. 단단한 것부터 무른 것까지, 돌 하나에도 여러 가지가 있고, 크기에 따라서도 그 존재감은 다양하다. 건축자재에서는 얇게 잘라내어지는 돌들도 많다. 돌의 표정도 다양하지만, 표면 마무리 방법에 따라서도 인상이 또한 달라진다. 색이나 모양도 여러 가지여서, 붉은 것에서 녹색인 것, 흰 것, 두 가지 색이 섞인 것, 줄무늬 모양인 것이나 입자 상태의 것, 표면에 세세한 구멍이 많이 있는 것 등, 다양하다.
【실예】 도미너스 와이너리/ 헤르조그 & 드 므롱

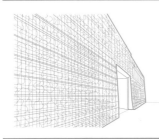

도미너스 와이너리(Dominus Winery)

설계 : 헤르조그 & 드 므롱

미국 캘리포니아주 나파벨리에 건립된 와이너리. 쇄석을 담은 철망 바구니를 이용하여 쌓아 올린 예는 제방 등 토목세계에서는 자주 있었지만, 이를 건물 벽면에 대담하게 전용한 예이다. 천연 형태 그대로인 쇄석들의 틈새로부터 유입되는 빛은 아름답고 인상적이다. 겉껍데기를 이루는 표층과 이를 개입시켜 나타나는 내부 공간이 직접 관계되고 있다.

형태・형상

소재・물건

현상・상태

부위・장소

환경・자연

조작・동작

개념・사조・의지

100 | 손잡이 · 핸들의 집

현관문이나 가구의 문 등에서 인간의 손이나 손가락 끝으로 문을 개
폐하는데 사용되는 부위이다. 생활하는 가운데 빈번히 직접 접하는
부분이므로, 매우 신경 쓰이는 부분이다. 한 손으로 잡는 것부터 양
손으로 잡는 것까지 여러 가지 타입이 있다. 또한 가구의 서랍처럼
매우 작은 손잡이도 있다. 벽이나 면의 일부로서 표현하고 싶을 때에
는 굳이 숨기거나 연구를 거듭하는 장소이기도 하다. 페이크로서 단
순한 벽면처럼 설치하는 경우도 있다. 건물 전체로 보자면 사소하지
만 매우 중요한, 이 부분에 대해 주의 깊게 관찰하여 보자.

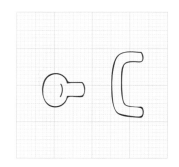

101 | 폐허의 집

폐허라고 하면 듣기에도 나쁘고 '집'과 연결시키기기도 어려울지 모르
지만, 사용한지 오래 되어 낡은 건축에서, 어쩐지 신축 건조물에서는
얻기 어려운 어떤 종류의 중량감에 매료되는 사람들도 많지 않을
까? 이를 집에 도입할 때에는, 제로로부터라기보다는 오히려 마이너
스로부터의 어프로치가 유효할지도 모른다. 집이 폐허가 되는 이미
지를 추구하든가, 또는 폐허에서 집으로 사용할 수 있는 부분을 찾
아내어 가는 것일 수도 있다. 완전히 헐은 공간에 집을 어떻게 엮어
야 할런지, 평상시 몰입할 리가 없는 테마에 대해서도 탐구해 보자.

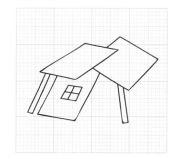

102 | 바코드의 집

바코드는 매우 편리한 기호이며, 그래픽으로도 멋지다. 구성은 매우
단순하고, 길이가 같고 폭이 다른 선들이 랜덤하게 줄지어 있을 뿐이
다. 단지 그것만인데도 많은 정보를 정리하여 그 작은 스페이스에 축
적하고 있어, 의미를 지닌 암호로서도 매력을 느끼는 이유 중의 하
나일지도 모른다. 건축에도 바코드처럼 벽을 세우거나 볼륨을 늘어
놓으며 기호처럼 쓰지만, 그런 의미를 가진 기호적인 건축에 대해서
생각해 보자.

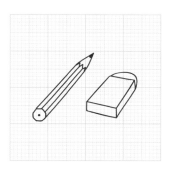

103 │ 연필과 지우개의 집

아무리 CAD나 CG가 보급되었다고 해도, 도면을 그릴 때에는 연필과 지우개가 매우 활약한다. 연필은 선을 그리고, 지우개는 불필요한 선을 지우는 도구이다. 이 더하기와 빼기의 안배에 따라 도면이 완성된다. 어느 한쪽이 빠져도 불편이 발생하는 소중한 도구이다. 건축이란 이러한 도구와 친해져야 하는 직업인 이상, 이러한 도구의 버릇이나 특징 등을 파악하면 좋을 것이다. 의외로 건축이라는 큰 것을 이들 작은 도구가 결정하는 경우도 있다.

유의어: 더하기, 빼기

104 │ 과일의 집

과일이나 야채는 먹는 기쁨만이 아니라, 자연이 베푼 은혜인 그 색채 때문에, 공간에 놓이게 되면 매우 선명한 색깔로 보는 사람을 즐겁게 해 준다. 예로부터 정물화 데생의 대상이 되어온 것처럼 매우 표정이 풍부하고, 색뿐만이 아니라 형태, 표정, 냄새, 음영 등으로 인간의 감각에 호소해 온다. 작으면서도 힘 있는 존재이며, 공간이 그다지 매력 있지 않아도, 거기에 과일이나 꽃이 놓여 있는 것만으로도 의외로 행복해지기도 한다.

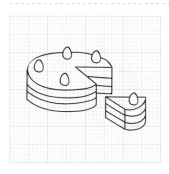

105 │ 케이크의 집

케이크나 피자는, 둥글고 큰 형태로 우선 전체를 만들고, 거기에서 잘라내어 삼각형인 피스(조각)가 완성된다. 예각 부분과 호를 그리는 부분이 독특한 형상을 이룬다. 또한 단면을 보면, 적층된 딸기나 스펀지를 틈새로 볼 수 있어, 각기 장소마다 각각의 개성이 있다. 베이스가 있고, 쌓이면서 데코레이션 된다는 의미에서는 건축과 통하는 부분이 많을지도 모른다. 동화의 세계에서는, 집 그 자체가 케이크가 되는 일도 있다.

【실예】알베로벨로의 투룰리

알베로벨로의 투룰리

이탈리아 남부 알베로벨로(Alberobello)에 있는 마을이다. 트룰리(Trulli)로 불리는 고깔모자 모양의 사랑스러운 외관을 가진 주거들이 밀집하여 동화 같은 풍경을 만들어 내는 마을이다. 케이크의 데코레이션과 같은 트룰리지만, 그 구성은 지극히 심플하다. 석회암을 틈새 없게 쌓아 올린 조적조로, 벽·지붕 모두가 하나로 형성되고 있다. 생크림 같은 마감재는 흰색 석회이다.

형태·형상

소재·물건

현상·상태

부위·장소

환경·자연

조작·동작

개념·사조·의지

106 ｜ 차밍포인트의 집

작은 주택이든지 큰 시설에서 건축공간을 체험하게 되면, 건물 전체의 인상과는 완전히 별개인 곳에서, 아주 부분적인 곳이지만 차밍한 곳이 건물의 강한 인상으로 남는 일이 있다. 그것은 기능적인 것이기도 하고 전혀 그렇지 않기도 하다. 자그마한 것이든 뭐든지 좋을지도 모른다. 인상적인 강한 존재감. 그런 무엇인가를 가진 집을 생각해 보자. 마릴린 먼로도, 입가의 점이 없었다면 단순한 미인이었을지도 모를 일이다.

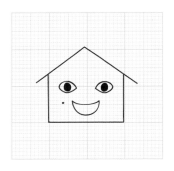

107 ｜ 흔적의 집

흔적을 살려야 할까 없애야 할까? 과거에 있던 사항을 어떻게 다루어야 할까? 흔적이란 어딘지 모르게 네거티브한 이미지가 있지만, 과거에 가능했던 것을 자연스러운 것으로 받아 들여 보는 등, 흔적을 지울까 살릴까 양쪽 모두를 생각해 보자.

맨션의 리폼 등에서, 내장을 벗겨보면 나타나는 몹시 거친 몸체는 보는 사람에 따라서는 더러운 흔적이거나 또는 매력적인 텍스처로도 비친다. 흔적을 어떻게 파악해야 할까? 어째서 지워야 하는지, 어째서 살려야 하는지를 생각해 보자.

참고: 키르히너 미술관/ 기온 & 가이어

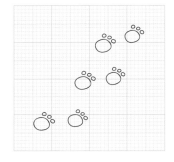

108 ｜ 유리의 집

유리는 얇음에도 불구하고 강도가 있으며, 게다가 건너편을 투과할 수 있기 때문에, 시선을 차단하는 일 없이 내외를 구분짓는 소재로서 건축의 창에 많이 쓰여 왔다. 그러나 유리 그 자체는 충격에 약하고, 예리한 것으로 두드리면 깨어진다. 유리는 형판 유리에서 플로팅 유리 등 생성방법에 따라 다양한 종류가 존재한다. 건축에 사용되는 것 외에도, 컵이나 화병 등 일상용품에도 사용된다. 독특한 경질감과 투명한 표정은 또한, 건축에 윤기와 긴장감을 부여한다.

【실예】 유리의 집/ 피에르 샤로

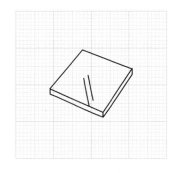

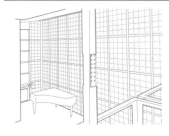

유리의 집(Maison de Verre)

설계 : 피에르 샤로(Pierre Chareau)

프랑스 파리 시가지에 세워졌으며, 달자스 주택이라고도 불리는 개인 진료소 겸 주거이다. 준공한 1931년 당시에는 드문 소재라고 할 수 있는 유리블록이, 외장 파사드 전면에 대담하게 쓰였다. 엄격한 경관 규제를 받는 도시계획 때문에, 대지 내 중정에 면해 파사드가 실현되었기 때문에, 가로에서는 유리 외관을 살펴볼 수는 없다.

형태 · 형상
Shape
A

소재 · 물건
Material
B

현상 · 상태
Phenomenon, State
C

부위 · 장소
Part, Place
D

환경 · 자연
Environment, Nature
E

조작 · 동작
Operation, Behavior
F

개념 · 사조 · 의지
Concept, Trend of Thought, Will
G

109 | 거슬거슬*한 집

거칠음을 표현한 말이다. 거슬거슬한 알갱이의 크기도 다양하여 꽤
거친 것부터 자잘한 것까지 있다. 보기만 하여도 알 수 있는 것부터
손을 대보아야만 알 수 있는 것까지 있다. 기분 좋은 것부터, 손대면
아픈 듯하여 사람의 접근을 허락하지 않는 것까지 있다. 거슬거슬한
것의 효과로는, 표면을 두드러지게 하거나 물질감을 높이거나, 음
영을 두드러지게 하는 것 등을 들 수 있다. 건물의 벽면, 바닥 면, 또
한 상세 등 여러 레벨에서 그 원래의 성질을 생각해 보자.

* 일본어 의태어인 'ザラザラ'(자라자라)를 '거슬거슬'로 옮김.

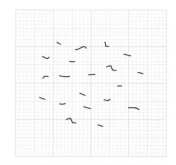

110 | 바슬바슬*한 집

'바슬바슬하다'라고 하면, 모래 소리와 같은 이미지가 떠오르지는 않
을까? 매우 섬세하여, 거슬거슬하거나 우툴두툴한 것과는 다른 이미지
이다. 건축을 섬세한 것으로 파악하기 위해서는 이러한 말도 어떤 힌
트가 될지도 모른다. 일본은 옛날부터 석정원石庭園과 같이, 흰 모래
를 전면에 깔아 바슬바슬한 느낌을 만들거나 고운 빛깔의 모래를 바
른 사벽砂壁과 같이, 모래를 사용하는 기법들이 있다. 나무가 흔들릴
때 잎사귀들이 서로 스치는 소리도 어쩐지 바슬바슬과 닮아 있고, 강
의 수생식물 뿌리 때문에 들리는 물보라 소리도 어딘가 바슬바슬하다.

* 일본어 의태어인 'サラサラ'(사라사라)를 '바슬바슬'로 옮김.

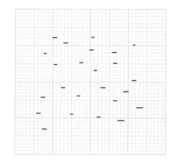

111 | 우툴두툴*한 집

'우툴두툴'하다는 울림에서는, 표면의 소재감을 떠올리는 것만이 아
니고, 자연의 바위 등, 중후한 두께마저 감지할 수 있다. 우툴두툴한
소재감이나 두께가 어쩐지 접근하기 어려운 위압감을 주는 한편, 내
부에서 보면 안심감이나 고급감마저 느껴진다. 일본의 주택은 주로
나무 소재로 만들어져 표면을 대패로 다듬어 왔다. 그러므로 일본인
에게 우툴두툴한 소재감은 별로 친숙하지 않은 감각일지도 모른다.
그러나 우툴두툴하게 불균질한 물건을 친숙한 건축인 주택에 도입
하는 것만으로도, 균질 일색인 건축을 바꿀 수 있을지도 모른다.

【실예】 세토나이카이 역사민속자료관/ 카가와현 건축과

* 일본어 의태어인 'ゴツゴツ'(고츠고츠)를 '우툴두툴'로 옮김.

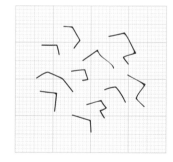

세토나이카이(瀬戸内海) 역사민속자료관

설계 : 카가와(香川)현 건축과

세토나이카이의 문화자료를 전시하는 민속자료관이다. 바닷가의 염해에 대
비하고 현지의 석조문화를 인용하여 우툴두툴한 돌쌓기 표현을 많이 쓰고 있
다. 우툴두툴한 인상을 주는 마감 방식은, 건물의 외관뿐만이 아니라 주위의
외곽시설 등 넓은 범위에 걸쳐 적용되어 있고, 장소에 따라 크고 작은 다양한
석재를 쓰고 있어, 여러 가지 우툴두툴한 표현들을 살펴 볼 수 있다.

형태·형상

소재·물건

현상·상태

부위·장소

환경·자연

조작·동작

개념·사조·의지

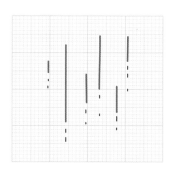

112 | 부슬부슬*한 집

일본에서 장마 때에는, 비가 그치는 일 없이 부슬부슬 계속 내려 습기가 매우 높다. 건물은 그런 습기에 견딜 만한 구조가 아니면 안 된다. 습기 차는 계절에는, 눅눅하다는 표현처럼 불쾌감을 이미지화한 말도 많이 있지만, 부슬부슬이라는 표현은, 어딘가 그리운 일본의 풍경미와 통하는 뉘앙스 있는 말이다. 일본은 사계절 그때그때마다 풍부한 자연 환경 속에 있다. 그 안에서, 이 부슬부슬한 계절에 어울리는 건축이 무엇인가를 생각해 보는 것도 또한 재미있다.

* 일본어 의태어인 'シトシト'(시토시토)를 '부슬부슬'로 옮김.

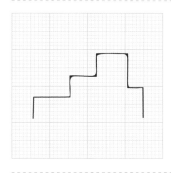

113 | 모난* 집

'모난'이란 말 그대로 모가 많이 나 있는 이미지이다. 건물은 원래 모난 것들을 조합하거나 상자 모양의 물건들을 조합하여 만드는 것이므로 자연스레 모나기 쉽다. 모난 크기에 따라, 거리의 분위기나 건물의 스카이라인이 생겨나기도 한다. 부분만을 본다면 계단은 확실히 모난 것이라 할 수 있다. 모가 난 이미지는 때로는 딱딱한 느낌에도 사용된다. 그런 건물은 어떤 부드러움도 갖추고 싶을 것이다.

* 일본어 의태어인 'カクカク'(카쿠카쿠)를 '모난'으로 옮김. '각(角)진 또는 모진'으로 옮길 수도 있겠다.

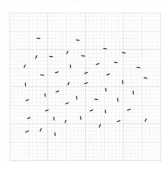

114 | 뿔뿔이*의 집

깨를 뿌리듯 흩뿌려진 형상이 '뿔뿔이'이다. 어떤 이유에서가 아니고, 뿔뿔이 어딘지 모르게 어느 부분에 뿌려 내려질 수 있다. 나무에서 잎이 떨어질 때에도, 잎이 나무를 중심으로 뿔뿔이 지면 위로 떨어져 퍼진다. '뿔뿔이'라고 하는 행위는, 어느 높이에서 가벼운 것이 내려오는 행위이므로, 뿔뿔이 흩뿌려진 정경은 어딘지 모르게 높이와 관계있다고도 생각된다. 건축 자체로는 이 뿔뿔이 라는 감각이 직접 존재하지 않는 것 같지만, 자연물을 받아들인다면 이러한 감각도 잘 얻게 될지도 모른다.

【실예】KAIT 공방/ 이시가미 쥰야

* 일본어 의태어인 'パラパラ'(빠라빠라)를 '뿔뿔이'로 옮김.

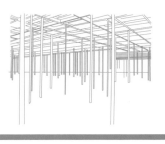

KAIT 공방

설계 : 이시가미 쥰야(石上純也)

카나가와(神奈川) 대학의 공방. 가늘고 얇은 구리 플랫 바로 구성된 기둥이, 원룸에 뿔뿔이 배치되어 있다. 랜덤하게 방향을 바꾸면서 배치된 기둥에는, 수직 하중만을 부담하는 것이 있는가 하면, 브레이스(brace)와 같이 인장력을 담당하는 것도 있어, 구조적인 힘의 흐름도 뿔뿔이 분산되어 있다.

115 │ 물방울의 집

물방울 모양은 어린 아이들이 특히 좋아하는 형태이다. 둥근 것은 아무래도 아이들에게 잘 받아들여지는 것 같다. 물방울 모양은 자연계에도 있고, 그래픽으로도 대중적이며 귀엽게 느껴진다. 색채나 간격 등에 따라 물방울의 표정은 크게 달라질 수 있고 귀여움을 넘어 다른 종류의 어떤 이상한 분위기마저 느낄 수 있다. 물방울 자체에는 꽤 강한 기호성이 있으므로, 사용법을 조심해야한다. 반복성이 있는 것부터 스케일감을 생각나게 하는 것 등, 다양한 스케일로 사용한다면 또 다른 매력이 나타날지도 모른다.

참고: 쿠사마 야요이(草間彌生)의 작품

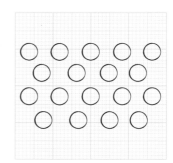

116 │ 반짝반짝의 집

반짝반짝은 빛에 쓰이는 말이다. 반짝반짝한 정경은 예를 들면, 수면에 빛이 닿아 빛나거나 암석 안의 광물이 빛날 때 볼 수 있다. 반짝반짝의 대표라 하면 다이아몬드이며, 작아도 많은 빛을 모아 매력 있게 빛난다. 금속에서도, 세세하게 부수어 구성하는 라메*를 이용하면, 다양한 곳에서 반짝반짝한 감을 낼 수 있다. 반짝반짝은 매우 마법적인 말이며, 빛을 갖게 하여 공간을 풍부하게 할 수 있는 이 독특한 스파이스를 어디엔가 베풀어 보는 것도 재미있겠다.

* 라메: 프랑스어 lamé로, 원래는 금실이나 은실 등의 금속 실로 짠 직물로, 장식용 의복, 신발 등에 이용되며, 통칭 '반짝이'라고 하여 장식에 쓰인다.

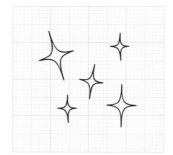

117 │ 어두움의 집

빛이 없는 공간은, 칠흑같이 어두운 밤처럼 정말로 캄캄하다. 어느 정도의 어두움은 인간에게 침착성을 주기도 하지만, 너무 어두워지면 불안감에 휩싸이게 된다. 어두움은 때로는 공간을 효과적으로 연출할 때 사용된다. 좁고 어두운 복도를 빠져나가 밝은 광장으로 나오게 하거나, 밝은 곳에서 어두운 곳에 들어갈 때는 두근두근 하기도 한다. 어두움은 공간을 드라마틱하게 하고 적당한 불안은 또한 공간에 긴장감을 주어, 인상에 남는 공간으로 만들어 준다. 일본 민가의 실내는 매우 어둡다. 그것도 또한 예로부터 있는 일본의 거주지 모습이기도 하다.

참고: '음예 예찬' 다니자키 준이치로(谷崎潤一) 지음

118 | 밝음의 집

밝음은 일반적으로 기분 좋다. 물론 밝기라도 주변이 분명히 보이는 것은 안심할 수 있지만, 그림자를 지워 버리는 밝기는, 중량감이 없어져 부유하는 분위기를 준다. 밝은 정경을 얻으려는 현대 건축도 있어, 이들은 순백색이며 그림자도 엷다. 밝으면 위생적으로 보이고, 미래적이기도 하다. 다만 밝기가 필요 이상이면 눈이 편안하지 않고, 체내시계도 혼란된다. 기분 좋은 밝기란 어떤 것일까? 밝기의 지표로서 조도가 있지만, 공간이 밝은지 어떤지는 별개의 문제이며, 면의 휘도에 따라서도 밝기를 느낀다.

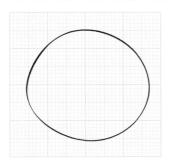

119 | 큰 집

건축은 원래 큰 존재이지만, 그 중에서도 더욱 큰 공간에 매력을 느낀다. 천장이 높거나, 공간 그 자체가 큰 것이 매력 있다. 공간이 크면 인간은 작게 보여 인간과 공간의 관계도 달라진다. 또한 '크다'를 좀 더 일반적으로 사용해 보면, 지금까지 보통 크기였던 테이블이 커지거나, 의자가 커지거나, 무엇인가가 커짐에 따라 지금까지 얻을 수 없었던 여유나 대담함을 얻을 수도 있다. 예술세계에서 작은 것을 크게 하여 작품을 만드는 사람도 있다.
참고: 론 뮤익(Ron Mueck)의 작품

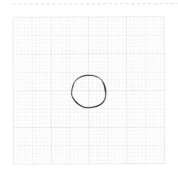

120 | 작은 집

작다는 것만으로도 '귀엽다'라는 말과 엮어지기도 하지만, '작음'도 건축을 멋지게 보이게 하려고 자주 사용하는 말이다. 작게 하는 이유는 크게 나누어 보면 2가지가 있다. 하나는 극한까지 작게 하는 기술적인 매력과, 다른 하나는 존재감을 지우기 위함이다. 목적은 각각 다르더라도, 이 작은 세계에는 많은 기술력이 필요하다. 건축 모형도 실물보다 대단히 작게 만들어, 큰 것을 어림하게 한다. 이것도 건축의 특징이다. 협소 주택에서는 작은 가운데에서도 여러 가지 궁리를 엿볼 수 있다.
【실예】작은 집/ 르 꼬르뷔제

작은 집(Petite maison)

설계 : 르 꼬르뷔제(Le Corbusier)

프랑스 레만 호수의 부근에, 어머니를 위해 지은 약 18평의 작은 주택이다. 길이 11m의 리본 윈도우가 특징이다. 근대건축 5원칙의 하나인 연속 수평창이 작은 주택에, 레만 호수와 그 배경이 되는 알프스 등, 스위스의 아름다운 파노라마 풍경을 사치스럽게 넣고 있다.

형태·형상

소재·물건

현상·상태

부위·장소

환경·자연

조작·동작

개념·사조·의지

121 | 늘음의 집

속도에 대한 말이지만, 인간이 움직이는 속도를 보통속도라 한다면, 하늘에서 태양이 움직이는 속도는 매우 늦고, 바다의 파도 속도도 느긋하게 보일지도 모른다. 늦음 중에서도 겨우 인식할 수 있는 거북이쯤의 움직임으로부터, 빠르게 돌지 않아 알 수 없는 태양의 움직임까지 다양하다. 늦음이란 것이, 느긋한 침착성이나 고요함을 낳기도 하여, 공간에 한층 더 안정감을 가져오기도 한다. 유리도 미시적으로 본다면, 실제로는 느긋하게 움직이고 있다.

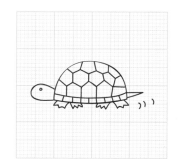

122 | 빠름의 집

인간은 빠른 것을 많이 개발하여 왔다. 그것은 비행기이거나 전철이나 자동차이겠지만, 건물은 어느 쪽인가 하면 부동의 것이다. 움직이지 않는 것으로서 빠른 경쟁과는 무관하다. 단지 사람이 돌아다니고 차가 통과할 때, 건물은 움직이지 않기 때문에, 주위가 움직이고 있는 것에 신경이 쓰인다. 풀과 나무들도 태풍 등 바람이 강한 날에는 격렬하게 흔들리며, 건물 안에서 보고 있으면 상당한 속도감이 있다. 비도 마찬가지로 경사져 내려치면 속도감이 있으며, 실외의 바람 속도를 실내에서 창 너머로 관찰할 수도 있다.

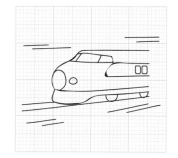

123 | 강함의 집

건축은 존재 자체가 굳세고 튼튼하기 때문에, 일반적으로 강한 이미지가 있다. 두드려보아도 딱딱하고, 특히 콘크리트제의 건물은 튼튼하고 강한 이미지가 있다. 건물은 강하지 않으면 파괴되어 버린다. 강하다는 말은 물리적인 강도 이외에도, 색이 강함, 소재감이 강함, 존재감이 강함 등 다양하게 정도를 표현하는 말로서도 쓰인다. 강한 것이 때로는 위압적이지만 신뢰가 있다는 의미에서, 사이좋게 친해지고 싶은 말 중의 하나이다. 조금 넓은 의미에서 건축의 강함을 따져보면 어떨까?

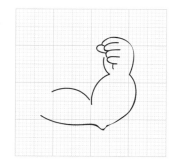

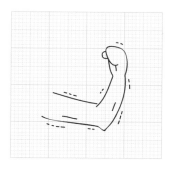

124 | 약함의 집

건축이 약하다고 해도, 정말로 약하다면 여러 가지 문제가 있다. 약하다는 말을 사용하는 대부분의 경우에는, 강함을 숨기기 위해 또는 약한 체 하기 위해 사용된다. 겉으로는 약하게 보여도, 그로부터 고무되는 분위기는 건축에 특유한 친밀감을 줄지도 모른다. '컨셉이 약하다', '대안으로서는 약하다'라고 하는 비판적인 말로 사용되기도 한다. 일본이나 아시아 지역은 온난 습윤하여, 나무나 종이, 흙과 같은 유연한 재료로 건축이 구성되기도 한다. 어떤 종류의 약한 표정을 가진 건축이라고 파악할 수 있을까?

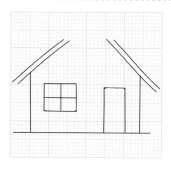

125 | 가까운 집

거리의 개념 중에 '근처'라는 것이 있다. 매우 가까운 곳으로, 이는 손이 닿는 범위이거나, 눈으로 선명히 보이는 범위이기도 하다. 난간에서 바닥의 위치, 손잡이의 위치에 이르기까지, 가깝게 보이는 물체에는 매우 신경이 쓰인다. 또 가까이 있는 사물은, 그 존재뿐만이 아니라, 그것 자체의 질감과 표정까지도 알아볼 수 있으므로, 가까이라는 것을 얼마나 주의 깊게 다루는가는, 설계자의 솜씨가 어떠한가에 달려있을 것이다. 동시에, 가까움만을 지나치게 신경 쓰는 사람은 조금 멀리도 의식하여, 다양한 거리 속에서 가까움이란 무엇인가를 찾아보는 것도 재미있다.

126 | 먼 집

멀리 보이는 건물. 멀리 보이는 사람. 멀리 보이는 산들. 단일 건물이 그다지 큰 스케일이 아니더라도, 그 주위에 전개되는 사물에 따라 매우 큰 사물로서 관계될 수 있다. 멀리 물건이 있기 때문에 먼 곳과 관련될 수 있고, 멀기 때문에 동경의 대상이 되거나, 마음 쓰이는 대상이 될 수도 있다. 또한 매우 큰 세계 속에서 건축을 구축해 나가는 강력한 단서가 되기도 한다. 멀리 눈을 두게 되므로, 그래서 건축이 성립되는 것일지도 모른다. 태양도, 달도, 지평선도 모두 멀리 있는 존재이다.

【실예】마츠모토 시민예술관/ 이토 도요

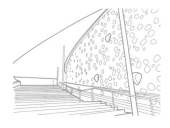

마츠모토 시민예술관

설계 : 이토 도요(伊東豊雄)

일본 나가노(長野)현 마츠모토(松本)시에 설계 공모를 거쳐 지어진, 최대 1,800석의 가변식 큰 홀이 있는 극장. 세장한 대지 모양을 따라 생겨난, 길고 멀다고 하지 않을 수 없는 동선 공간을, 반대로 기대감을 주는 우아하고 느긋한 어프로치 공간으로 연출하고 있다. 레드 카펫, 완만하게 커브를 이루는 곡면 벽이나, 거기에 유기적으로 뚫린 개구부들이 효과적으로 설치되어 있다.

형태 · 형상

소재 · 물건

현상 · 상태

부위 · 장소

환경 · 자연

조작 · 동작

개념 · 사조 · 의지

127 | 하얀 집

'하얗다'는 종이로 말하면, 아무것도 쓰여 있지 않은 상태를 가리킨다. 내부 공간에서 말한다면, 무지의 벽이나 천장이기도 하다. '하얗다'는 색소가 없으며, 또 어두움도 드리워지지 않은 상태를 가리킨다. 하얀 공간에 더욱 음영을 애매하게 할 수도 있고, 반대로 확실히 할 수도 있다. 색을 더한 것이 더욱 깨끗이 보이기도 한다. 또한 색이 있는데 흰색을 덧바르기도 한다. 자연계에도 흰 꽃이 있듯이, 흰색을 배경색으로만 파악할 것이 아니라, 도형으로서 파악하는 것도 중요하다. 순백이나 조금 생기 잃은 흰색 등, 하얀 색에도 여러 폭이 존재한다.

참고: 백색의 집/ 시노하라 카즈오(篠原一男)

128 | 복잡한 집

건축이 복잡하다는 것은 예기치 못한 충돌을 낳아 공간에 다양성을 만든다. 건축 구성을 복잡(복합·컴플렉스)하게 할 수도 있고, 건축의 내부 공간을 많은 것들로 다 채워서 풍부한 복잡함을 만들 수도 있다. 다만 복잡한 정도에 따라 과잉되기도 하므로, 그 가감 조절이 중요하다. 건물은 단순한 형태가 좋다는 의견이 있는 한편, 복잡한 취미나 기호를 가진 사람들에게는 복잡한 편이 좋을 수도 있다. 복잡함에는 취락과 같은 매력도 있다. 혼돈된 복잡함 속에서 사람은 왠지 매력을 찾아낸다.

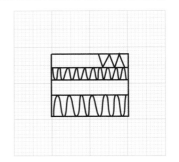

129 | 360°의 집

빙빙 돌면 원래의 곳으로 돌아온다. 그러기 위해서는 360° 회전할 필요가 있다. 이때에 전개되는 풍경이나 상황을 생각해 보자. 나선 계단과 같이 몇 번이나 도는 경우도 있고, 별로 돌지 않는 경우도 있다. 단지 한 바퀴 되돌아오는 감각은, 같은 장소로 돌아오는 이상, 어떤 형태든 일회전하게 된다. 어린아이는 빙글빙글 돌 수 있는 공간을 좋아하기도 한다. 효과적으로 일회전할 수 있는 상황을 만들어 보는 것도 재미있다. 건축을 만들 때에도, 어느 한 방향으로만 신경 쓰지 말고, 항상 주변의 상황, 360°의 시야를 가지고 설계해 볼 수도 있다.

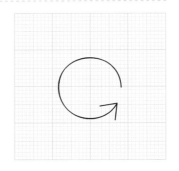

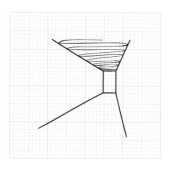

130 | 막다른 집

막다른 골목을 가리키는 막다른 곳은, 도시 안이나 시골 길에 또한 건물 속에도 존재한다. 막다른 곳의 끝에서 어딘가로 시선이 빠져나가거나 출입구가 있다면 그만큼 위화감은 없지만, 어떠한 가능성도 없다면 그것은 매우 기분 나쁘게 보일 수도 있다. 막다른 곳의 맨 끝은, 되풀이되는 형태를 피고 있는 경우도 있고, 단절된 것 같은 형태를 하고 있기도 하다. 막다른 곳을 적극적으로 만들어 보거나, 아이스톱(eye stop)이 되도록 한다면, 인기 없어 후미진 곳도 어떤 가능성이 있을 것이다. 그렇지만 설계가 막다른 곳에 다다랐을 때에는 심호흡과 기분 전환이 중요하다. 유의어: 정지

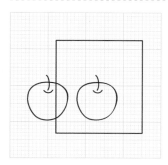

131 | 투명한 집

투명이라는 말이 투명인간처럼 정말로 투명하다면, 거기에는 아무것도 존재하지 않는다. 그러나 건축에서 일반적으로 투명하다고 하면 유리면 등을 가리켜, 물질은 있지만 안쪽이 매우 잘 들여다보이는 것을 투명하다고 한다. 맑은 물도 투명한 것 중의 하나로 볼 수 있다. 건축에서도 투명성라는 말이 사용되고 활발히 논의되고 있지만, 말로써 사용되는 경우에는 물성보다는, '더욱 명쾌한 것'을 포함하는 투명성을 가리키는 것 같다.

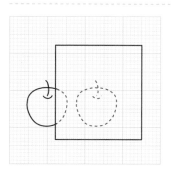

132 | 반투명한 집

반투명이란, 투명과 불투명한 사이에 있는 중간 영역이다. 불투명한 것이 조금 투명해지거나, 투명했던 것이 조금 불투명해진 것을 말한다. 반투명라는 말은 건축에서 자주 쓰는 말이다. 그것은 장지문으로 대표되듯이, 빛을 확산하거나 반투명한 스크린 뒤에 있는 사람의 상을 애매하게 하려고 사용된다. 투명도와 관련된 이야기도 여러 단계가 있고 그 표정들도 다양하며, 또한 사용 환경에 따라서도 그 투명도가 달라 보이기도 한다. 또한 중복 사용하여 투명도를 조정할 수도 있다.

【실예】 브레겐츠 미술관/ 피터 춤터

브레겐츠(Bregenz) 미술관

설계 : 피터 춤터(Peter Zumthor)

오스트리아 브레겐츠에 건립된 미술관. 외주부에 동선을 배치하고, 더블 스킨 구조로 전시공간에 부드러운 자연광을 넣어주고 있다. 날씨나 시간에 따라 변화가 다양하게 일어나는 표층은, 외부뿐만 아니라 내부에도 반영되고 있다. 깊이가 있는 반투명의 공간이 섬세한 디테일과 함께 설치되어 있다.

형태·형상

소재·물건

현상·상태

부위·장소

환경·자연

조작·동작

개념·사조·의지

133 | 움직임의 집

움직임을 파악해 보자. 여러 가지 설계 대안을 다듬고 있는 동안, 모형의 형태가 계속 변하여 마치 움직이고 있는 것이 아닐까라고 생각될 정도로 시시각각 모습을 바꾸는 일이 있다. 그것도 움직임일 것이다. 또한 건축 속에서 발생하는 움직임에 주목해 보면, 우선 인간이나 애완동물 등의 움직임 그리고 바람이나 빛 등 자연의 움직임이 있다. 이런 다양한 움직임들은 움직이지 않는 공간에 깊이감을 준다. 사람의 움직임을 주의깊게 관찰하여 그 움직임을 플로트해 보는 것도 좋다. 지금까지 알아채지 못했던 것을 알 수 있을지도 모른다.

134 | 많음의 집

물건들이 산더미 같이 쌓인 풍경을 보게 되면, 사람은 거기에서 무엇인가 흥분을 느낀다. 상상을 넘는 양의 물건들이 모였을 때 생기는 이 분위기는, 예술 세계에서는 자주 이용되는 기법이지만, 무엇인가 건축에서도 응용할 수는 없을까? 또한 많이 모임으로써 그 물질 자체의 특징이 보이는 경우도 있다. 가까이 있는 것들을 조금 모았을 때 가능한 풍경을 관찰하면서, 건축에 어떻게 응용할 수 있을까를 생각해 보자. 도시라는 것도 바꾸어 바라보면, 건물들이 산적된 것과 같으므로 이에 매료되기도 한다.

135 | 밸런스의 집

밸런스(balance)에는 다양한 것들이 있다. 우선 역학적인 밸런스 그리고 색깔의 밸런스, 소재의 밸런스 등이다. 건축은 말하자면 이 밸런스 상태로 모두 결정되고 있다. 다만 밸런스가 좋다고 무엇이든지 좋다는 것은 아니고, 일부러 밸런스를 무너뜨림으로써, 편향이 생기거나 특징이 생기거나 매력이 만들어지기도 한다. 불안정한 중에도 밸런스 잡힌 건축을 생각해 보는 것도 재미있고, 1개만으로 밸런스를 잡는 것이 아니라, 여러 개로 밸런스를 취하는 방법 등, 응용의 범위를 부풀려 생각해 보는 것도 재미있다.

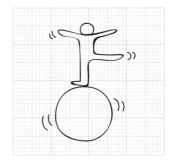

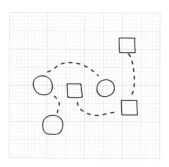

136 | 관계의 집

물건과 물건이 연결되는 관계성에 대해 생각해 보면, 다양한 것들이 복잡하게 얽혀 있음을 알 수 있다. 건축의 경우 이는 한층 더 복잡하여, 방과 방끼리의 연결을 시작으로, 소재끼리의 연결, 부재끼리의 연결, 또한 이들을 횡단하는 듯한 인간 움직임의 연결, 시선의 연결, 먼 것과 가까운 것의 연결 등과 같이, 다양한 차원에서 그 연결들을 찾아낼 수 있다. 건축은 매우 다양한 견해가 가능한 한편, 보이는 연결로부터 보이지 않는 연결에 이르기까지 관계를 잘 이루는지가 승부의 관건이 된다.

137 | 어색함의 집

어색함이라는 표현에 대해서 조금 생각해 보자. 어색함이란, 어떤 것이 거기에 없거나, 겉보기에 밸런스가 좋지 않거나, 거북한 느낌이 들거나, 묘하게 부자연스럽다거나 하는 다양한 표현들이 가능하지만, 어색함도 잘 다룰 수 있으면, 매력이나 인상에 남는 것으로서 적극적으로 표현해 나갈 수 있다. 어색한 것=나쁜 것이라고 단정짓지 말고, 혹시 그것도 기시감이 있을지도 모르기 때문에, 당분간 바라보고 판단해 보아야 한다.

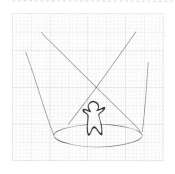

138 | 빛 공간의 집

빛이 공간에 작용하고 있는 경우를 특별히, 빛 공간이라고 부르기로 한다. 일반적으로 공간에 빛이 없다면 형태나 크기를 인식할 수 없다. 그러므로 공간과 빛은 떼어낼 수 없는 관계이다. 빛을 다루는 방법은 건축에 따라 몇 종류로 나누어 생각할 수 있다. 공간 전체에 빛이 가득 차 있는 것도 있고, 작은 개구부로부터 빛이 극적으로 들어오는 어두운 방 등도 있다. 공간에 햇빛이 비칠 때, 공간은 어떻게 빛을 받아들이고 어떻게 움직여나가는 것일까? 시대를 넘어 여러 가지 시도들을 살펴보면 알 수 있다. 명작으로 불리는 건축에는 빛을 잘 다룬 것들이 많다.
【실예】르 토로네 수도원, 롱샹 교회/ 르 꼬르뷔제

롱샹 교회(Ronchamp Chapelle)

설계 : 르 꼬르뷔제

프랑스 가톨릭 순례지인 롱샹에 세워진 교회당. 주요 구조부는 콘크리트 구조. 두꺼운 벽에 랜덤하게 각도 있게 뚫린 작은 개구부들과 선명한 스테인드글라스, 거기에서 태어나는 신비스런 빛 공간으로 너무나 유명하다.

형태·형상

소재·물건

현상·상태

부위·장소

환경·자연

조작·동작

개념·사조·의지

139 | 모자이크의 집

모자이크란, 모자이크 타일과 같이 작고 네모난 단위로써 미를 추상적으로 표현해 주는 화상처리 수법이다. 형태가 애매하게 되는 만큼, 형태가 아니라 형태가 가지는 색이나 움직임을 추출할 수 있다. 컴퓨터로 말하자면 화소를 짜 맞추는 것을 가리킨다. 아랍세계에는 아름다운 모자이크 타일 무늬가 많이 존재한다. 햇빛이 강하게 비추어진 타일은, 바다의 반짝거림과 같이 반짝반짝 빛나 사람을 즐겁게 해 준다.

유의어: 픽셀

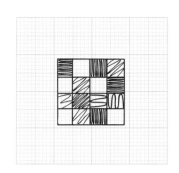

140 | 불안정의 집

불안정한 것은 구조적으로는 합리적이지 못하지만, 인간은 왠지 불안정한 것에 흥미를 느끼고 이에 흥분한다. 또한 정말로 불안정한 경우에는 붕괴되어 존재할 수 없기 때문에, 여기에 말하는 불안정이란, 겨우 안정되어 있지만 보기에는 위태롭고 불안정한 분위기를 느끼는 것이 올바를 것이다. 불안정감은 조형에 다이너미즘을 주므로 건축의 무기로써 잘 사용하여야 한다. 또한 불안정감은 형태뿐만이 아니라, 색이나 공간의 배치 등, 다른 분야에도 적용을 생각해 볼 수 있다.

참고: 피사의 사탑, WOZOCO/ MVRDV

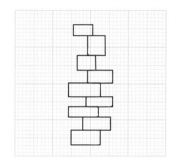

141 | 스트라이프의 집

스트라이프란 다른 색들이 선상으로 반복됨을 말한다. 기호적으로도 매우 이미지가 강하다. 방향성이 있어 세로로 반복하는지 가로로 반복하는지에 따라 인상도 달라진다. 건축에서는 소재를 반복하여 스트라이프를 만들어 내거나 방향성을 강조할 때 쓰인다. 블라인드나 루버 같은 부품에서도 이 같은 기호가 나타나며, 평면이나 입면에 스트라이프를 채용하는 일도 자주 볼 수 있다. 보이는 거리나 크기에 민감하기 때문에 스케일에 신경써야 한다.

유의어: 줄무늬, 바코드
참고: 다니엘 뷰런(Daniel Buren, 예술가)의 작품, 마리오 보타의 건축물

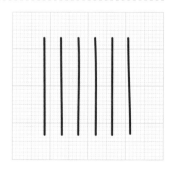

형태·형상

소재·물건

현상·상태

부위·장소

환경·자연

조작·동작

개념·사조·의지

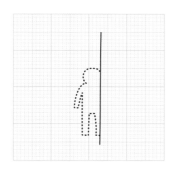

142 | 낌새의 집

방안에 전기불이 켜있거나 소리가 나면, 사람들은 그곳에서 사람의 낌새나 기색을 느낀다. 반대로 어떠한 낌새도 느끼지 못한다면 불안해하거나, 친숙하지 않은 기색이 있다면 경계하기도 한다. 사람 각자가 갖고 있는 배리어barrier와 같은 것일지도 모르지만, 같은 지붕 아래에서 생활하고 있을 때에는 서로의 거리감도 중요하게 된다. 그럴때에 낌새는 거리감을 완만하게 묻어 준다. 건축 설계에서 이 낌새라는 말은 특히 주택에서 중요한 요소가 된다.

143 | 불연속의 집

불연속이란, 수학적으로는 미분 불가능한 점이 있는 것, 즉 곡률이 연속되지 않는 것으로, 카타스트로피(catastrophe)를 가리킨다. 감각적으로는 흐름이 끊어져 있거나 연결되어 있지 않은 상태를 말한다. 자연계에서도 지층의 엇갈림이나 높은 파도, 무너지는 형태 등, 불연속인 상황들이 존재한다. 언뜻 보기에 불안하거나 좋지 않은 인상을 받지만, 의도적으로 그런 상태에 이르게 하여, 공간에 변화를 주는 임팩트로써 이용하는 경우도 있을 것이다.

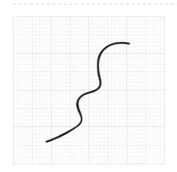

144 | 연속의 집

연속하고 있다는 것은, 수학적 의미로의 연속, 요컨대 미분 가능하다고 파악되는 것과 단지 연결되어 있다고 하는 의미로서의 연속 등, 2종류가 있다. 여기에서는 어느 쪽 의미를 포함해도 좋지만, 물건이 한줄로 연결된 것으로 파악해 볼 수도 있다. 예를 들어 복도가 연속되거나, 통로가 연속되거나, 천장이 연속되거나 또는 어떤 무엇이 연속되고 있는 등, 다양한 상황으로 연속성을 검토할 수 있다. 연속성이 가져오는 효과는, 다른 것을 연결하고 사물의 관계성을 정의함으로써 사물을 명확히 하는 것이다.

【실례】갈라라테제 집합주택/ 알도 로시

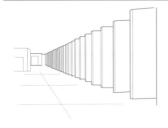

갈라라테제(Gallaratese) 집합주택

설계 : 알도 로시(Aldo Rossi)

이탈리아 밀라노 교외에 세워진 집합주택이다. 그 특징은 필로티 공간에 있다. 2층 높이의 벽기둥들이 단지 연속된 것이지만, 거기에 차입되는 빛과 그림자가 구성하는 콘트라스트는 아름답고, 매우 포토제닉하여 회화와 같은 인상을 준다. 특히 명확한 이용 목적이 있는 것도 아닌 그 무기질한 공간이 더욱 추상성을 더하고 있다.

145 | 냄새의 집

냄새에는 여러 가지가 있다. 식사 냄새, 나무 냄새, 향수 냄새, 먼지 냄새처럼, 기분 좋은 것부터 기분 좋지 않은 것까지 다양하다. 냄새는 공기로 퍼져 전해지기 때문에, 냄새나는 근원이 직접 보이지 않아도, 인간은 그 냄새에만 의지하여 거기에 무엇이 있는지를 추측할 수 있다. 냄새는 형태가 없는 것이지만, 생활의 곳곳에서 그 순간을 인상 짓거나, 또는 옛 기억을 상기시키는 작용을 한다. 마음껏 후각을 살려 보면 좋겠다.

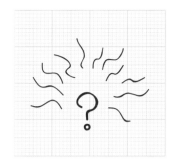

146 | 기체의 집

기체로 존재하는 대표적인 것은, 물론 공기이다. 공기는 방안뿐만 아니라, 벽의 틈새에서 받침의 안쪽까지 계속 존재한다. 기체는 습기를 옮겨 결로를 발생시켜 건물에 나쁘기도 하지만, 공기의 흐름에 따라 상쾌한 분위기를 공간에 주기도 한다. 기체가 이미지화된 형태로는, 구름처럼 윤곽이 애매하고 윤곽이 있다 하여도 푹신푹신한 것도 있다. 무색투명한 것이 있는가 하면, 흰 연기와 같이 희미하게 보이는 것도 있다. 그러한 이미지를 건축에 가져올 수는 없을까?

147 | 고체의 집

고체는 덩어리이지만, 건축은 콘크리트나 돌이라는 덩어리와는 인연이 깊다. 덩어리는 중량감이 있으며, 적설이 대표적이지만 그 무게 때문에 건물을 누르기도 한다. 그리고 건축은 어떤 크기를 가진 것부터, 고체와 같이 덩어리로서 볼 수 있는 것까지 있다. 고체가 만들어내는 형태에는 어떤 것이 있을까? 다양한 고체들을 관찰하면서 디자인에 응용할 수 없는가를 생각해 보자. 콘크리트와 같이, 걸쭉한 액체가 시간이 지나면 딱딱하게 되는 고체도 있다.

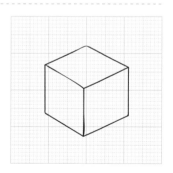

148 | 액체의 집

건축이 액체처럼 움직일 수도 있을 것이다. **표면장력으로 이룬 등** 그런 형태는 주변의 풍경을 비추며, 전체가 절묘한 밸런스로 형태를 이룬다. 조금 상황이 바뀌면 크게 움직이기 시작하다가 이윽고 안정된 형태를 다시 취하거나 한다. 액체와 같은 부정형인 형태는, 수학으로 정의되어 형태가 정해지는 곡선과는 달리 매력적으로 보인다. 이러한 복잡하고 심플한 곡선도 조금씩이지만 현대 건축 어휘로서 흡수되고 있다.

149 | 녹는 집

물체는 고체에서 액체로 바뀌려 할 때 모서리가 사라지며 **형태가 불선명하게 되어, 녹는 것처럼 된다.** 그것은 액체이기도 해, 형태가 어딘지 모르게 아직 유지되고 있는 불안정한 상황이기도 하다. 철이나 유리와 같이 한 층 고열을 가해 녹인 후에 성형되는 재료들도 있다. '스가모리'*와 같이, 눈이 녹으면 건축에 나쁜 경우도 있다. 종유동이나 밀랍에서는 녹으면서 또한 굳어져 만들어지는 조형을 볼 수 있다. 녹으면서 가능해지는 조형도 또한 흥미롭다.

* 스가모리(すがもり): 지붕에 쌓인 눈이 건물 실내의 열 때문에 녹아 지붕에 물이 새는 현상을 말한다.

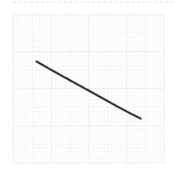

150 | 경사의 집

경사란 기울기로, 지붕 경사로부터 슬로프의 경사 등 다양한 각도가 존재한다. 기울기가 심해지면 사람이 오르기 곤란해지고, 게다가 흐르는 유속도 커진다. 또한 **경사진 상황에 따라 건축의 구성방법이나 작동방법이 극적으로 변화하는 경우도 있다.** 기울기에 따라 현관을 1층에서 2층으로 가져올 수 있는 등 여러 이점들도 있다. 자연의 경사가 있는가하면, 인공적인 경사도 있다. 평평하게 해야 할 것을 굳이 경사로 해 보면 어떻게 될지 실험해 보는 것도 재미있다.
【실예】타니가와 주택/ 시노하라 카즈오

타니가와(谷川) 주택

설계 : 시노하라 카즈오(篠原一男)

일본 카루이자와(輕井澤)에 지은 개인주택이다. 경사진 대지 형상을 그대로 살려, 실내까지 이어진 경사진 외부공간이 특징이라 할 수 있다. 집안까지 이어진 것은, 각도뿐만이 아니라 바닥 마감까지도 이어져, 외부와 마찬가지로 흙으로 되어 있다. 숲 속에서 갑자기 나타나는, 크고 깊게 아래로 내려오는 경사 지붕도 또한 인상 깊다.

형태·형상

소재·물건

현상·상태

부위·장소

환경·자연

조작·동작

개념·사조·의지

151 | 넘쳐나는 집

용기의 크기대로 가득 채워진 액체는, 가득하게 더 넣으면 표면장력에 의해 부풀어 오르며, 거기서 더 이상 견딜 수 없어지면, 용기로부터 넘쳐나게 된다. 건축에서도 다양한 레벨로 넘쳐나는 것들을 생각해 볼 수 있다. 수납장에 미처 들어가지 못한 물건들이 방에 넘쳐 나거나, 넘친 물이 건축에 해를 주는 등, 여러 곳에서 볼 수 있다. 건축의 다양한 요소들을 약간 넘치게 하여 보자. 넘쳐난 것이 어떻게 되는지, 그런 일에도 관심을 가져보자.

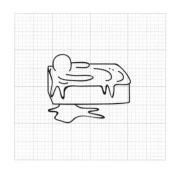

152 | 맞춤의 집

건물이나 가구의 모서리에서 부재와 부재가 서로가 만날 때, 어느 쪽인가가 이기고 다른 쪽은 지게 되지만, 그 서열을 만들고 싶지 않을 경우에는 맞춤이라는 해결이 있다. 어느 쪽이나 살리는 방법이다. 만드는 방법을 생각하면, 세밀함이 요구되고 품도 많이 들기 때문에 반드시 만들기 쉬운 것만은 아니지만, 맞춤의 외형은 깨끗하고 야무짐이 좋다. 상자를 만들 때 모든 면에 이 맞춤을 사용하면, 두께가 전혀 보이지 않게 되어 불가사의한 인상을 받기도 한다. 그림 액자는 맞춤으로 된 것이 많다.

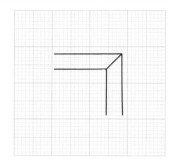

153 | 탱탱*한 집

탱글탱글한 것. 예를 들면 젤리나 곤약 같은 것. 세상에는 겔 상태의 것이 상당히 많은데, 건축에는 도입하기 어려운 표현이다. 만약 건축이 젤리와 같은 소재로 되어 있다면, 문은 어떻게 되며 창은 어떻게 될까? 책상이나 의자 모든 것이 탱탱한 공간에서 과연 인간은 잘 생활할 수 있을까? 그렇지만 반드시 인간은 지혜를 짜내어 그 중에서도 즐겁게 살 방법을 실제로 찾을 것이다. 그리하여 보통 집에서는 체험할 수 없는 새로운 건축의 모습을 보여 줄지도 모른다. 실제 재료로서는, 실리콘 고무 같은 것을 생각해 볼 수 있다.

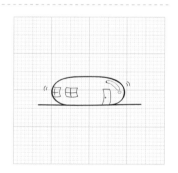

* 일본어 의태어인 'ブルブル'(부르부르)를 '탱탱'함으로 옮김.

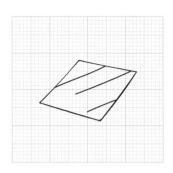

154 | 평활한 집

평평하다는 것은 언뜻 보기에 당연한 일 같지만, 이 당연한 일을 옛 건축에서는 좀처럼 이룰 수 없었다. 기술이 진보하면서 점차 이 평평함이 당연한 것이 되었다. 현재의 건축 대부분은 평평한 것이 되어 있다고 해도 좋다. 바닥, 벽, 천장, 대부분의 물체가 평평하다. 그리고 외벽의 유리도 완벽하기까지 한 평활성을 갖고 있다. 건물이 예사로 벼랑을 만나더라도 평평하게 지어지는 경우도 많다. 평평하다는 것에 대하여, 다시 조금 생각해 보자.

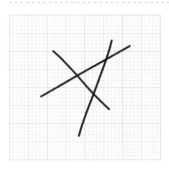

155 | 교차의 집

건축적으로는 소재와 소재가 교차하면 그곳이 결절점이 되어 구조 부재가 될지도 모른다. 한층 더 교차를 증가시키면, 그것들은 면과 같이 행동한다. 또한 건축은 다양한 소재들을 적층하여 완성되는 것이므로, 다른 물체끼리의 교차도 또한 흥미롭고, 서로 다툼에도 다양한 궁리가 필요하다. 또한 교차를 우연한 만남이라고 본다면, 교차할 것이 아니었던 것이 교차함에 따라, 무엇인가 새로운 발견의 순간이 될지도 모른다.

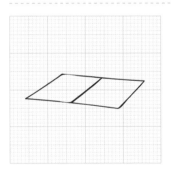

156 | 고름의 집

물건과 물건을 맞댈 때, 그 표면을 맞추는 것을 고른다고 한다. 표면 맞춤의 효과에는, 평활성이나 서열 없음 등의 특징이 있다. 2개의 소재를 극한까지 고르다보면 한순간, 그 사이에서 생겨나던 음영이나 안 깊이가 사라져, 갑자기 소재감이 얇고 표면적으로 보이는 경우가 있다. 이와 같이 공간을 볼륨으로서가 아니라고, 둘러싸인 면으로 보는 방식으로 생각해 볼 수는 없을까? 근래에는 실제로 표면을 맞출 뿐만 아니라, 부재의 두께를 극한까지 얇게 하여, 개구부까지 평활하게 보이게 하는 수법도 있다.
【실예】아사히신문 야마가타 빌딩/ 세지마 가즈요

아사히신문 야마가타 빌딩

설계 : 세지마 가즈요(妹島和世)

신문사 사옥 빌딩. 파사드의 외벽면과 유리면이 고르게 마감되어, 큐브인 외관을 한층 더 강하게 표현하고 있다. 표면을 고른다는 해결은 지극히 심플한 생각이지만, 일반적인 해결보다도 높은 수준의 시공 기술과 지혜가 뒤따라야 하기 때문에, 물질로서의 존재감이 높고 섬세하면서도 강력하다.

형태 · 형상

소재 · 물건

현상 · 상태

부위 · 장소

환경 · 자연

조작 · 동작

개념 · 사조 · 의지

157 | 딱딱한 집

가장 딱딱한 집은 석조 건물일 것이다. 철근 콘크리트조도 꽤 딱딱하다. 손을 대보거나 두드려보면 그 딱딱함을 잘 알 수 있다. 경도(傾度)라고 부르는 **딱딱함의 정도는, 같은 크기라도 물질에 따라 다르다.** 다이아몬드는 대표적으로 딱딱한 물질이라고 할 수 있다. 그러나 물질 자체를 접하지 않는 상황에서, 인간은 어떻게 딱딱함을 판단할까? 엣지의 샤프함이나, **면의 평활성**일지도 모른다. 촉각에 의지하는 딱딱함과 눈으로 보는 딱딱함에 대해서, 각각의 특징을 정리해 보는 것도 재미있다.

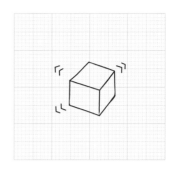

158 | 유연한 집

유연한 소재로 집을 만드는 경우가 있다. 그 대부분은 목조이며 지붕은 짚으로 엮어진다. 이런 건물들은 많은 경우, 어떤 주기로 소재를 교환할 필요가 있다. **건물을 경량화하려면, 비교적 유연한 소재로 구성해야 한다.** 텐트 천이나 에어 돔과 같은 것은, 건물 중에서도 매우 가벼운 부류에 속할 것이다. 또한 유연한 것은 **외형이 비교적 불명확하여 예각부가 없는 형태**를 띠고 있고, 소재 자체에 공기가 포함되어 있는 것도 많다.

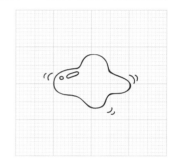

159 | 굵은 집

굵은 기둥이나 굵은 난간 등, **굵은 것은 매우 안정감이 있어 사람들에게 안심을 주기도** 한다. 마음대로 쓰기에는 너무 굵어 좋지 않은 경우도 있지만, 굵은 것은 대부분 훌륭하고 중후감 있는 풍취를 갖고 있다. 굵기는 물론 눈으로 보아도 알 수 있고 손이나 양팔을 펴서 접해보아야 몸으로 실감할 수도 있다. 또한 주위의 물건과 비교하여, 같은 물건이라도 상대적으로 굵게 보이거나 가늘게 보이기도 한다.

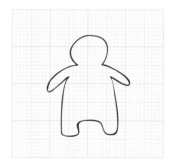

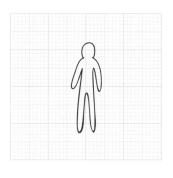

160 | 가는 집

가늘긴 하지만 구조적인 구실도 할 경우, 최소로 가는 두께는 구조적으로 정해지기도 한다. 예를 들어 가는 난간 등은 결코 잡기 쉬운 크기는 아니지만 공간에서 매우 섬세한 인상을 주므로, 기능과 디자인 사이의 다툼이 갈등을 낳기도 한다. 또한 기둥 같은 구조 부재도 가는 정도에 따라 공간에 가벼움을 주므로 그 영향은 크다. 그럼 공간적으로 가는 공간이란 과연 무엇일까? 폭이 좁은 공간이 가는 공간일까? 그런 곳에 관심을 가져도 재미있다.

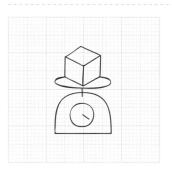

161 | 무거운 집

'무게'란 실제로 들어 보거나 재어 보지 않으면 알 수 없지만, 건축의 경우 도저히는 아니더라도 들어볼 수 없는 것도 있고, 그렇다고 '몇 톤이다'라고 해도 감이 오지 않기도 한다. 그 때문에 건물의 볼륨이나 형태, 소재, 두께 등, 조형적인 요소로써 '무거움'이나 가벼움을 표현한다. 무게가 있는 것 같은 조형 표현을 하는 사례도 있다. 그렇다면 무거움이 집에는 어떠한 효과를 가져다 줄 수 있을까? 중량감과 생활의 관계를 생각해보면, 헤아릴 수 없는 무게를 가진 건축을 만날 수 있을지도 모른다.

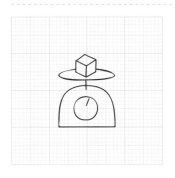

162 | 가벼운 집

가벼움도 '무게'와 마찬가지로, 저울로 계량하는 것 이외로는 상당히 알기 어렵다. 눈으로 보아 가벼움을 상상하기도 한다. 대개는 크기에 비례하지만, 어느 쪽이던지 배신당하는 경우도 있다. 매우 가벼운 것은 공기에 떠, 공중으로 떠다닐 수 있다. 감각적인 가벼움은 물체의 상태에서도 느낄 수 있다. 예를 들어 음영 없이 균질한 흰 공간에서는 가벼움을 느낀다. 공기 그 자체도 온도에 따라 가벼운 것이 있어, 따뜻한 공기는 가볍기 때문에 자꾸자꾸 상승해 나간다.

【실예】 네모진 풍선 / 이시가미 준야

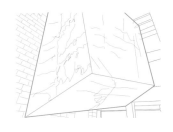

네모진 풍선

설계 : 이시가미 준야(石上純也)

미술관 아트리움에 일시적으로 제작 전시된 건축 아트 작품. 중량 약 1톤의 알루미늄으로 완성된 거대한 네모진 상자가, 풍선처럼 실제로 공중에 떠있다. 그 실제 무게를 눈으로는 어림할 수 없는, 불가사의한 중량감을 지니고 부유하고 있다.

형태·형상

소재·물건

현상·상태

부위·장소

환경·자연

조작·동작

개념·사조·의지

163 | 특이점의 집

이 말도 원래는 수학 용어이며, 일반적으로 접선이나 접면이 존재하지 않는 점을 가리킨다. 세상에는 수학 함수로 표기 가능한 것만 있는 것이 아니라, 무질서한 것이나 불연속적인 것도 있는 등, 다양한 특징들이 내포되어 있다. 그 중의 하나가 연속하는 세계 속에 갑자기 나타나는 특이점이다. 좀 더 넓은 의미로는 문자 그대로 특이한 점이다. 그것은 어떤 장소의 특징이 되거나 한편으론 특이한 점을 가리키며, 그 곳이 장소에서 중요한 포인트가 되거나, 반대로 멀리해야 할 대상으로서의 특이점이 될 수도 있다.

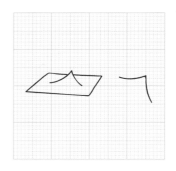

164 | 균질의 집

균질이란, 어느 자리에 있어도 변화나 차이가 없는 균일한 상태를 말한다. 근대 이후 건축이 균질 공간을 추구한 배경 때문에, 균질함은 극구 칭송되어 왔다. 무한하게 퍼져나가는 연속성이나 보편성에 관심이 쏠렸다. 건축에서는 울퉁불퉁한 토지나 장소를 평탄하게 '고른다'고 하는 등, 균질에 대한 다양한 표현이 있다. 다만 균질함을 표현하기 위해 이를 상대화하는 불균질한 상황도 어디엔가 겸비되거나 또는 비교 대조가 되는 것이 동시에 필요한 경우도 많다.

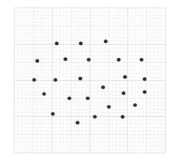

165 | 정렬의 집

정렬이란, 규칙적으로 나란히 늘어선 모양을 말한다. 늘어선 것에서 정연함의 미묘한 차이를 간파할 수 있는 경우도 있다. 사람들은 정렬된 상태를 보았을 때에, 감각적으로 아름답다고 느끼는 경우가 많다. 건축의 경우, 특히 집합주택처럼 큰 스케일로 같은 물체가 반복되는 경우, 정렬이라는 수법이 필연적으로 나타난다. 오피스 빌딩과 같이 적층하며 구성되는 것도 정렬되는 경우가 많다. 외관에 나타나는 창문이 정렬되어 있는지 또는 어긋나 있는지에 따라, 건물의 인상은 크게 달라진다.

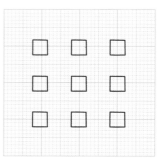

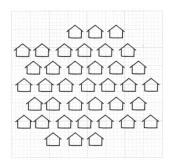

166 | 많은 집

뭐든지 많이 있다고 좋은 것만은 아니다. 현대에는 많은 기능을 하나로 집약한 쪽을 더욱 선호하는 경향이지만, 건축의 경우는 어떠할까? 수량이 많다(많이 있다)는 것 자체가 강한 의미를 가지기도 한다. 예를 들어 큰 창이 1개 있는 것보다, 작은 창이 많이 있는 쪽이 좋은 경우도 있고, 큰 원룸보다 작은 방이 많이 있는 편이 좋을 수도 있다. 무엇인가를 '많이' 표현하는 것을 생각해 보자. 다만 많음을 너무 과잉되게 표현하면, 번거롭게 느껴지거나 묘하게 그로테스크하게 되므로 이에는 밸런스가 중요하다.

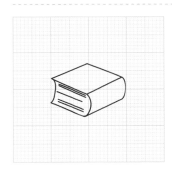

167 | 두꺼움의 집

두꺼운 벽이나 바닥으로 된 건물에는 튼튼한 이미지가 있는 반면에, 한정된 부피 안에서 사람이 차지하는 공간이 괴롭힘을 당하고 있다고 생각될 수도 있다. 두께에는 사전처럼 물건 자체의 두께도 있지만, 안에 무엇이 납입되는가로 정해지는 두께도 있다. 이 경우, 기둥이나 대들보, 배관, 수납 또 사람이라도 좋다. 실제의 두께를 알려면, 단부를 살펴 보거나 재어 보거나 노크하여 소리를 듣거나, 통과하는 등 다양한 방법이 있다. 두꺼움에서 얇음으로 바뀌는 경계선을 실제 감각으로 검증해 보는 것도 재미있다. 건축에는 부위에 따라 적정한 두께가 있으므로, 그러한 관계에도 주목해야 한다.

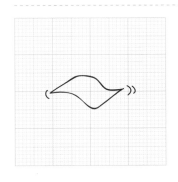

168 | 얇음의 집

'좀 더 얇게 하고 싶다'라고 생각되는 장면이 있다. 일률적으로 얇은 것이, 건축이나 공간의 인상을 경쾌하게 보여 주고 싶을 때 효과적인 경우가 많다. 실제 건축에서는, 부위의 단면에서 실제 두께보다 얇게 보이게 하는 테크닉들이 있다. 엣지를 뾰족하게 하거나 단차를 두어 눈의 착각을 노리는 경우이다. 요즈음의 목조주택은 뼈대를 제외하고는 얇은 판재를 맞대 붙이고 있다. 그 얇음은 주의 깊게 납입되어 숨겨질 수 있다. 지골이나 배첩을 긍정적으로 생각해 보는 것도 재미있다.

【실예】리스본 EXPO'98 포르투갈관/ 알바루 시자

리스본 'EXPO'98 포르투갈관

설계 : 알바루 시자(Alvaro Siza)

세레모니알 플라자로 불리는 광장을 덮는, 거대 지붕이 있는 파빌리언. 스틸 케이블로 매달은 길이 65m의 대스팬으로, 두께 20cm의 얇은 콘크리트 슬래브는, 멀리서 보면 한 장의 옷감인 듯하다. 이 부분의 구조설계는 세실 발몬드(Cecil Balmond)가 하였다.

형태·형상

소재·물건

현상·상태

부위·장소

환경·자연

조작·동작

개념·사조·의지

169 | 긴 집

건축 도면에서는 길이(*l*)를 표기하는 일이 자주 있다. 복도나 카운터는 신체를 기준하여 '길이'를 나타낸다. 기준이 되는 것이나 비교 대상물이 있어 길이라는 개념이 생겨난다. 한편 대들보나 배관 등의 부재 길이가 나타내는 의미가 역학이나 구배이듯이, 길이는 다양한 것들과 연동된다. 그리고 '길다'라는 감각에도 정도가 있다. '제법 길다'와 '조금 길다'는 받아들이기에 꽤 다르다. 모든 수준에서 '길다'가 존재한다. 새로운 '길다'를 발견할 수 있다면 재미있겠다.

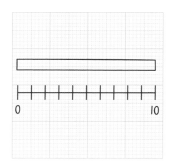

170 | 짧은 집

'긴 것에 말린다'라는 말이 떠돌지만, 건축설계에서 짧은 것=부족한 것이라고 해석되어 길게 하였던 경우는 없었을까? 무엇이 최적인지를 치수로 판단할 때, 짧은 쪽으로는 판단을 유보하는 것은 여유나 성장을 바라는 인간성 때문이며, 이를 고려해보면 '짧다'는 긴 것에 말리지 않으려는 강한 의사표현(意思表現)이라 할 수도 있다. 한편 시간에 대해 생각해봐도 짧은 것보다 긴 편이 선호되는 경우가 많다. 건축에 대한 구상기간이 짧을 뿐더러도 다양한 아이디어가 떠오르는 것은, 원래 건축은 항구적인 것이기 때문이다.

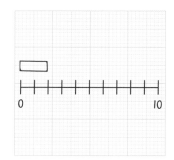

171 | 그러데이션의 집

물건의 농담(濃淡)을 나타내는 말 중의 하나. 어느 한 방향 또는 방사상이나 물결무늬 모양으로, 색이나 농도가 서서히 변화해 나감을 그러데이션(gradation)이라고 한다. 그러데이션은 흑백일 경우도 있고 컬러인 경우도 있다. 온도를 색으로 나타내 보이는 더모그래프(thermograph)는, 자주 볼 수 있는 컬러풀한 그러데이션의 한 예이다. 그렇게 눈에 띄지 않는 곳에서 그러데이션이 발생하도록 할지, 그렇지 않으면 눈에 띄는 그러데이션이 변천하는 아름다움을 그래피컬하게 도입할 것인지, 그러데이션 상태를 재평가하여 생각해 보자.
【실예】라반 댄스센터/ 헤르조그 & 드 므롱

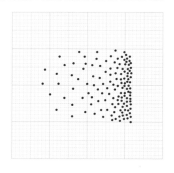

라반 댄스센터(Laban Dance Center)

설계 : 헤르조그 & 드 므롱

영국 런던에 세워진 연습 스튜디오와 홀이 있는 댄스센터. 옅은 파스텔컬러로 그러데이션된 파사드는, 완만하게 커브진 외벽면과 함께 보는 사람에게 불가사의한 효과를 준다.

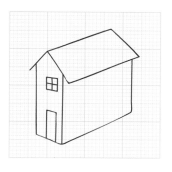

172 | 세장한 집

일본 에도시대에는 집의 가로 폭[간구(間口)] 너비에 따라 과세하였던 적이 있어, 세금을 적게 내려는 생각에서 폭이 좁고 깊이가 깊은 세장한 마치야(町家, 상가)가 각지에 서게 되었다고 한다. 네거티브한 발상에서 생겨난 이 나가야(長屋, 연립주택) 형식은 현대의 시점에서 보면, 그 압도적인 깊이나 어두운 중심부, 복도 없이 방만을 늘어세운 것만으로도 흥미로운 공간이 되고 있다. 평면 이미지를 쉽게 떠올릴 수 있겠지만, 폭과 높이에 착안하여 단면의 '세장함'에 대해서도 생각해 보자.

173 | 더러움의 집

건축은 더러워진다. 사람이 더럽히기도 하지만, 비바람 등 자연이 더럽히기도 한다. 세월이 지남에 따라 생겨나는 더러움도 있을 것이다. 물론 일반적으로 더러움은 부정적인 의미를 가지는 것이 대부분이지만, 그 중에는 그것을 '촉감'이나 '맛'으로 바꿔 읽어 건축 디자인으로 적극 받아들이기도 한다. 수십 년 동안 세워지는, 긴 주기의 시간을 예상하는 더러움의 집을 생각해 보자.
참고: 리콜라 창고/ 헤르조그 & 드 므롱

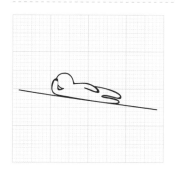

174 | 완만함의 집

레벨 차이가 있는 장소들을 잇거나 토지의 지형을 살리려고 할 때 나타나는 것이 '완만함'이다. 사람의 성격을 형용하는 '온화함'에 가까운 뉘앙스로, 건축에 상냥한 인상을 주는 적당한 말이기도 하다. 완만하게 경사진 언덕이나 광장이 차분하게 느껴지는 것도 이 '완만함' 효과 중의 하나라고 할 수 있고, 이를 공간에 적극 도입한 건축의 예도 많이 볼 수 있다. '완화'라고 하는 말도 어떤 건축이 완만하게 되는 순간이라고 할 수 있을지도 모른다. 건축이나 공간이 '완만함'이 되는 순간에 대해서 생각해 보자.
【실예】 캄포 광장

캄포(Campo) 광장

이탈리아 토스카나 지방의 도시 시에나에 있는 세계적으로도 유명한 광장. 구릉 형상인 지형을 살려 사발 형태로 퍼져나가는 이 광장은, 사람들을 맞아들이는 그릇처럼 작용하고 있다. 해가 지면 이 광장에 많은 사람이 모여 저녁 식사를 즐긴다. 완만하게 경사진 지면에서, 보통 언덕 위에서 그러하듯이 걸터앉거나 뒹구는 사람들도 볼 수 있다.

형태·형상

소재·물건

현상·상태

부위·장소

환경·자연

조작·동작

개념·사상·의지

175 | 스며들음의 집

액체가 어떤 면에 침투해 가는 모습이 '스며들음'이다. 물을 포함한 스펀지 상태도 스며들음이라고 하며, 테이블보에 흘린 커피도 스며 드는 상태라고 할 수 있다. 액체와 바탕의 관계를 도형과 배경의 관 계라고 한다면, 스며들음은 그 도형과 배경의 중간적인 부분으로 파 악할 수도 있다. 스며든 후도 주목해 보아야 한다. 염색물의 하나인 '날염'은 스며들은 상태가 시각적으로 즐거움을 주는 동시에, 천 그 자체를 튼튼하게 하는 효과도 있다고 한다. 여러 가지 스며들은 상 태를 관찰하여 그 효과에 대해서 생각해 보자.

참고: 스테이닝(staining) 기법(회화)

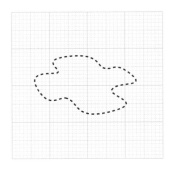

176 | 새로움의 집

'신품' 셔츠나 '신선'한 야채, '신축' 건물은 확실히 '새로움'이지만, 지 금까지 예를 찾아보지 못했다는 의미로서의 '새로움'일까?,라고 한 다면 그렇지는 않다. 그렇다면 일반적으로 새롭다는 것은, 머지않아 낡아지거나 더러워지거나 손상되는 것을 전제로 한, 일시적인 신선 한 상태라고 파악할 수 있다. 이에 다양한 측면에서 건축이 가진 '새 로움'의 의미에 대해서 생각해 보자. 매우 오래된 건물이나 장소, 거 리풍경에서 새로운 발견으로 연결되는 것도 반드시 있을 것이다.

177 | 억양의 집

억양은 인토네이션, 공간에서는 신축성이라고도 할 수 있다. 사람 들 사이의 회화에서도 억양은 중요한데, 같은 것을 이야기하여도 음 성의 억양이 주는 인상은 크게 다르다. 또 그 억양이 상대방이 상상 하는 리듬과 어긋나 위화감을 느끼게 하거나, 반대로 강한 인상을 주거나 한다. 건축에 억양을 갖게 한다는 것은 어떤 것일까? 공간이 나 건축 부위에 억양을 주는 방법을 찾거나, 굳이 억양이 없는 느낌 을 건축에 도입하는 일도 생각할 수 있다.

【실예】코호쿠 주택/ 드루 건축설계사무소

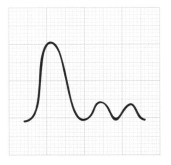

코호쿠(港北) 주택

설계 : 드루(Through) 건축설계사무소

외관이 다면체인 RC조 주택이다. 원룸 공간 안에, 산과 골짜기 공간들이 연 속되어 풍부한 내부공간을 만들고 있다. 또한 원룸도 플랫 슬래브의 균질한 공간과는 매우 다르며, 업 다운하는 지붕으로 덮인 공간은, 확실히 억양이 있 는 원룸 공간이라고 할 수 있다.

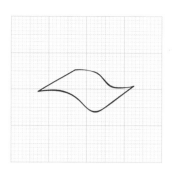

178 | 매끄러움의 집

사람들도 좋아하고, 조형적으로도 아름다운 인상을 지닌 말인 '매끄러움'에 대해 생각해 보자. 평상시보다 셔터 스피드를 늦추어 다시 보면, 움직이고 있는 것 대부분이 매끄럽게 보인다. 기본적으로는 움직이지 않고 정착되어 있는 집에 대해서, 어떠한 매끄러운 집을 생각해 볼 수 있을까? 매끄러운 동선 계획, 매끄러운 형태, 매끄러운 난간이나 도어 손잡이 등등. 건축 안에서 일어날 수 있는 움직임이나 운동에 관심을 가진다면 힌트가 있을 듯하다.

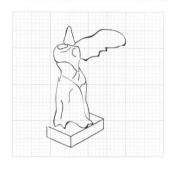

179 | 육체미의 집

모든 사람의 골격은 대체로 똑같이 구성되어 있지만, 체형은 다양하다. 마찬가지로 건축도, 무너지거나 넘어지지 않는다는 '구조'는 모두 똑같이 가지고 있지만, 완성된 모습, 즉 건축의 체형은 다양하다. 돌을 쌓아 만들어진 공간과 새로운 건자재로 돌을 쌓듯 만든 공간은 완전히 다르며, 벽이 두꺼운 공간과 벽이 얇은 공간에서의 공간체험도 각각 다르다. 표층을 모두 벗겨내 알몸이 되었을 때의 건축 육체미에 대해서 생각해 보자. 구조나 프로포션이 크게 관계하고 있을 것 같다.

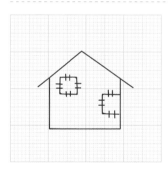

180 | 낡음의 집

'낡음'에 대하여 생각해 보자. 건축은 때때로 기꺼이 '낡게' 보이려 하는 일이 있다. 지금의 공기에 빨리 친숙해지고 싶은 것일지도 모른다. 스텐리스 스틸재에 헤어라인 가공을 하여 상처를 내거나, 번들번들한 용융 아연도금 마감 위에 인산으로 처리하여 부식시키거나, 표백된 순백의 커튼보다는 원단 그대로의 천을 선택하기도 한다. 모든 것이 새로운 것으로 둘러싸이는 상황을 좀처럼 만들지 않기 때문에, 인공적인 새로움을 멀리해 버리는지도 모른다. 갓 신기 시작한 스니커가 조금은 부끄러워, 빨리 더러워지게 해야 되지 않을까라는 생각도, 이와 같은 것인지도 모른다.

【실예】 카스텔 베키오 미술관/ 카를로 스카르파

카스텔 베키오(Castel Vecchio) 미술관

설계 : 카를로 스카르파

이탈리아 베로나에 건립되었으며, 성곽을 일부 개수하여 미술관으로 컨버전(용도전환)하였다. 개수하며 손 댄 부분은, 언뜻 보는 것만으로는 알 수 없을 정도로, 신구의 요소가 어울려져 있다. 낡은 요소 속에 새로운 요소를 더해 대비시키는 수법이 아니라, 세부에 걸쳐 장인 기술의 집적과도 같은 디테일들을 다수 포함시키는 수법이 공간의 신구를 느끼지 못하게 한다.

형태·형상

소재·물건

현상·상태

부위·장소

환경·자연

조작·동작

개념·사조·의지

181 | 뒤틀림 · 극소변화의 집

감각이 예민한 사람이라면, 낡은 건물 안에 있을 때 세월 변화에 따른 마루나 벽의 뒤틀림이나 기움을 곧바로 느낄 수 있다. 뒤틀림이나 극소변화를 설계에 도입하고 있는 예로는 고대 그리스인의 파르테논 신전을 들 수 있다. 완전히 수평을 이루어도 사람의 눈에는 그것이 뒤틀려 보이므로, 입체물을 느끼는 인간의 감각에 맞추어 일부러 뒤틀리게 하였다. 원기둥은 위아래가 똑같이 가늘게 보이도록 중앙부를 약간 부풀리고, 기둥의 대좌인 기단은 직선으로 보이도록 중앙부를 수 cm 높게 만들고 있다. 느껴지든가 아니면 느껴지지 않든가, 그렇게 섬세하고 한정된 곳을 눈치 챌 수 있다면 조금이라도 기쁘겠다.

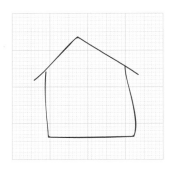

182 | 넉넉함의 집

분명한 형태가 있는 것도 아니고, 그렇다고 정의되어 있는 것도 아니다. 또한 어떻게 느낄지도 사람마다 제각각이므로 매우 다루기 힘든 테마이지만, 그 경계선이 어디에 있는지 찾아보는 것도 재미있다. 필요로 하는 이상으로 충분히 있어, 기분 좋고 품격이 있는 모양에 넉넉함이나 우아함을 느낀다. 충분히 넓은 원룸, 빛을 많이 받아들일 수 있는 큰 창, 기분을 북돋아 주는 실내 장식 등을 생각해 볼 수 있다. 넉넉함이나 우아함을 쓸데없다고 생각하는 사람이 있는가 하면, 넉넉함이 부족하다고 불만으로 생각하는 사람도 있다. 어떤 상태가 넉넉하고 우아할까 생각해 보자.

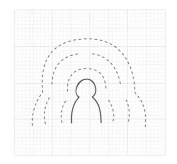

183 | 접하는 · 접하지 않는 집

건축 구성을 생각할 때, 갖가지 방을 하나의 공간에 배치하면 일체감 있는 개방적인 장소가 생긴다. 또는 그 구성 방법을 조작할 수도 있다. 또한 방들을 볼륨으로 분류하여 대지나 큰 공간에 뿔뿔이 흩어지게 배치한다면 독립성 높은 장소가 된다. 이에 더해 개구부나 볼륨의 형태를 생각한다면, 한 마디로는 말할 수 없을 섬세한 관계도 가능해진다. 굳이 접하거나 접하지 않거나, 접하는 방법이나 떨어지는 방법의 정도에 따라 과연 어떤 공간이 생겨날까?
【실예】 EPFL 러닝센터/ SANAA

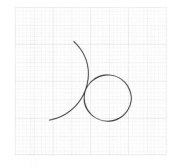

EPFL 러닝 센터

설계 : SANAA

스위스 로잔느 지방에 지어진 대학 학생회관. 커다란 슬래브 두 장이 일정한 천장 높이를 유지하면서 완만하게 오르내리고 있다. 건물과 지면의 관계를 눈여겨보면, 슬래브가 지면에 접하는 장소 · 접하지 않는 장소를 만들어 내고 있다. 거기에서 생겨나는 완만한 오르내림의 틈새로, 사람들이 드나들며 어프로치하고 있다.

184 | 톱의 집

지붕이 있는 건물이라면 톱(top)이 있다. 높은 곳은 특별한 장소이며, 하늘에 가장 가까운 곳이기도 하다. 그런 톱을 보거나 오르거나 손대볼 수 있을지도 모른다. 좋은 경치가 펼쳐지는 장소일지도 모르고, 바람도 강하고 조금 무서운 곳일지도 모른다. 안테나가 서있거나 새가 앉아 있거나 벼락이 떨어지는 등 여러 가지 풍경이 있다.
톱이라는 말은 테이블 톱처럼 맨 위라는 의미로도 사용한다. 윗면이라 생각해도 좋다.
동의어: 꼭대기, 머리, 정상　**반대어:** 보텀(bottom), 바닥

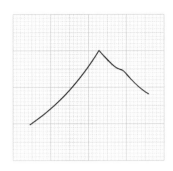

185 | 플랫폼의 집

기차역의 홈이 우선 떠오른다고 생각되지만, 건축에서는 '기단'도 플랫폼이라고 부른다. 기단은 대좌와 같은 것이며, 그 위에 물건을 만들어 놓으면 훌륭하게 보인다. 이 기단을 만든다는 행위는, 어딘지 자연지형에서 건물을 한 번 떼어내, 새로운 평면인 대지에 세운다는 이미지가 있다. 효과적인 측면이 있는 한편, 지면과의 경계가 끊어져 잃는 것도 있다. 게다가 넓은 의미로는 규격이나 룰이라는 뜻도 있다. 능숙한 룰 만들기는, 건축을 설계하는 데 큰 도움이 된다. 이러한 환경 만들기에도 흥미를 가져보자.

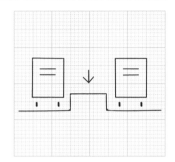

186 | 모서리의 집

모서리 즐기기는 참기 어려운 테마이다. 방의 모서리, 데크의 모서리, 벼랑 끝 모서리 등. 모서리는 무언가 특별한 장소이며, 1명밖에 설수 없는 특별한 부분이다. 틈새를 세심하게 배려하는 감각으로 모서리를 많이 연구해 볼 가치가 있다. 여러 가지 '기분 좋은 모서리'에 대해서 생각해 보자. 평상시 소홀히 할 것 같은 부분에도 건축적으로 재미있을 가능성이 있다는 것은 마음 든든한 일이다. 또한 건축 전체를 결정하는데, 모서리 디테일의 구성 방법에 따라 전체 의미가 완전히 바뀌어버리기도 한다.
유의어: 구석, 단부

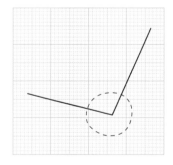

187 | LDK 의 집

리빙, 다이닝, 키친. 이 3개의 공간이 각기 독립되어 있는 경우도 있지만, LD+K, L+DK와 같은 조합도 있다. 작은 집에서는, L이 없이 D가 L의 기능을 겸하기도 한다. 원래 이것은 서양의 생각으로, 제대로 L, D, K로 나누어져 있던 것을 합하여 사용한다는 발상에서 유래하였다. 각각이 독립된 방으로 나뉘어져 있으면 냄새 문제도 적고, 리빙 L에서 느긋하게 쉬고 있는 동안에 식사를 준비한다는 것처럼, 방의 구획이 잘 기능하게 된다. 한편 각각을 보이지 않게 하려는 의도에서 LDK의 발상이 있다. 이 3개 공간의 조합 방법이나 구획 방법에 따라, 집의 인상이나 방끼리의 관계는 대단히 달라진다.

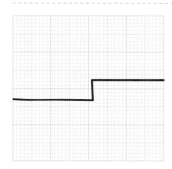

188 | 단차의 집

단차에는 계단과는 다른 의미가 있다. 1단 오르는 것만으로 그곳이 다른 영역처럼 느껴지거나, 조금 단차를 주는 것만으로도 공간을 느슨하게 나눌 수 있다. 이는 문턱을 넘는 감각에 가깝다. 심리적인 영역이나 경계로 쓰이기도 한다. 또한 단차가 있으면, 거기에 걸터앉거나 걸상이 되기도 한다. 의외로 쓰임새가 있는 이 단차를 잘 응용하는 것도 재미있을 것이다. 물론 좋은 일만은 아니다. 조심해 사용하지 않는다면 발을 헛디뎌 다칠 우려도 있다.

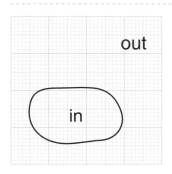

189 | 내부 · 외부의 집

내부란, 건축에서 실내에 해당하는 부분을 말한다. 바깥세계와는 닫힌 세계이며, 창을 통해 외부와 교류할 수 있다. 그에 비해 외부는 그 이외의 부분, 요컨대 건축의 바깥쪽을 가리킨다. 건축의 외피가 경계면을 이루며, 무한하게 퍼져가는 바깥 공간과 연결된다. 이 내부 · 외부라고 하는 공간의 양상에 따라 건축을 특징지을 수 있다. 예를 들어 중정이 있는 타입의 집에서는, 내부 공간 형태가 도너츠 모양이므로, 중정 부분도 외부가 된다.
【실예】 스미요시 주택/ 안도 타다오

스미요시(住吉) 주택

설계 : 안도 타다오

내외부를 제치장 콘크리트로 마감하여 완성한 나가야(長屋)형식의 주택. 폭 너비는 2칸, 깊이는 8칸으로 세장한다. 외관은 폐쇄적이지만, 깊이 방향으로 3등분한 집의 한부분이 중정이 되어, 그곳으로 쏟아지는 빛으로 실내가 채광된다. 빛뿐만 아니라, 비 · 바람 · 눈 등 자연의 엄격한 측면도 받아들이는 과감한 주택. 자연과 사람의 관계 맺음에 대해 깊게 생각하게 한다.

형태 · 형상

소재 · 물건

현상 · 상태

부위 · 장소

환경 · 자연

조작 · 동작

개념 · 사조 · 의지

190 │ 문지방의 집

'문지방을 넘는다'라고 하듯이, 문지방이란 방과 방 사이 바닥에 있는 띠 모양의 재료를 말한다. 공간을 나누는 성질이 있어 넘는다고 한다. 실제로는 미닫이문의 홈이거나 아래 문틀이지만, 이러한 재료만으로도 어딘지 모르게 의식적으로 공간을 나눌 수 있다. '문지방을 결코 밟아서는 안 된다'라고 하여 아주 작은 곳을 신경 쓰기도 한다. 또한 어떤 사람의 집에 가기 어려운 것을 '문지방이 높다'라고 표현하기도 한다.

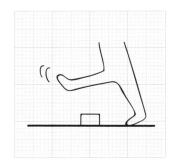

191 │ 중간영역의 집

건축에는 중간영역이라는 말이 있다. 이것은 안과 밖을 다룰 때, 아무래도 그것만으로는 설명되지 않는 영역이 있기 때문에 그것을 중간 영역이라고 편의상 이름붙인 것 같다. 유사한 말로서 '반내부, 반외부'라는 말도 있지만, 경계가 애매하므로 이런 말이 맞을 수도 있다. 중간 영역이란, 극적으로 환경이 변화하는 영역이기도 해, 극적인 변화를 완만하게 다루기 위한 완충 구간인지도 모른다. 구체적으로는 툇마루나 처마 밑 공간을 주로 그렇게 부르는 경우가 많다.

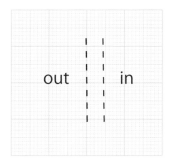

192 │ 라멘의 집

먹는 라멘*과는 달리, 건축구조 용어이다. 기둥과 보 등의 부재가 강접합으로 구성되는 구조형식을 가리킨다. 핀 접합인 트러스와는 달리, 쓸데없는 경사부재가 필요 없는 것이 특징이다. 강접합이므로 휘는 힘을 잘 전달하도록 강고한 접합부가 필수 불가결하지만, 그 대신에 자유로운 파사드나 평면이 가능해진다. 라멘 구조는 근대건축에서 시작되었고, 특히 철골조에서 많이 볼 수 있는 구조이다. 철근콘크리트 조에서는 벽식 구조와 함께 쓰이는 벽식 라멘구조도 있다.

* 라멘: 라면의 일본어 발음

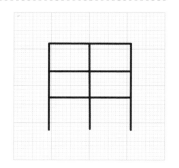

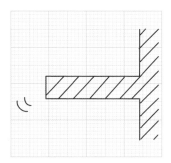

193 | 캔틸레버의 집

캔틸레버란, 한쪽으로 내민 것을 지지하는 형식이다. 이른바 명작에도 캔틸레버를 이용한 것이 꽤 많다. 무주공간을 비슷하게 만들 수도 있고, 마치 건물이 떠있는 것 같은 연출도 가능하다. 캔틸레버의 가치는 뻗어 내민 그 크기에 따른다. 잔뜩 내밀수록 사람들은 흥분하지만, 모름지기 흔들리는 부작용도 있어 장난질할 일은 아니다. 공중으로 건물을 내밀 수 있는 특별한 형식이다.

참고: WOZOCO/ MVRDV

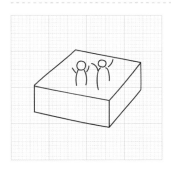

194 | 옥상의 집

사람이 '지붕에 오를 수 있다면'이라는 생각에서 가능했던 것이 옥상이다. 도시 안에서는 도망갈 장소가 없어진 설비 스페이스를 옥상으로 쫓아 버리기도 하지만, 여기서는 적극적으로 옥상을 건축으로 다루어보자. 옥상은 마치 지면이 건물의 꼭대기에 있는 것과 마찬가지이며, 경치도 지상과는 달라 꽤 즐거운 장소이다. 옥상에 친구를 불러 파티를 하거나 옥상에서 일광욕하기도 하며, 외부임에도 불구하고 프라이버시 확보가 가능한 외부공간이기도 하다. 집의 텃밭을 옥상에 꾸려 보는 등, 가능성을 자꾸자꾸 부풀려 보자.

참고: 사보아 주택/ 르 꼬르뷔제

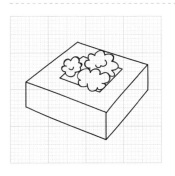

195 | 중정의 집

중정은 내부공간 안에 외부공간을 갖는 방법이다. 그렇게 가능해진 정원은 외계로부터 닫혀있기 때문에 프라이버시가 확보된다. 다만 ㅁ자형 평면을 이루므로, 동선 공간이 많이 필요하고 큰 집이 아니면 불편할 수도 있다. 평정*도 같은 것이기는 하지만, 규모가 꽤 작아, 복도 옆이나 방의 구석에 전개된다. 중정을 만들면 공간적으로는 여러 방들이 이에 면하기 때문에, 보고 보이는 관계에 신경 쓰일 수 있다.

참고: 보고 보일 수 있다

[실예] 츠야마 주택 집/무라카미 토오루

* 평정(坪庭:つぼにわ츠보니와): 주택 대지의 작은 공간에 설치되는 정원. 제한된 공간을 살려 나무를 심거나 석물로 꾸며, 방이나 툇마루 등에서 즐기는 일본 전통 정원

츠야마(津山) 주택

설계 : 무라카미 토오루(村上撤)

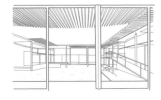

교외에 세운 중정 형식의 전용주택. 외관은 폐쇄적인 콘크리트 벽으로 둘러싸여 있지만, 내부 공간은 중앙에 설치된 중정에 면하여 전면적으로 개방되어 있다. 연못이 딸린 중정은 정숙한 분위기를 자아내, 일상적으로 생활이 확장되는 중정보다도 더욱 비일상적인, 특별한 장소가 되고 있다.

형태·형상

소재·물건

현상·상태

부위·장소

환경·자연

조작·동작

개념·사조·의지

196 ┃ 틈새의 집

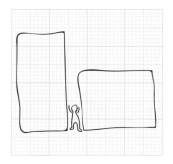

건축에는 다양한 곳에 틈새가 있다. 문의 틈새이거나 벽의 틈새, 바닥의 틈새 등. 틈새의 특징은 완충공간이거나 깊이를 들여다 볼 수 있는 곳으로, 그 기능은 다양하다. 완충공간으로는, 외벽의 공기층이거나 바닥 하부의 환기스페이스이기도 하며, 문의 틈새는 근처에 공간이 있음을 보증하기도 한다. 도시에도 많은 틈새가 있다. 또한 건물들 사이에도 있다. 이들은 구분을 명확히 하려는 틈새이며, 책임소재를 구분하려고 설치하기도 한다.

197 ┃ 평면의 집

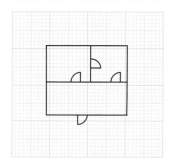

평면도는 건축을 만드는 데 가장 기본이 되는 도면이다. 부동산 정보에 첨부되는 도면도 평면도이며 그 이외의 도면은 등장하지 않는다. 말하자면 평면도는 건물을 설명하는 언어와 같은 것이며, 여러 가지 정보를 평면도에서 읽어낼 수 있다. 건축가는 클라이언트의 요구나 주변 환경 조건에서 평면을 결정해 나간다. 그런 가운데 본래 의도와는 조금 달리, 도면이 그림으로서 깨끗한지에 신경이 쓰인다. 그것은 이른바 도식(圖式) 건축의 실마리 같은 것이지만, 평면도가 깨끗하기 때문에 공간도 예쁜가는 아무래도 별개의 문제이다. 다만 유명건축의 평면은 깨끗한 것이 많은 것은 사실이다.

198 ┃ 지붕의 집

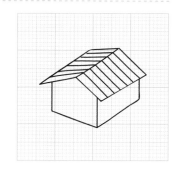

건물에는 눈이나 비로부터 내부를 지키기 위해 지붕이 있다. 이는 건물 고유한 것이며, 그 형태나 소재도 지방에 따라 다양하다. 크고 아름다운 지붕이 있는가 하면, 거의 보이지 않는 지붕도 있다. 지붕을 어떠한 프로포션과 어떠한 높이로 어떠한 표정으로 만들지는, 건물의 인상을 결정짓는 매우 중요한 포인트이다. 실제 눈높이에서 보이는 모습을 확인하는 것도 중요하며, 줄지은 지붕들이 아름다운 지역에서는, 경관으로서 줄지은 지붕들을 의식하여 설계하는 것도 중요해진다.

【실예】지붕의 집/ 테즈카 타카하루 + 테즈카 유이

지붕의 집

설계 : 테즈카 타카하루(手塚貴晴) + 테즈카 유이(手塚由比)

전면에 전망 좋은 입지 조건을 둔, 명쾌하고 상쾌한 구성의 개인주택. 지붕 위를 생활의 한 장면으로 적극적으로 다루고 있다. 그곳에 옥상 파티를 여는 루프가든을 설치하려는 것이 아니고, 어디까지나 지붕 위에 오른다고 하는 감각이 의도적으로 남겨져 있다.

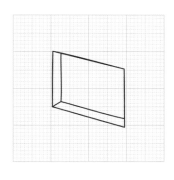

199 | 개구부의 집

일반적으로 개구부라고 하면 건물 안과 밖 사이에 있는 창을 가리키지만, 방과 방끼리의 개구부와 밖과 밖을 잇는 개구부도 포함하면 꽤 폭이 넓다. 개구부는 2개 공간을 연결하는 기능을 하며, 개구부의 형상이나 사양에 따라 공간에서 개구부의 의미도 달라진다. 개구부를 통과하는 것으로는, 시선, 경치, 바람, 소리, 사람의 출입 등이 있으며, 개구부에 따라 기능도 달라진다. 또한 문이나 유리문에 개폐 기능이 더해지면, 닫혔을 때와 열려있을 때 그 기능도 달라지고, 커튼이나 블라인드가 있으면 더욱 다양한 표정이 생겨난다.
유의어: 창

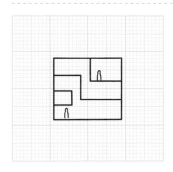

200 | 단면의 집

부동산 중개소의 도면에서는 평면도 밖에 보이지 않지만, 건축을 설계하는 경우 단면도가 평면도보다 공간을 더 잘 설명하는 경우가 있다. 또 단면을 살려 설계했을 경우, 평면도에 '오픈(open)' 같은 기호 등이 쓰여도 알기 힘든 경우가 있다. 구조나 기초, 마감 등의 구성방법을 나타내는 것 외로 지붕과의 조립 등, 단면도는 상세 레벨에서 매우 소중한 측면도 있다. 평면도도 바꾸어 말하면 수평 방향의 단면도이며, 물체의 단면을 생각하는 것은 바로 건축의 구조를 생각하는 것이라고도 할 수 있다.

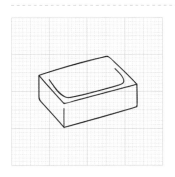

201 | 욕탕의 집

욕탕은 더운 물을 담고 들어앉은 안락함의 한때를 연출해 준다. 일본에는 히노키 욕탕을 시작으로 고에몬 욕탕 등, 여러 가지 욕탕들이 있다. 또한 도기 욕조에서 플라스틱 욕조까지 소재도 다양하다. 일본인은 욕탕에 들어가는 것을 좋아하는 민족이다. 서양과 같이 샤워가 중심인 욕탕 사용법과는 달리, 더운 물을 담아두고 비교적 긴 시간 몸을 담근다. 대목욕탕에서 노천탕까지 정말로 여러 가지 욕탕이 있다. 욕탕의 존재, 또 그 시간을 보내는 방식 등, 위안공간으로서의 건축을 소중히 하고 싶다.
【실예】발스의 온천 시설/ 피터 춤터

발스의 온천시설

설계 : 피터 춤터

스위스 발스에 건립된 온천시설이다. 석재여서 가능한 이른바 노천탕이 있으며, 알프스의 절경을 충분히 끌어드리면서도 닫을 곳은 닫아, 개방적인 장소와 폐쇄적인 장소가 동시에 존재하고 있다. 천장의 슬릿에서 떨어져 들어오는 빛은, 목욕탕이라기보다는 교회 같은 신비한 분위기를 주고 있다.

형태 · 형상

소재 · 물건

현상 · 상태

부위 · 장소

환경 · 자연

조작 · 동작

개념 · 사조 · 의지

202 ｜ 울타리의 집

울타리는 목장에서 소떼를 둘러싸는 것이며, 목책이나 담장 등을 일반적으로 사용한다. 공간과는 달리 내부와 외부를 명확하게 물리적으로 나누는 것은 아니고, 평면적으로 영역을 확보해, 그 밖으로 나오지 못하게 하는 것을 말한다. 울타리는 내부조건에 따라 쓰임새가 여러 가지이며, 얻고자하는 조건에 따라 울타리의 높이도 바뀐다. 목책과 같이 내부를 들여다 볼 수 있는 경우도 있고, 울타리 하부 발밑이 비어 있는 경우도 있다. 포켓파크처럼 어쩔 수 없이 건물들로 둘러싸인 장소가 오히려 기분 좋게 느껴져, 휴식의 공간이 되기도 한다. 물론 안을 들여다 볼 수 없는 것도 있다.

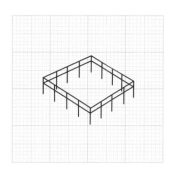

203 ｜ 복도의 집

복도란 건축 내부에서 방에서 방으로 이동할 수 있게 하는 길쭉한 방이다. 기본적으로 복도는 이동에 특화되어 있으므로 그 곳에서 생활할 수는 없다. 그러나 복도 폭에 조금 여유가 생긴다면, 책을 읽는다거나 무엇인가 작은 테이블을 두거나 하여, 방이기도 하고 통로이기도 할 수 있다. 복도는 통로와도 비슷하지만, 통로는 약간 뉘앙스가 다르다. 예를 들어 오피스 등에서 칸막이 가구들로 나누어진 것을 통로라고 부르지만, 복도라고는 하지 않는다. 그러나 이동 복도와 같은 것을 연결통로라고도 부르기 때문에, 그 사용구분은 조금 애매하다. 한 바퀴 도는 복도를 회랑이라고 부르기도 한다.

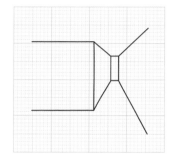

204 ｜ 지반면의 집

지반면은 건축을 세우는데 근본이 되는 부분이므로, 매우 중요한 면으로 인식해 두어야 한다. 단면도에서도 가장 힘 있는 선으로 그리지 않으면 안 된다. 그리고 수직방향 치수의 기준이 되는 부분이기도 하다. 지반면을 강하게 그리는 이유는, 우선 지구의 단면선이기 때문이다. 그것은 건물의 단면선보다도 위계가 높은 것이므로 굵게 그리지 않으면 안 된다. 또한 지반면은 지형의 기복을 단면으로서 확실히 누르는 의미도 있으므로, 매우 소중한 곳이기도 하다.

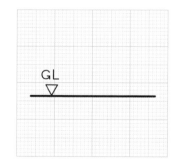

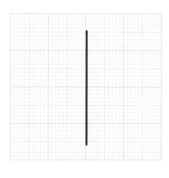

205 | 경계의 집

경계에는 여러 가지가 있다. 선 모양의 경계도 있고 면 모양의 경계도 있다. 2개의 물체가 있으면 그 사이에 경계가 생긴다. 경계는 일반적으로는 두께가 없지만, 단계적인 변화가 필요할 경우에는, 두께를 갖거나 경계 자체가 애매하여 대략적인 장소 밖에 정해지지 않는 경우도 있다. 또한 가상의 경계선과 같이, 눈에는 보이지 않지만 개념상으로 존재하는 것도 있다. 건축에는 대지 경계선, 외벽 경계선, 방과 방의 경계선 같은 것들이 있다. 경계 그 자체에 초점을 두는 것도 설계의 돌파구가 될 수 있다. 또 반대로 대지를 분할해 가는 수법, 즉 새롭게 경계선을 디자인해 나가는 방법도 있다.

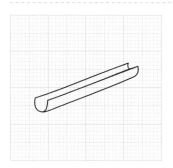

206 | 홈통의 집

홈통이란, 지붕에서 흘러내리는 비를 일단 받아 선홈통에 흘리는 것이다. 면적 큰 지붕의 물을 받는 것이므로 그만한 크기도 필요하고, 처마 끝의 디자인이기도 하여, 건축적으로는 꽤 디테일이 좌우하는 곳이기도 하다. 또한 물이 순조롭게 흐르는 것이 필요하고, 어떻게 홈통을 배치하고 디자인 할까는, 지붕을 디자인하는데 떼낼래야 떼어낼 수 없는 이야기이다. 홈통은 빗물의 배수 설비이다. 더욱 적극적으로 디자인 요소로서 생각해 보아도 괜찮다.

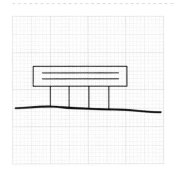

207 | 필로티의 집

필로티는 근대 건축의 발명품이기도 하지만, 필로티의 본래 의미는 '말뚝'이다. 어딘지 모르게 필로티라 하면, 건물이 위에 있고 그 아래가 해방된 스페이스라고 이해하기 십상이지만, 사실 지반면이 내려가 건물의 말뚝이 지면에서 보이는 상황을 말한다. 그러므로 필로티로 보이는 기둥은, 원래는 기둥은 아니고 말뚝을 가리킨다. 필로티의 매력은, 건물 아래가 틈이 나 있어 들여다 볼 수 있고 바람도 통하며, 햇빛을 차단하여 매력 있는 반외부공간을 건축에 만들어 준다는 것이다.

【실예】히로시마 평화기념자료관/ 탄게 켄조

히로시마 평화기념자료관

설계 : 탄게 켄조(丹下健三)

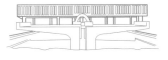

통칭 피스센타로 불리는 히로시마 원폭기념자료관. 약 6.5m 높이까지 올려진 필로티에는 건물 아래라는 폐쇄감은 전혀 없다. 필로티라고 통틀어 말해도 실제로는 다양한 형식들이 존재하지만, 이곳의 필로티는 용도는 없고, 방문한 사람이 지나가 빠져나가기 위한 건물이라는 것에 걸맞다.

208 ┃ 연속 바닥면의 집

건축은 연속된 바닥면이라고 생각할 수 있다. 요컨대, 모든 바닥 면적을 더한 합계를 가리킨다. 건물은 주어진 연면적을 기준으로 몇층 건물로 하면 좋을지, 건물의 볼륨과 용도 등을 종합적으로 판단하여 결정해 간다. 또한 오픈공간 등을 만들면, 적은 연면적에 비해 비교적 큰 볼륨을 만들 수 있다. 건축 형태는 연속된 바닥면을 다루는 것에서 시작된다고 해도 과언은 아니다. 다만 많은 경우, 최대 연면적은 법률로 제한되어 있으므로 효율적으로 짤 필요가 있다.

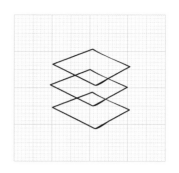

209 ┃ 건축면적의 집

건축면적이란, 건물을 대지에 수직 투영시킨 면적을 말한다. 투영된 면적은, 지도에서는 건물의 건립위치를 나타낸다. 지역마다 건폐율이라는 이름으로, 대지에 대해 얼마만큼 건축면적을 설정해도 좋을지 정해져 있으므로, 그 범위 내에서 계획할 필요가 있다. 건폐율이 높아질수록 시선의 트임은 나빠지고, 정원으로 기능하고 있던 외부공간은 단순한 건물의 틈새처럼 되어버린다. 이러한 고밀도 상황에서는, 건축면적만이 아니라 연면적 그리고 건물의 건립 방법 등을 종합적으로 고려하며 합리적인 해답을 찾을 필요가 있다.

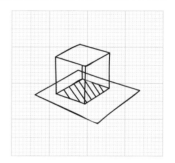

210 ┃ 도로의 집

대지는 대부분 도로에 접하고 있다. 또한 접도되어 있지 않는 대지에는 건축할 수 없는 경우도 있다. 그런 상황에서, 대지는 반드시 어딘가 1변이 도로와 접하고 있다는 것은, 건물을 어떻게 세울 것인가에 커다란 단서가 된다. 또한 접한 도로가 작은 이면도로인지, 큰 간선도로인지, 또는 도로 2면에 접하고 있는지, 막다른 골목인지 등등. 도로의 성질에 따라서도 도로에 접하는 방법은 바뀐다. 건축에 사람이 출입하기 위한 도입부로서, 건물이나 대지뿐만이 아니라 거기까지 이르는 도로에 대해서도 주의 깊게 살펴보아야 한다.

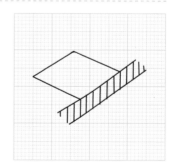

211 | 등고선의 집

등고선은, 대지를 읽어내는데 크게 참고가 되는 자료이다. 대지 내의 등고선뿐만 아니라 주변도 포함하여, 그 대지가 어떤 토지의 기복 위에 위치하고 있는지 조심스럽게 관찰하여 보자. 높은 곳, 낮은 곳, 완만한 곳, 움푹 들어간 곳 등. 등고선 도면뿐만 아니라 실제로 발길을 옮겨, 그 등고선이 가진 이미지와 실제를 비교하여, 지형에 대한 감각을 길러보자. 건물의 좋고 나쁨은, 대지의 높낮이와 어느 정도 관련되어 있다고 해도 괜찮다. 이 중 잘못된 것이 있다면, 큰 보복이 되어 돌아오기 때문에 조심해야 한다.

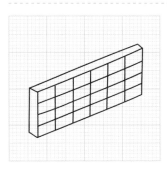

212 | 담의 집

담에는, 인접 대지와의 경계를 만드는 목적과, 밖으로부터의 시선을 차단하는 기능 등이 있다. 특히 밀집된 주택지에서 담은, 서로 이웃되는 집끼리의 프라이버시를 확보하기 위해 없어서는 안 된다. 담의 종류도 다양하여, 돌로 쌓은 것부터 블록 담이나 콘크리트 담과 같은 기성품을 조합한 것까지 있으며, 마을의 거리 풍경 일부가 되고 있다. 한편, 건축 공간을 만들려고 높은 담을 쌓는 경우가 있다. 공간을 억지로 잘라내어, 외계와 경계를 만들어, 하늘만이 보이는 잘라내어진 외부공간을 연출할 수도 있다.

유의어: 울타리

213 | 바닥면의 집

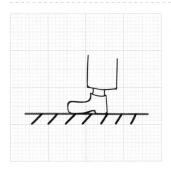

바닥면은 인간이 직접 건축과 접하는 유일한 부분으로, 발밑을 지탱하는 중요한 부분이다. 신을 신은 발인가 맨발인가의 조건에 따라 사양도 변화되는 장소이며, 소재감이 공간 속에서 가장 잘 나타나는 부분이기도 하다. 바닥면은 건물 속에 있는 인공대지와 같은 것이다. 바닥면의 소재에는 나무나 돌, 부드러운 것이나 딱딱한 것, 차가운 것이나 따뜻한 것 등, 다채로운 표정의 물체들이 사용된다. 건축 역사에서는 바닥면에 기울기를 주어 보거나 벽과 연속시키면서, 바닥면의 개념을 확장하여 왔다. 그러나 이 세상이 중력으로 지배되고 있는 한, 바닥면이라는 개념은 확고부동한 존재로 계속될 것이다.

[실예] 보르도 주택/ OMA

보르도 주택

설계 : OMA

프랑스 보르도에 세운 개인주택. 주택의 중심에 설치된 바닥면은, 그것이 생활의 중심이기도 한 엘리베이터 형식의 '움직이는 바닥면'이다. 확실히 건물을 종단하고 있는 대담한 공간 구성은, 독창적인 가구 디자인과도 함께, 참신한 인테리어 풍경을 만들어내고 있다. 가구는 마르텐 반 세베렌의 설계이다.

형태 · 형상

소재 · 물건

현상 · 상태

부위 · 장소

환경 · 자연

조작 · 동작

개념 · 사조 · 의지

214 | 수납의 집

건물에는 반드시 수납 스페이스라는 것이 필요하다. 그러나 수납 스페이스가 공간 안에서 어떤 위치를 점하고 있는가는 그다지 논의된 바가 없다. 건축 내부에 숨어있는, 물건을 집어넣을 수 있는 공간을 어떻게 다루어야 좋을지는 의외로 어려운 문제이다. 순수하게 공간의 조합만을 이야기를 한다면, 수납은 필요 없다. 그러나 공간에서 사람이 생활하는 이상, 수납은 무시할 수 없으며 많이 있어도 의외로 곤란하지는 않다. 워크인클로젯(walk-in-closet)과 같이, 수납공간이 커져 수납실처럼 방의 규모로도 존재한다.

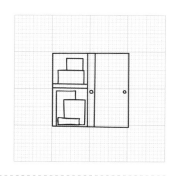

215 | 다다미의 집

다다미는 일본의 전통 바닥 소재이며, 다다미의 모듈은 규칙바른 공간을 만들어준다. 또한 독특한 풀냄새와 다다미의 줄눈, 표면의 반들거림과 부드러움 등, 다양한 표정을 공간에 만들어내고 있다. 일본인이라면 다다미의 쾌적함은 결코 잊을 수 없는 감각일 것이다. 다다미를 바닥에 까는 방법도 독특하여, 다다미 4장 반 등, 독특한 나눠깔기 방법이 존재한다. 또 다다미의 형태도 지방에 따라 여러 종류가 있으며, 류큐 다다미처럼 네모난 것도 있다. 일본 주택에서 다다미방을 보는 것도 희귀해졌지만, 이제야 말로 그 좋은 점을 재검토할 시기일지도 모른다.

참고: 세이케 키요시(淸家淸)/ 나의 집, 이동 다다미

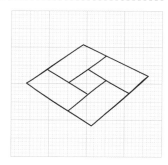

216 | 얼굴의 집

건축 중에 얼굴건축이라는 것이 있다. 간단하게 말하면, 입면이 얼굴의 모습을 닮아 있기도 하고, 눈이 있고 코가 있으며 입이 있기도 하다. 언뜻 보기에 이상한 얼굴건축도, 왠지 사람들은 그것에서 친근감을 느낀다. 인간의 깊은 내면에 있는, 무언가 얼굴을 인식하려고 하는 능력을, 건축에서도 무시할 수는 없다. 평면도가 어딘지 모르게 건축가의 얼굴과 닮은 모습이 되어 있는 경우도 과거에 있어, 심층 심리로서 나타난 것인지, 그렇지 않으면 의도한 것인지는 알 수 없다.

【실예】 얼굴의 집/ 야마시타 카즈마사

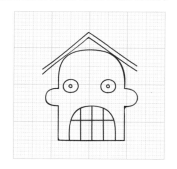

얼굴의 집

설계 : 야마시타 카즈마사(山下和正)

1974년 준공. 일본 교토에 세워진 스튜디오 겸 주택. 건물을 의인화한 조작들을 여럿 볼 수 있지만, 확실히 건물 외관은 얼굴 그 자체이다. 입은 입구 현관, 둥근 눈은 창이 되어 있으며 오른쪽 귀는 베란다가 되고 있다. 외벽은 황색 살갗으로, 코는 제대로 환기 기능을 담당한다는 철저함도 볼 수 있다.

217 | 입의 집

입은 물체가 출입하는 곳이다. 음식을 잘게 부수어 보관 유지하고, 집어넣기 위한 구조가 갖추어져 있다. 건축으로 말하면 입구/출구라고 할 수 있을까? 입을 크게 벌리거나 닫거나 하면, 입 주위의 근육 때문에 다양한 표정을 만들어 낼 수 있다. 건축에서도 비슷하게 응용할 수 있을지도 모른다. 단지 여/닫는 행위만이 아니고, 예를 들어 아·이·우·에·오라고 입을 움직이는 것만으로도, 완전히 별개의 개구부로 보여 질 수 있다. 또한 기쁨이나 슬픔, 분노라는 감정에 따라서도 입은 다양한 형태로 변용되므로 재미있는 개구부이다.

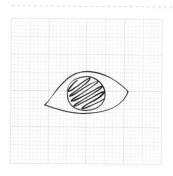

218 | 눈의 집

눈은 매우 동물적이어서 멀리서의 시선에도 그 기색을 느끼기도 한다. 건축에 직접 눈에 해당하는 것은 없지만, 창가에서 사람이 밖을 내다보는 풍경은 확실히 눈과 같은 것이다. 지금까지 건축 세계에서는 입면에 눈과 같은 것을 그리거나 평면도에 눈과 같은 것을 그리기도 하였다. 눈은 손과 마찬가지로 회화 세계에서도 큰 존재감을 갖고 있다. 또 건축을 보거나 체험하는 측면에서, 눈은 유일하게 공간을 파악하고 인식할 수 있는 기관이며, 여러 시대에서 그러한 특징이나 버릇을 건축디자인에 도입하여 왔다.

참고: 영화 '나의 아저씨'/ 자끄 다티 감독(1958)

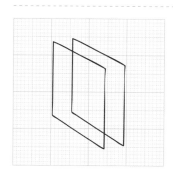

219 | 더블스킨의 집

1990년대 후반, 건축의 표층으로 관심이 옮겨왔을 때, 온 세상에 더블 스킨이 유행하였다. 외장 디자인과 환경적 성능 때문에 하이테크 건축의 표피로서 주로 나타났다. 더블 스킨으로 경계는 애매하게 되고 윤곽이 층을 이루며 두께가 있는 것으로 표현되었다. 내부와 외부의 완충공간으로서, 또한 표층에 깊이감을 갖게 하는 표현으로서, 여기에는 내부와 외부의 다툼이 있다. 건축의 표면은 지역성이나 시대성을 넘어 관심을 가져야 할 테마이다.

유의어: 표층, 경계면

【실예】S-HOUSE/ 세지마 가즈요

S-HOUSE

설계 : 세지마 가즈요(妹島和世)

밀집한 주택지에 세운 개인 주택이다. 폴리카보네이트로 덮인 투과성이 있는 외관과 더블 스킨을 살린 회랑형 평면이 특징이다. 방과 외부 사이에 중간 영역이 생겨, 깊이가 있는 경계를 만들어 내고 있다. 2층 바깥쪽에는, 개폐 가능한 목제 창호가 루버 형태로 설치되어 있다.

형태·형상

소재·물건

현상·상태

부위·장소

환경·자연

조작·동작

개념·사조·의지

220 | 문의 집

사찰의 일주문이나 일본 신사의 토리이(鳥居)와 같이 문에는 상징적인 이미지가 있지만, 원래는 게이트로서의 기능이 있다. 문꼴(門型) 프레임의 구조체에는 특별한 의미가 있다. 문꼴은 매우 고전적인 모티브이며, 상징성이 높은 조형이다. 특성으로는 인간과 신의 공간을 이어주거나, 주택에서 대지와 외부나 도로를 구분짓거나, 담장이나 울타리의 통행 출입구이며, 무엇인가의 경계에 위치하는 경우도 많다. 어떻게 이을지, 어떻게 구분 지을지, 외부인가 내부인가, 또는 터무니없이 큰 것을 포함해 버리는 것은 아닌지. 다양한 형태와 구성을 기대할 수 있다.

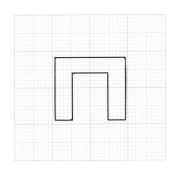

221 | 이로리*(난로)의 집

실내에서 불을 둘러싸는 형식을 취하는 것은 이로리*(난로)만이 가능할 것이다. 사람들은 이로리 주위에 모여 몸을 녹이고 솟아오르는 연기는 천장에 닿으며, 그곳을 둘러싸며 식사나 단란도 이루어진다. 일본적인 이 풍경을 건축적으로 다시 파악해 보자. 또한 불을 일으키는 것으로는 곤로, 화로 등 크기나 용도에 따라 다양한 것이 있다. 현재는 환기나 안전성 때문에 점차 모습을 감추고 있지만, 사람이 모인다고 하는 공간의 근원적인 부분에 크게 기여하기 때문에 아쉽다.

* 이로리(囲炉裏): 일본 전통주거에서 방바닥의 일부를 네모나게 잘라내고, 그곳에 재를 깔아 취사용 난방용으로 불을 피우는 장치

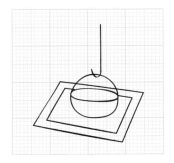

222 | 벽난로의 집

난로가 벽에 부착된 타입의 난방 기구이다. 벽돌처럼 열에 강한 소재로 덮여 있으며, 거실 분위기를 연출함과 동시에 큰 열원이 되고 있다. 특히 추운 지방에서 많이 볼 수 있으며 인기도 높다. 도시에서는 굴뚝에서 나오는 배연이 문제이므로 설치에 주의할 필요가 있지만, 모두가 따뜻한 장소로 자연스레 모이게 되는, 그런 가족의 단란한 풍경 때문에도 난로는 매우 매력 있다. 멋진 난로가 있는 집을 생각해 보자.

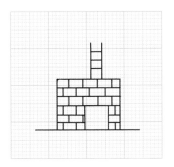

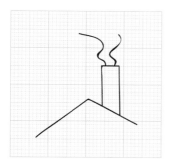

223 | 굴뚝의 집

건물에는 다양한 기능의 굴뚝이 있다. 대개는 배기나 환기를 위해 마련된다. 건축으로는 설비적인 요소이지만, 그 존재감은 의외로 기억에 강하게 남는다. 거리의 풍경에서도 굴뚝에는 어떤 상징성이 있다. 오래된 거리에서 올려다보았을 때 많은 굴뚝들을 본 적이 있을 것이다. 지금은 보기 쉽지 않은 목욕탕의 굴뚝도 그리운 추억이다. 어린아이에게 집을 그리게 하면, 많은 아이들이 맞배지붕 건물에 굴뚝을 그린다. 이젠 별로 남지 않은 굴뚝도 건물을 특징짓는 꽤 중요한 존재 같다.

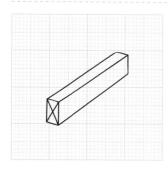

224 | 보의 집

보는 2층 바닥면을 지탱하거나 지붕을 지지하는데 기둥과 함께 매우 중요한 구조 부재이다. 머리 위로 나타나보이게 되므로, 다루기에 따라 공간의 인상은 다양해진다. 천장 안에 은폐되어 보이지 않는 것도 있는가 하면, 노출되어 천장의 한 표현으로서 나타나기도 한다. 목조에서는 보 부재를 정연하게 줄지어 아름답게 보이게도 하지만, 철근 콘크리트조의 경우 단면 크기도 상당하므로, 그 존재감과의 조화를 이루는 방법을 꽤 궁리해 볼 필요가 있다.

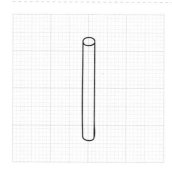

225 | 기둥의 집

기둥은 건축 지붕이나 위층 바닥면을 지탱하는 것이다. 벽 속에 매립되어 보이지 않는 경우도 있고, 공간 내에서 독립된 기둥으로 보이는 경우도 있다. 기둥 단면은 사각이나 원형 등, 여러 형태로 만들 수 있다. 고대에는 여러 가지 기둥 양식으로 장식을 더하기도 하였다. 한가운데를 부풀린 엔타시스 기둥도 유명하다. 홀로 서 있는 기둥은 존재감이 있어, 일본 전통건축의 대흑주(大黑柱)처럼, 상징성이 강한 것도 있다. 고대 건축에서 자주 볼 수 있는 열주도 마찬가지로 독특한 분위기를 자아낸다.
【실예】 센다이 미디어 데크/ 이토 도요

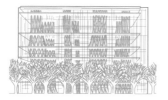

센다이 미디어 데크

설계 : 이토 도요(伊東豊雄)

2000년 준공, 설계경기에서 당선된 도서관이 중심인 복합시설. 13개의 튜브 형태 기둥들이, 50m각의 플랫 슬래브 6매를 지지하는 명쾌한 공간 구성. 기둥의 존재는 구조적인 구실은 물론, 공간의 인상을 결정적으로 특징짓고 있는 동시에, 설비나 세로동선 등의 기능도 내포하고 있어 그 매우 큰 구실을 하고 있다.

형태・형상

소재・물건

현상・상태

부위・장소

환경・자연

조작・동작

개념・사조・의지

226 │ 난간의 집

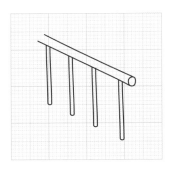

계단이나 오픈공간, 베란다 등에서 난간은 빠뜨릴 수 없다. 계단의 난간이 동작을 보조하는 의미가 있다고 한다면, 이에 비해 오픈공간에서의 난간은 낙하방지라는 기능도 있다. 안전 측면에서도 옥외의 난간 높이는 정해져 있어 매우 신경을 써야하는 건축 부위이기도 하다. 난간은 다양한 곳에서 존재감을 자아내기도 한다. 요벽으로 세워진 난간이 있는가 하면, 섬세한 금속제 난간도 있다. 난간은 표현 방법, 그리고 손대었을 때의 감촉 등, 기능면이나 의장면 어느 면에서나 또한 디테일에서도 매우 중요한 부위이다.

227 │ 시스템키친의 집

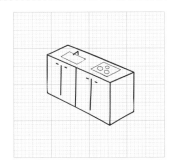

시스템키친은 조리하기 위한 가구이다. 키친은 주택 안에서 유일하게 작업장과 같은 장소라고 해도 괜찮다. 꽤 간단한 것부터, 방으로 나누어지는 타입처럼 본격적인 것까지 있다. 기본은 개수대와 가열대이며, 조리 순서를 의식한 배치가 요구된다. 접시나 냄비, 조미료 등 다양한 것들이 키친에 놓이며, 요즘은 전자레인지나 밥솥 등의 가전기기도 많이 놓여진다. 또한 냉장고 같은 큰 볼륨이 옆에 놓이게 되므로, 키친을 아름답게 보이게 하려면 냉장고 놓는 방법을 잠시 궁리할 필요가 있다.

228 │ 계단의 집

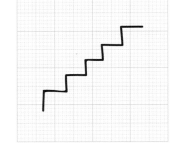

계단은 건축에서 공간을 입체적으로 이어주는 매우 특이한 존재이다. 한 춤 한 춤씩 위층과 아래층을 이어, 사람이 오르내릴 수 있게 한다. 그 구배는 다양하지만, 대부분은 법규로 기준이 마련되어 있다. 디딤판이 작을 때에는 챌면이 중요해진다. 챌면은 계단을 내려갈 때 발뒤꿈치가 부딪치는 것을 피하게 하므로 요긴하다. 계단에는 직선계단, 꺾인계단, 나선계단 등 다양한 종류가 있다. 변형된 계단으로는 사다리에 가까운 것, 어느 쪽 다리로 내딛어야 할지가 결정되어 있는 계단도 있다.

【실예】쇼후나 네무 자수점/ 이시다 도시아키

쇼후나(小鮒) 네무 자수점

설계 : 이시다 도시아키(石田敏明)

큰 길에 접한 약 10평의 협소 대지에 세운, 극소의 점포 병용 주택. 계단 형상으로 공간을 구성한 주택이나 건축은 여럿 있지만, 이것은 확실히 계단실 그 자체라고 할 수 있는 스케일이다. 큰 길에 접한 파사드는 그래픽 광고의 캔버스로서의 효과도 담당해, 협소 대지이면서도 다양한 공간 용도가 응축되어 있다.

229 | 화장실의 집

테마로 하려면 꽤 어려울지도 모르겠지만, 화장실은 건축 안에서 인간이 생활하는 이상, 아무래도 피해 나갈 수는 없다. 특히 건물이 주택처럼 작은 경우, 욕실을 포함해 이러한 물의 회전은, 건축 본체의 질과는 또 다른 차원에서 반드시 성취해야 할 것이다. 설계자는 이것들을 어떻게든 공간 안에 잘 넣어야 할 필요가 있다. 화장실에 관심을 두어 두드러지게 하거나 어떻게든 박스 형태로 하지 않거나 없는 것처럼 하는 경우도 있다.

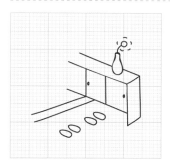

230 | 현관의 집

현관은 주택의 입구이며, 사람을 맞아들이는 공간이다. 사람에 따라서는 자전거를 두거나 다양한 도구를 놓아두어, 일본의 옛 주택에 있던 토방처럼 사용하는 사람도 있다. 또는 꽃을 조금 심어놓는 것도 매우 소중할 수 있다. 접대공간으로도 소중히 해야 할 곳이다. 건축 계획 레벨에서 현관은 건물의 큰 입을 연 것과 같은 모습으로, 건물 외관의 본 모습에 커다란 영향을 준다. 사람에 따라서는 창을 현관으로 대신하여 현관을 표현하기 싫어하는 경우도 있다.

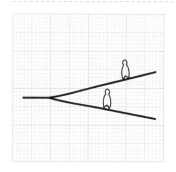

231 | 슬로프의 집

슬로프란, 건축계획에서 1/12~1/8이라는 완만한 구배를 가진 통로를 말한다. 완만한 구배에서는 경치의 완만한 변화를 즐길 수 있다. 한편 슬로프에는 일정한 길이가 요구되기 때문에 일정 크기의 장소가 확보되어야 하므로 그 공간을 이동하는 데 지칠 경우가 있다. 공간을 완만하게 연결하는 데 매우 효과가 있어, 지금도 많은 건축에 쓰이고 있다. 한편 기울어져 있어 위험해질 수 있으므로 디테일에 주위를 기울여야 한다.
【실예】피아트 링고토 공장/ 렌조 피아노

피아트 링고토(Fiat Lingotto) 공장

설계 : 렌조 피아노(자코모, 마테, 토루코)

이탈리아 자동차 메이커인 피아트의 공장. 현재는 렌조 피아노가 개수하여 복합 시설로 이용하고 있다. 르 코르뷔지에도 방문 견학했다는 건물로, 테스트 주행을 하기 위한 옥상 뱅크(경사진 트랙)는, 당시의 모습 그대로 남아 있다. 테스트할 자동차를 옥상으로 옮기기 위해 계획된 내부의 나선 슬로프 동선이 특징이다.

형태·형상

소재·물건

현상·상태

부위·장소

환경·자연

조작·동작

개념·사조·의지

232 | 세탁의 집

세탁은 집안에서 빠뜨릴 수 없는 가사행위 중의 하나이다. 현대에서 세탁에 사용되는 세탁기는 대개의 경우 탈의실의 근처에 놓여진다. 일본에서는 실내에 놓이는 경우가 많기 때문에, 진동이나 소음이 자주 문제가 된다. 외국에서는 진동이 적은 지하실에 설치하는 경우도 있으므로, 편리성을 추구할지 고요함을 추구할지에 따라 세탁기의 위치는 미묘하게 달라진다. 또한 세탁물의 움직임에 주목하는 것도 중요하다. 세탁기로 씻은 의류를 빨래 너는 건조장으로 옮긴 후, 마른 세탁물을 거두고 정리하여 각자 방의 옷장 등에 수납하는 것이지만, 어디에서 세탁물을 갤 것인지가 의외로 배려되어 있지 않은 경우도 있다.

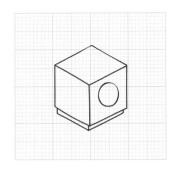

233 | 베란다의 집

베란다는 건물에서 외부로 내어 붙인 공간이다. 많게는 외벽에서 이어져 나와 있으므로 내부에서 부담 없이 밖으로 나올 수 있는 장소이다. 베란다는 날씨 좋은 날에는 휴식의 장으로 사용되며, 세탁물을 말리거나 바베큐를 하는 등 이용방법도 다양하다. 베란다를 식물로 장식하는 것처럼, 생활이 외부에 직접 표현되는 장소이기도 하다. 생활하는 사람뿐만이 아니라, 밖에서도 보게 되는 베란다로서도 마음 써야 한다.

동의어: 발코니

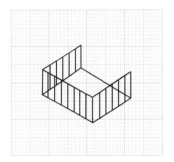

234 | 모퉁이의 집

모퉁이에는 드라마가 있다. 조금이라도 미리 볼 수 없다는 느낌을 주거나, 보이는 경치가 극적으로 바뀌는 변환점이기 때문이다. 인생에서 돌아가는 길이 중요한 것처럼, 건축에서도 이따금 돌아가는 길을 고려해본다면, 모퉁이와 같은 멋진 상황이 생겨날지도 모른다. 집안에 실제로 모퉁이를 만드는 것을 생각해도 좋고, 집 그 자체를 모퉁이 땅으로 상정해 보는 것도 좋다. 잘 생각해 보면서 걷다보면 거리는 모퉁이투성이다. 모퉁이에 서서 바라보이는 풍경에 힌트가 있을 지도 모른다.

참고: 우에하라上原 모퉁이 길의 주택/ 시노하라 카즈오(篠原一男)

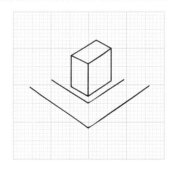

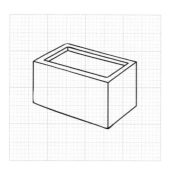

235 | 평지붕의 집

건물 지붕을 평평하게 한 것. 일반 경사지붕과는 달리, 빗물이 일단 지붕에 모이고 드레인drain으로 배수된다. 지붕을 평지붕으로 할지 경사지붕으로 할지의 선택은 설비뿐만이 아니라, 주택 외형의 인상 도 크게 달라지므로 신중하게 생각하여야 한다. 건물이 블록 형상이 되므로 스마트한 인상을 주는 경우가 많다. 또한 옥상을 이용하고자 할 때는 평지붕 형태로 할 필요가 있다. 눈이 많은 지방에서는, 적극적으로 눈을 지붕에서 떨어뜨리는 방법과 평지붕과 같이 떨어뜨리지 않고 눈을 모아 두는 방식이 있다.

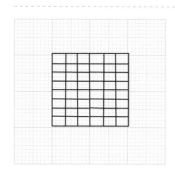

236 | 장지문의 집

장지문은 우리 전통주택의 방이나 일본의 화실(和室)공간을 연출하 는데 빠뜨릴 수 없는 것이다. 목제 틀에 붙여진 창호지가 밖의 빛을 쉽게 확산시켜 온화한 빛을 실내로 가져온다. 창가에 펼쳐지는 다양 한 풍경 중에서 밝기만을 받아들이는 필터 같은 기능도 수행한다. 장지문의 형태는 다양하며, 유리가 보급되면서 일부가 유리로 된 반 투명 장지문도 있다.

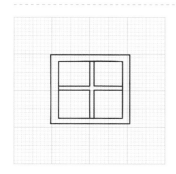

237 | 창의 집

창은 일반적으로 틀에 유리가 끼워진 것을 말한다. 개구부라는 넓 은 의미뿐만 아니라 창 자체는 어떤 존재감이 있으므로, 건축에서 창 이 어떤 자리매김을 하고 있는지 생각해 보는 것도 좋다. 창의 형상 은 다양하여, 내민창이나 천창 등, 방향이나 모양에도 다양한 베리 에이션이 있다. 일반적으로는 창틀은 네 주변으로 돌리는 것이지만, 때에 따라 그것을 숨기거나 굳이 장식적으로 만들거나 색을 첨가해 보는 등, 그 설치방법도 다양하다.

유의어: 개구부

【실예】 촐페라인 스쿨/ SANAA

촐페라인 스쿨(Zollverein School)

설계 : SANAA

독일 에센에 건립된 학교시설. 층 구성을 느끼지 못하게 하는 창투성이 외관 이 특징. 내부도 심플한 다층 구성이기 때문에 그 창투성이 외관이 더욱 인상 적이지만, 땅속에 안정된 지하수를 퍼 올려, 건물 외벽에 순환시켜 냉난방 기 능을 하는 등, 설비적으로도 시도하고 있다.

형태·형상

소재·물건

현상·상태

부위·장소

환경·자연

조작·동작

개념·사조·의지

238 | 틀의 집

창의 틀이거나 문의 틀이거나, **창호를 둘러싸는 부재로서 틀이 존재**한다. 틀은 또한 **그림의 액자와 같은 의미로도 쓰여,** 틀 안으로 보이는 것을 두드러지게 하거나 알기 쉽게 하는 효과도 있다. 건축의 창틀도 마찬가지로, **경치를 잘라내거나 차경하거나 시선을 제어하는 데** 이용된다. 넓은 의미에서 틀은 '테두리 안쪽만…'처럼, 영역을 구분짓는 기능도 있다. 틀을 둠으로써, 그곳은 바깥쪽과 분리된 영역이 된다.

동의어: 영역, 경계

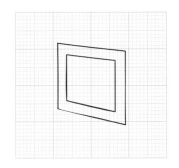

239 | 문의 집

문은 일반적으로 **사람이 출입하기 위한 것이다.** 외부에서 실내로 들어가거나 방 사이를 이동할 때 통과한다. 여는 방식과 닫는 방식 등 작동방법이 다양하고, **여닫이문에서 미닫이문까지 다종다양한 형상이** 있다. 문은 대부분 닫힌 상태로 유지되지만, 어떤 것은 거의 닫힘이 없이 열려 있기도 한다. 또한 문을 자세히 보면 다양한 디자인이 있어, 문에 작은 창이 붙어 있는 것이나, 반대편이 비쳐 보이는 문도 있다.

동의어: 도어

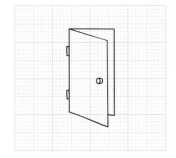

240 | 톱라이트의 집

지붕에 설치된 톱라이트를 통해 햇빛이 쏟아져 들어온다. 벽에 다다르면 그 표정이 풍부해져, 시간이 흐름에 따라 그 변화를 즐길 수 있다. 대담하게 톱라이트를 설치하여 **외부공간 같은 내부 공간을 만들** 수도 있다. 또 밤하늘의 별이 보이는 것 같이 드라마틱한 공간을 연출해 볼 수도 있다. 커다란 톱라이트, 작은 톱라이트, 1개이거나 아주 많을 수도 있다. **톱라이트 사용 방식에 따라 생겨나는 공간은 다양하다.** 신선한 톱라이트를 생각해 보자.

【실예】 브루더 클라우스 필드 채플/ 피터 춤터

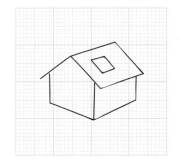

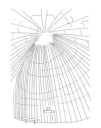

브루더 클라우스 필드 채플
(Bruder Klaus Field Chaple)

설계 : 피터 춤터 (Peter Zumter)

독일 쾰른 교외에 세워진 채플이다. 종교건축에 톱라이트가 이용되는 예는 자주 있지만, 이 톱라이트는 시공 방법이 흥미롭다. 막대 모양의 목재를 원추형으로 조립해 거푸집으로 하고, 몇 개월에 걸쳐 지층을 이루도록 콘크리트 타설을 반복하고, 타설 후에는 그 목재를 불태우는 거푸집 제거 방법을 취하였다.

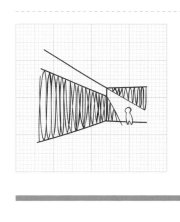

241 | 지하의 집

건축은 대부분 지상의 이야기지만, 지하를 떼어놓고 생각할 수는 없다. 기초나 말뚝 부위뿐만이 아니라 공간의 경우도 그러하다. **지하는 건축 고유의 것으로, 지면 속에 들어가버린 방**이라고 할 수 있다. 이 방은 그 깊이에 따라, 반 정도 지상으로 얼굴을 내밀고 있는 방을 반지하라고 부르기도 한다. 지면에 접하거나 또는 지면과 직접 대면하고 있기 때문에, **지면과의 관계에 세심히 주위를 기울일 필요가 있다.** 바람이나 더위, 추위에 노출되는 지상보다 안정된 지하에 사는 것을 생각해 본다 해도 이상할 것이 없다. 지하의 거대 공간에 집을 만들면 어떻게 될까?

참고: 땅의 집/ 시노하라 카즈오, 중국 황토 고원의 야오동(窯洞)

242 | 반지하의 집

글자 그대로, **반은 지상으로 나와 있지만 반은 지하에 묻혀 있는 상태**이다. 단순하지만 **그곳에서 일어날 수 있는 체험이나 효과는 다양**하다. 지하이면서 지상 채광의 혜택도 받게 되고, 창을 열면 바람도 빠져나간다. 지면과 눈높이를 맞추는 등, **평상시에는 있을 수 없는 지면과의 거리감**을 체험할 수 있다. 동시에 상층과 지면의 관계도 평상시와는 달라, 지면에 가깝지만 조금 오르는 1층이거나, 지면에 가까운 옥상이라는 장소도 가능해지므로 재미있다.

참고: 2004/ 나카야마 히데유키(中山英之), 고마에(狛江)의 집/ 하세가와 고(長谷川豪)

243 | 하이사이드라이트의 집

가로로 긴 수평창이나 톱라이트와도 조금 다른 하이사이드라이트(high-side light)이다. **조금 높은 벽면에 설치된 창에서 비스듬하게 떨어져 내리는 빛은, 그림자를 스폿(spot)으로 잘라내는 느낌이 든다. 샤프하면서도 톱라이트보다는 조금 부드럽고, 빛으로는 안정되어 있으면서도 움직임이 있다.** 실내의 벽을 유효하게 이용할 수 있어 용도는 여러 가지로 생각해 볼 수 있다. 밖의 경치를 차단하여 추상적인 공간을 만들 수도 있다. 창이라기보다도, '벽과 천장 사이'라고도 할 수 있는, 조금은 다른 존재감의 개구부인 '하이사이드라이트'에 주목해 보자.

【실예】 고에츠 갤러리/ 헤르조크 & 드 므롱

고에츠 갤러리(Goetz Gallery)

설계 : 헤르조크 & 드 므롱

독일 뮌헨에 건립된 갤러리. 반 지하에 묻힌 갤러리 내부에서 바라본 하이사이드라이트는, 밖에서 보면 볼륨의 밑동이 되고 있다. 외관은 심플하지만, 거기에 비해 명쾌하면서도 복잡한 내부를 만드는 풍부한 단면구성을 놓쳐서는 안 된다.

형태·형상

소재·물건

현상·상태

부위·장소

환경·자연

조작·동작

개념·사조·의지

244 | 어프로치의 집

대지 바깥에서 현관까지의 길을 어프로치라고 한다. 건물은 밖에서 직접 들어가는 것뿐만이 아니라, 어프로치라는 것도 극히 소중하다. 엔트런스까지의 도입부로서 어프로치 형성 방법은 건물로 들어가는 인상까지 바꾸어 준다. 도심부 대지에서 어프로치 공간을 만들 기회는 많지 않지만, 깃대 형상의 대지에서 장대 부분이 어프로치로서 사용되는 경우가 많다. 건축에 그럭저럭 도착할 때까지의 길을 어떻게 설계할지, 또는 건물과 조화시킬지 아니면 시키지 않을지. 담장이나 식재, 바닥재를 어떻게 선택할지에 따라 건물의 인상도 바뀌어진다.

245 | 1층의 집

건물에는 층이 있고, 고층건축을 별도로 하더라도 주택 정도의 규모라면, 각층마다 저마다의 성격이 있다. 1층은 지상과 접하고 있는 곳으로, 보통 이곳은 건물에서 현관으로 설계된다. 그러나 실제로는 1층은 점포나 주차장이고 그 위층에 주택이 시작되는 경우가 있는가 하면, 2층이나 지하층 없이 단지 1층 건물로 주택이 전개되는 것까지 있다. 1층이 특별한 장소임에는 틀림없지만, 그 쓰임새는 다양하다. 1층에서 좋은 곳은 창가에서 지면이 보이는 곳, 이곳은 건물과 주변 환경이 존재하는 직접적인 접점이기도 하다.

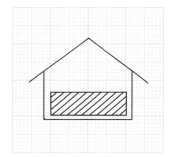

246 | 안모서리의 집

면이 꺾여 생기는 모서리의 안쪽 부분이다. 사각형 방이라면, 바닥면에 4곳, 천장에 4곳, 합계 8곳의 안모서리가 생긴다. 밝기에 주목해 보면, 안모서리의 각도가 좁을수록 어둡게 되고, 각도가 넓을수록 밝아진다. 이런 성질을 이용하여, 안모서리를 굳이 어둡게 하여 그 외의 장소를 더욱 밝은 인상으로 만들거나, 안모서리에 개구부를 두어 개방적인 인상을 만들거나, 또는 안모서리를 라운드로 하여 모퉁이 그 자체를 없애 심리스로 하는 등, 안모서리를 다루는 방법에 따라 방의 인상을 다양하게 조작할 수 있다.

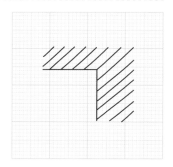

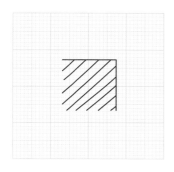

247 | 바깥모서리의 집

안모서리에 대해, 면이 꺾여 생겨나는 귀퉁이의 바깥 부분이다. 사각형 방이라 안쪽에서 보면 바깥모서리는 0개소가 된다. 바깥모서리는 90도(직각)가 대부분이지만, 각도가 예각이라면 불연속적인 면으로 나타나고, 둔각이라면 연속된 면이 출현하는 성질이 있다. 예를 들어, 카나자와 21세기 미술관의 타렐의 방의 천장 개구부 주위는 예각의 바깥모서리로 처리되어, 아래에서 올려다보면 천장의 마감면이 보이지 않아 하늘과 천장의 관계가 평면적으로 보인다. 이와 같이 바깥모서리의 각도를 바꾸는 것만으로도, 그 너머가 보이는 방법을 컨트롤할 수 있는 재미있는 요소가 된다.

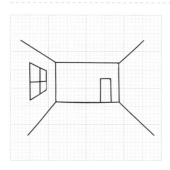

248 | 방의 집

방을 만들기 위해 건축을 만드는 것일까, 아니면 건축을 만들기 때문에 방이 생기는 것일까? 닭이 먼저인지 알이 먼저인지와 같은 이야기이지만, 건축과 방은 끊을래야 끊을 수 없는 관계이다. 볼륨(건축) 속에 방을 담거나 볼륨 속에서 방을 나누거나, 방을 모아 볼륨을 만들거나 또는 볼륨을 만들지 않고 방을 아로 새기는 등, 볼륨과 방의 관계로부터 생겨나는 베리에이션은 풍부하게 존재하지만, 또 다른 베리에이션을 찾아보는 것도 재미있다.

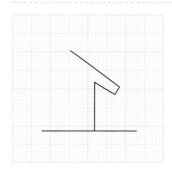

249 | 차양 · 처마의 집

처마는 지붕이 연장되어 내밀어진 것을 말하며, 차양은 외벽에 부가적으로 덧붙여진 것을 말한다. 돌출되는 처마는 작은 것부터 매우 큰 것까지 있으며, 비바람이나 일사에 대해 외벽을 보호하거나, 또는 창으로 입사되는 햇빛을 조정하는 구실을 하여왔다. 처마의 돌출은 건물의 분위기나 양식과 크게 관계되어, 처마를 내는가 내지 않는가에 따라 분위기가 싹 바뀌는 부분이기도 하다. 구조적으로는 내민 부분에서 바람의 영향을 받기 쉽기 때문에 주의해야 한다. 현관 부분에는 사람이 비를 맞지 않도록 차양을 붙이는 경우가 많다.

【실예】루체른 문화 · 회의 센터/ 장 누벨

루체른 문화 · 회의 센터

설계 : 장 누벨(Jean Nouvel)

스위스 루체른 역 옆에 건립된 문화 · 회의 센터. 콘서트 홀, 회의시설, 미술관 등을 겸비하고 있다. 피어발트 슈테터 호안에 면하여, 23M 정도 돌출된 거대한 지붕 같은 차양은, 건너편 호안에서 명확히 한눈에 들어온다. 호수의 수평 라인과 서로 평행하게 중첩되는 이 차양 라인은, 다른 무엇보다도 건물의 특징이 되고 있다.

형태 · 형상

소재 · 물건

현상 · 상태

부위 · 장소

환경 · 자연

조작 · 동작

개념 · 사조 · 의지

250 │ 연속창의 집

르 꼬르뷔제가 제창한 '근대건축의 5원칙' 중의 하나로, 수평 연속창
이라고도 한다. '근대건축 5원칙'의 '자유로운 입면'과도 거의 같은 뜻
이다. 이전 석조건축에서는 불가능하였던 것으로, 외벽이 구조로부
터 해방된 결과 가능해진 요소이다. 연속창은 리본 윈도우 (ribbon
window)로도 불리며, 구성에 따라서는 네 면 모두나 둘레를 연속창
으로 하는 경우도 생각해 볼 수 있다. 여러 방에 걸쳐 창을 연결해 외
관으로서 연속시키는 것으로, 단 하나의 창에서 서로 다른 실내 풍경
이 나타나는 효과가 뒤따른다.

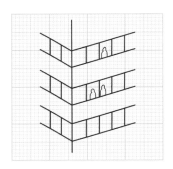

251 │ 옥상정원의 집

연속창과 함께 르 꼬르뷔제가 제창한 '근대건축의 5원칙' 중의 하나
이다. 근래에는 지구 환경에 대한 재검토로부터, 건축물의 '옥상녹화'
가 추진되고 있다. '옥상녹화'도 '옥상 정원'과 같은 의미이지만, '옥상
정원' 쪽이 '지상 레벨뿐만 아니라, 옥상에도 정원을 만든다'라는 적
극적인 인상을 준다. 지붕의 형상을 검토할 때 맞배지붕, 우진각지
붕, 평지붕 등 여러 가지가 있지만, 그런 아이템 중의 하나로서 녹음
에 맡겨 보는 것도 좋을지 모른다.

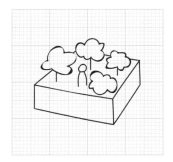

252 │ 평지의 집

사람들은 평평한 장소를 얻고자 이동하여, 산을 절개하고 그곳을
거처로 삼아왔다. 토지를 평평하게 정지하고, 게다가 평평한 바닥면
을 수직 방향으로 여러 층 중첩하여 평지를 늘려간다. 평평한 초원에
가볍게 옷감을 걸쳤을 뿐인 몽골의 파오처럼, 평지에 그대로 산다는
방법도 있다. 평지가 정말로 필요한 것일까? 평지와 대지는 무엇이
다를까? 평평하게 고른 평지를 평지라고 할 수 있을까? 어디까지가
자연의 평지이고, 어디까지가 인공의 평지일까? 그런 관점에서 대지
를 다시 관찰해 볼 필요가 있다.

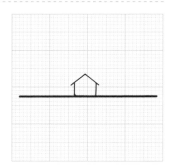

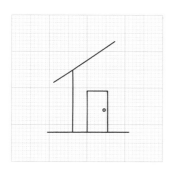

253 | 입구 · 출구의 집

개구부, 창, 현관, 도어, 문. 여러 가지로 부르고 있지만, 대체로 무엇인가가 들고 나는 장소이다. 환기구가 공기의 출입구인 것처럼, 무엇인가 들고 나는 것이 명확하게 정해져 있는 경우도 있고, 집의 창문처럼 빛, 바람, 경치 등 여러 대상들의 출입구인 경우도 있다. 지금까지 생각지 않았던 대상의 출입구를 생각해 보거나, 지금까지 없었던 대상들의 조합을 생각해 본다면, 새로운 관계성을 발견할 수 있을지도 모른다.

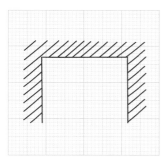

254 | 천장의 집

집안에서 가장 신체가 닿지 않는 부분이라고 할 수 있을지도 모르겠지만, 그곳을 어떻게 설치하는가에 따라 공간의 인상은 크게 달라진다. '천장의 품'이라 할 정도로, 보통 설비의 수납 장소나 배선 배관의 루트로 다루어지는 경우가 많지만, 적극적으로 천장 디자인을 생각해보면, 그 방에서 일어나는 일도 달라 보이고, 공간에 대한 생각도 바뀌게 된다. 또한 천장 위가 방이 되는지 옥상이 되는지 또는 지붕이 되어 비게 되는지, 천장에 대한 처리도 크게 달라지고 있다. 천장을 다시 깊게 생각해 보아야 한다.

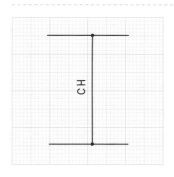

255 | 천장고의 집

'천장 높은 공간은 기분이 좋다' '천장이 낮은 공간은 압박감이 있다'라고 일반적으로 말하지만 과연 사실일까? 그 경계는 어디일까? 천장 높이가 낮아도 적당한 압박감으로 긴장감 있는 매력적인 공간이 있는가 하면, 천장 높이가 묘하게 너무 높아 느슨해져 야무지지 못한 공간도 있다. 어떤 공간에 어울리는 천장 높이에 대해 생각해 보자. 물론 높이 방향만의 이야기는 아니고, 방 평면의 프로포션과도 관계이며, 창 등의 개구부를 내는 것과도 매우 관계있는 것 같다.
【실예】 조각의 집/ 피터 마르클리

조각의 집

설계 : 피터 마르클리(Peter Markli)

스위스 남부 벨린조나의 쵸르니코에 세운, 조각가 한스 요제프손의 작품을 전시하는 갤러리. 천장 높이가 서로 다른 3개의 콘크리트 상자를 연결시킨 명쾌한 공간 구성. 알프스에 둘러싸인 풍성한 로케이션 속에서 만날 수 있는 폐쇄적인 것으로, 건축물 자신이 조각처럼 보인다.

형태 · 형상

소재 · 물건

현상 · 상태

부위 · 장소

환경 · 자연

조작 · 동작

개념 · 사조 · 의지

256 │ 대지의 집

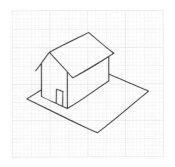

평면 형상이나 고저차 등, 건축계획이 대지의 영향을 고스란히 받는 경우와, 완전히 무관하게 계획하는 경우가 있다. 또, 대지에 놓이는 건물과의 밸런스에 따라 대지와 건물에 '도형과 배경'의 관계가 성립되는 경우도 있다. 건물은 반드시 대지 위에 세워지는 것이지만, 그 대지를 느끼게 할런지 또는 무시하여 느끼지 못하도록 할런지, 그 거리감이나 스탠스는 다양하므로, 그 판별을 차분하고 신중하게 생각해야 한다. 그런데도 헤매어버리면 어떻게 할까? 대답은 단 하나. 다시 '대지'로 돌아 갈 것.

257 │ 벽면의 집

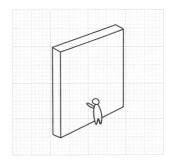

건축은 벽투성이다. 거리를 걸으면 보이는 것은 건물의 외벽뿐이다. 방안에서 바라보면 내벽이나 칸막이벽뿐이다. '벽'이라고 하면, 부딪치거나 차단되거나 넘지 않으면 안 되는 것이라는 이미지가 있지만, 벽은 실재하는 것으로 건축적으로는 취급 방법이 다종다양한 캔버스라고도 할 수 있다. 그림으로 장식하거나 시계를 걸거나 낙서 하는 등. 창을 열어 바람이나 빛이 통하게 하거나, 예쁜 경치를 프레이밍하거나, 벽에 손을 대고 골똘히 생각해 보거나, 혼자서 벽에 공을 던져 받으며 캐치볼도 할 수 있다. 무엇이든지 받아 주는, 그런 벽면에 대해 한 번 더 생각해 보자.

258 │ 오픈공간의 집

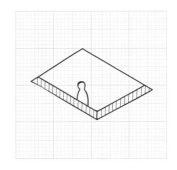

'뚫린 공간'이라고도 하며, 건물 안으로 바람이나 공기가 드나드는 장소가 된다. 물론 바람뿐만 아니라, 빛이나 시선이 통과하는 길이 되거나, 협소공간에서 수직 방향의 오픈은 공간을 크게 확대하는 효과가 있다. 또한 집의 벽 쪽에 오픈공간을 만들거나 집 중심에 오픈공간을 만들기에 따라 인상도 크게 달라진다. 여러 가지 오픈공간의 레퍼토리를 늘려 보자. '바닥에 열린 큰 창'이라고 파악해 보아도 재미있다.

【실예】 사쿠라다이의 주택/ 하세가와 고

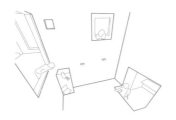

사쿠라다이(櫻臺)의 주택

설계 : 하세가와 고(長谷川豪)

직육면체의 볼륨에 커다란 차양이 설치된 외관이 특징이다. 목조 2층인 개인주택. 각 방으로 둘러싸여 있는 듯한, 테이블이 있는 큰방 중앙에 배치되어 있다. 테이블 상부는 오픈공간이 되어, 동선으로는 연결되지 않지만 시각적으로 각 방을 부드럽게 이어주는 관계를 만들고 있다.

259 | 지진의 집

건물이 세워진 후 가장 안정되어야 할 지면이 흔들린다. 이는 건물에
는 매우 큰일이다. 원래 건물은 가혹한 자연 환경으로부터 인간의 몸
을 지키기 위해 존재하여 왔다. 그러나 지진은 인간에게 안전한 것이
었던 건축을 위험한 흉기로 바꾸기도 한다. 건물은 무겁기 때문에 지
진의 힘을 직접 받게 된다. 지진과 맞서 싸우기 위해 튼튼한 건축을
만들어야 할까 아니면 유연하고 추종성이 있는 가벼운 건축으로 해
야 할까? 지진은 디자인의 방향을 크게 좌우하므로, 건축구조와의
밸런스를 생각할 필요가 있다. 지진을 자연 환경이 주는 혜택 중의
하나라고 생각해 봐도 괜찮을 것이다.

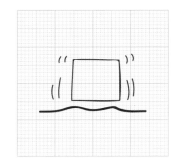

260 | 비탈의 집

비탈 판(坂)은, 한자 조합에서 땅(土)이 휜다(反)고 쓰듯이, 지면이 기
운 상태이다. 이런 곳에 건물을 세우기는 쉽지 않지만, 경관이 좋거
나 자연 지형 가까운 곳에서 생활할 수 있는 메리트가 있다. 오르기
는 괴롭고 내려가는 것은 즐겁듯이 인간에게 어떤 부담을 주며, 구배
에 따라서도 상당히 인상이 달라진다. 보이는 경치도 다양하여, 보일
듯 말 듯 한 산악 도시 특유의 경치나, 시선의 입체적인 트임 등, 매력
적인 부분도 많다. 느슨한 비탈에서 가파른 비탈까지, 각각의 특징을
잘 분석하고 비탈이나 구배를 잘 살려 설계하여야 한다.
유의어: 경사, 기울기

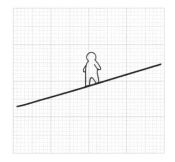

261 | 우주의 집

우주가 건축과 관계가 있을까를 생각해 보면, 별로 직접 관계되어 있
지 않다고 하는 편이 좋을 것이다. 확실히 밤하늘이 보이거나 오로라
가 보일지도 모르지만, 태양이나 달을 다루는 이상 그 배후인 우주
에 대해 생각해 보는 것도 즐거운 일이다. 우주는 너무나 미지의 세
계여서, 건축의 대응 등은 아직 생각하기 이른 시대일지도 모르겠지
만, 건축의 선구자들이 빠짐없이 우주건축을 주창했던 시기도 있었
다. 지금 우주와 직접 관계되는 건축으로는 망원경을 갖춘 돔 정도
가 아닐까? 또한 건물에 매달려있는 파라볼라 안테나도 우주를 향하
고 있다.

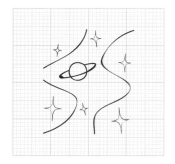

262 | 날씨의 집

건축의 주변 환경 중에서, 날씨가 건축을 가장 좌우한다. 게다가 일시에 따라 시시각각 변화하므로, 모든 것을 예측해 대응하기는 불가능에 가깝다. 건축은 그렇게 제멋대로인 상태를 항상 머리 위에 이고 있다. 기후 풍토도 나라나 지역에 따라 크게 달라, 건물의 외형이나 인상을 특징짓는다. 여행지에서도, 그 풍토의 건축이 지역에 어떻게 적절히 대응되고 있는지를 관찰하는 것도 좋은 공부가 된다. 일본이란 나라는, 남쪽의 아열대로부터 북쪽의 극한지역까지 분포하고 있기 때문에, 그 차이도 건축디자인에 반영하여야 한다.

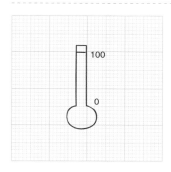

263 | 습기의 집

일본에는 습도가 높은 계절이 있다. 이 계절이 가져오는 건축의 특징, 또는 기온이나 습기가 가져오는 건축디자인이란 어떤 것일까? 일본의 주택이 비교적 손상되기 쉬운 것은 습기가 크게 관계하여, 습기 때문에 썩거나 습기가 벽체 내에 남아 결로를 일으켜 보이지 않는 부분에도 악영향을 주기 때문이다. 이를 방치하면 거주하는 사람에게도 영향을 미쳐 건강상 피해를 주므로 제대로 된 대책이 중요하다. 단지 네가티브한 것만 생각할 것이 아니라, 이것도 일본의 풍토가 만드는 혜택이라고 생각하여 건축디자인에 응용하여 보자. 조습효과가 있는 소재를 쓰거나 통풍이 잘 되게 하는 등 여러 가지를 궁리해 볼 수 있다.

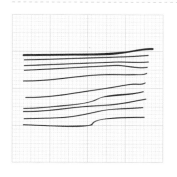

264 | 지층의 집

건물 지반에는 다양한 지층이 존재한다. 약한 것에서 강한 것까지, 또는 수분을 포함한 것부터 패각을 포함한 것까지. 지층은 토지의 역사를 이야기한다. 그러한 역사기록 위에 건물을 짓는 것이지만, 실제로 건물을 지을 때 이런 지층을 이해하고 있는지 아닌지가 건물의 좋고 나쁨을 좌우한다. 대지에 기록된 지층과 맞지 않는 건립방식을 결정하면, 기울거나 썩거나 또는 따끔한 맛을 볼 수 있다. 그 중 기술 진보만으로는 좀처럼 극복할 수 없는 것도 많다. 오래 사랑받는 건물이 되기 위해서도, 대지와의 궁합을 소중히 해야 한다.

【실예】지층의 집/ 나카무라 히로시

지층의 집

설계 : 나카무라 히로시(中村拓志)

푸른 산들을 배경으로 바닷가에 세워진 주말주택. 산에서 바다로 시선이 이어지도록 문(門)형상으로 된 단층집이라는 심플한 구성. RC조 외벽을 외단열로 마감한 뒤, 현장의 흙을 이용하여 토벽을 만들었다. 지붕면도 같은 흙으로 마감하였다. 살게 될 사람과 함께 시공하였다는 미장벽의 긁어 마무리된 모습은 마치 대지의 지층 같다.

형태·형상

소재·물건

현상·상태

부위·장소

환경·자연

조작·동작

개념·사조·의지

265 ┃ 건조의 집

겨울철에 공기는 건조하다. 건조하게 되면 여러 가지 소재들도 **건조 수축**이 일어난다. 나무는 수축하면 경우에 따라서는 휘기도 하고, 토벽은 금이 가기도 한다. 물론 어느 정도는 예측하여 설계하거나 시공해야겠지만, 이런 건조에 따라 일어나는 미소한 변화 중에는 문제가 되는 것과 되지 않는 것이 있다. 잘 시공된 회반죽 벽 등은, 무수한 작은 균열이 균일하게 발생하며, 오히려 이는 커다란 금을 예방하게 된다. 한편 몸체에 균열이 생기면, **누수의 원인이 되기도** 한다. 건조가 피부에 좋지 않듯이, 건축에도 다양한 배려가 필요하다.

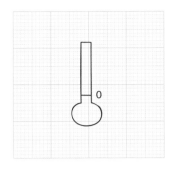

266 ┃ 섬의 집

섬이라고 하면, 외계와는 단절된 땅이라는 이미지가 있지만, **주택에서도 프라이버시를 너무 의식하게 되면**, 대체로 육지의 외딴섬처럼 되어 버린다. 그런 집을 도시 속에 떠오른 섬이라고 생각해 본다면, 집은 섬과 같은 것일지도 모른다. 선선히 타인의 집에 들어갈 수 없듯이, 목적 없이 외딴섬을 방문할 수 없는 것도 비슷하다. 그러나 섬과 섬, 섬과 육지는 배와 같은 교통수단들로 연결될 수 있다. 그렇다면 집과 집, 집과 가로는 어떤 수단으로 서로 연결하면 좋을까? **연결되는 방법 나름으로**, 육지에서 멀리 떨어진 외딴섬이 될 수도 있고, 군도와 같이 네트워크를 형성할 수 있을지도 모른다.

267 ┃ 달의 집

밤하늘에는 달이 있다. 시시때때로 모습을 바꾸면서 밤길을 밝게 비춰주는 달도, 건축에서는 무엇인가 **연출의 단서가 되는** 것은 아닐까? 수면에 비친 달을 보거나, 태양빛을 받아들이듯이 달빛이 들어오는 침실을 만들어 보든가, 평상시에는 별로 생각하지 않았지만, 한번 생각해 본다면 그 깊이가 매우 심오하다. **달의 움직임이나 달빛을 주의 깊게 관찰해** 보자. 원을 원으로 잘라내며 만들어지는 이 독특한 달의 형상도 무언가 힌트가 될지도 모른다.

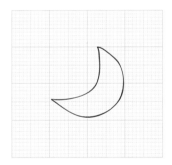

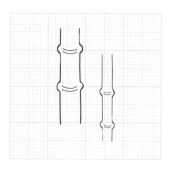

268 | 마디의 집

나무들마다 마디라는 것이 있다. 자라나는 과정에서 가지나 잎의 가장자리에도 생긴다. 마디는 리듬을 나누는 단락이 될 수 있고, 전체에 통일된 표정을 만드는 단위도 된다. 건축에도 켜켜이 마디 같은 것이 있다. 또한 기다란 소재는 어디에선가 잇기 위해서 틈이 생긴다. 그것들도 또한 마디와 같은 것일지도 모른다. 자연 소재라면 마디의 간격이 다양하지만, 인공적인 것이라면 균일한 연결 틈이 존재한다. 그러한 연결고리가 보이지 않도록 연구를 거듭하는 일도 많다.

유의어: 구분, 분할, 분절

269 | 벚꽃의 집

일본을 대표하는 꽃이라면, 벚꽃(사쿠라)이 있다. 초봄이 되면 누구나 벚꽃나무 아래에서 술을 주고받는다. 벚꽃은 아주 엷은 핑크색이어서, 푸른 하늘과의 대비도 아름답고 일본다운 풍치를 자아낸다. 물론 그 밖에도 매화나, 수목으로 말하자면 단풍나무 또는 대나무 등, 다양한 식물들이 일본다움을 만들어 내고 있다. 일본의 기후 풍토에 적절한 나무나 꽃들에 눈을 돌려, 건축이 그것들과 어떻게 조화를 이루어 가면 좋을지 생각해 보자. 재료로서 파악해도 괜찮고, 색이나 형태, 크기를 참고해도 좋겠다.

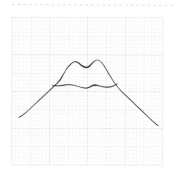

270 | 후지산의 집

일본을 상징하는 후지산. 우아한 형태와 그 크기로 사람을 매료시켜 왔다. 후지산이 보이는 곳에 건물을 지을 때, 뛰어난 건축은 어디에서든지 후지산이 바라보이거나 후지산의 조형과 관계를 가지거나 한다. 큰 산이 건물의 배경이 될 때, 큰 산은 마음의 근거지가 되고, 어딘지 모르게 원경과 근경이 이어져 즐겁게 된다. 에도(江戸)에 사는 사람들은 풍속화인 우에요키에 나타난 풍경처럼, 후지산에 마음을 두고 여러 곳에서 후지산을 바라보았다. 일본의 거리 풍경으로 어쩐지 잊힐 것 같은 후지산, 우선은 올라 보면 잘 이해할 수 있을지도 모른다.

【실예】 닛폰 부도칸/ 야마다 마모루

닛폰 부도칸(日本武道館)

설계 : 야마다 마모루(山田守)

1964년 개최된 토쿄 올림픽 경기장의 하나로서 건설된 실내경기시설. 일본 나라 호류지法隆寺 몽전夢殿을 모델로 했다고 하는 팔각형 평면에, 후지산을 이미지화하였다는 지붕을 얹은 외관이 특징. 건립 당초에는 무도의 성지라는 의미가 강했지만, 현재는 음악 콘서트장으로서의 성지 의미가 강하다.

형태・형상

소재・물건

현상・상태

부위・장소

환경・자연

조작・동작

개념・사조・의지

271 ┃ 태양의 집

태양은 건축에 빛을 주고, 겨울에는 기분 좋은 따뜻함도 옮겨 준다. 그러나 태양 빛은 때로는 너무 강하기도 해, 건축에 가혹한 조건을 들이대기도 한다. 이에 따라 생겨난 햇빛 가리개, 즉 차양이라는 것은 태양과 밀접한 관계에 있다. 계절별 대응법도 포함하여 태양과 건축의 관계는, 건축 자체를 크게 지배하고 있다. 세계의 건축들이 지역에 따라 형태를 달리하는 것도 태양이 크게 관계하기 때문이다. 매우 다루기 어려운 것이기는 하지만, 오랜 시간에 걸쳐 건축은 대응방법을 찾아왔다.

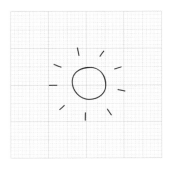

272 ┃ 잡초의 집

잡초는 방심하면 곧바로 건물 발밑 아래에서 생겨난다. 조그마한 틈새라도 장소를 찾아 자라나는 잡초의 생명력은 굉장하다. 또한 잡초가 건축의 발밑을 물들이는 경우도 있어, 믿음직한 존재라고 느끼기도 한다. 물론 좋은 일만은 아니고, 잡초라고 해도 아스팔트 포장을 뚫을 정도의 힘도 있기 때문에, 대나무 뿌리가 건물 기초를 들어 올리듯이 건물에 위협이 되는 경우도 있다. 잡초와 건축의 훌륭한 조화를 찾아내는 것도 중요할지 모른다.

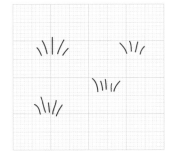

273 ┃ 숲의 집

숲은 한 그루의 나무와는 달라, 독특한 풍경을 만들어 낸다. 나뭇잎 사이로 햇빛이 떨어져 숲 아래로는 작은 초목들이 자란다. 또한 새의 울음소리나 바람 부는 소리, 또한 바람에 나부끼는 나뭇잎 소리 등, 다양한 소리들로 숲은 채워져 있다. 건물을 숲 곁에 세울 때 또는 숲 속에 세울 때, 숲의 풍경을 어떻게 살릴까를 생각해 보아야한다. 숲의 나무가지들 틈새로 바라보이는 저 멀리의 경치나, 여러 동물과의 만남. 밤의 고요함 또는 기분 나쁜 정적도 있다. 건물을 만들 때는 엄격한 조건에 놓이기 때문에 자연과의 대화는 대단히 중요하다.
【실예】숲 속 주택/ 하세가와 고

숲 속 주택

설계 : 하세가와 고(長谷川豪)

숲 속, 녹음으로 둘러싸인 대지에 건립된 별장. 집 모양 단면과 닮은꼴이 상자 속 상자처럼 구성되어 있어, 단순한 평면 계획이면서도, 방과 외부의 관계에서 다양한 공간을 만들어 내고 있다. 맞배지붕 천장에 투과성이 있는 소재를 사용하여 생겨나는 인테리어도 인상적이다.

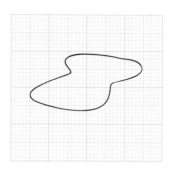

274 | 연못의 집

연못(池), 늪(沼), 호수(湖), 물웅덩이(水溜). 물이 모이는 장소의 크기에 따라 건축에 다양한 영향을 미친다. 경치를 비추는 수면이거나, 물결이 이는 풍경, 물이 방울져 떨어져 아름다운 파문을 일으키는 광경에서는, 여러 기억들이 불러일으켜질 것이다. 또한 작은 물웅덩이가 건물의 발 아래 있다면, 성능적으로는 별로 좋지 않으며 장구벌레가 웅덩이에서 솟거나 하면 벌레에 괴롭힘을 당하기에 충분하다. 다시 한 번 수면과 건축에 대해서, 다양한 효과나 문제점에 주목해 설계하여 보자.

275 | 나무의 집

나무는 세상 어디에나 있고 또한 다양한 수종으로 구성되어 있다. 키가 큰 것, 단단한 것, 굵은 것, 나무껍질이 견실한 것, 가지와 잎이 많은 것 등 다양한 특징도 있다. 나무가 건축 근처에 존재하는 경우도 있고, 저 멀리 경치로서 존재하는 경우도 있다. 열매가 열리는 나무도 있는가 하면, 꽃이 화려한 나무도 있고, 상록수와 낙엽수의 차이도 있을 것이다. 나무의 다양한 특징을 잡아낸다면, 거기에 있는 건축은 새로운 모습을 얻을 수 있을지도 모른다.

276 | 정원의 집

정원을 이해하려면 아마 정원을 가꾸어보는 것이 제일 좋겠지만, 건축과 외부환경을 생각할 때 정원을 빠뜨릴 수는 없다. 주어진 대지에는, 건물을 짓는 장소와 정원을 만드는 장소가 있으며, 건물이 주역인 경우도 있고 정원이 주역인 경우도 있다. 건물과 정원을 어떻게 어울리게 할까를 포함하여 여러 가지를 생각해 보자. 정원 자체의 표현 형식도 존재하여, 서양식 정원에서 일본의 카레산스이*(枯山水)까지, 다양한 형태를 보거나 연구해 보는 것도 즐거운 일이다.
【실예】 료안지(龍安寺) 석정(石庭)

＊카레산스이(枯山水): 물을 쓰지 않고 돌·모래를 배치하여 산수를 나타내는 일본 전통정원 형식 중의 하나

료안지 석정(龍安寺 石庭)

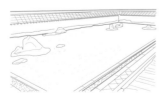

호죠(方丈)정원이라고도 하는 석정원으로, 일본을 대표하는 가장 유명한 '카레산스이(枯山水)' 정원이다. 22X10m의 대지 전체에 흰 모래를 깔고, 몇 군데에 돌을 점재시켰을 뿐인 심플한 구성이다. 그 모양새는 정원이기보다는, 이미 예술 작품으로 다루어지고 있을 정도의 존재감이라고 할 수 있다.

형태·형상

소재·물건

현상·상태

부위·장소

환경·자연

조작·동작

개념·사조·의지

277 | 연기의 집

공간이 연기나 수증기로 가득 찼을 때의 풍경은, 어디인가 알아차릴 수 없는 공간이거나 애매한 시적(詩的) 공간일 수도 있다. 그런 공간에 빛이 비춰지면 빛이 1개의 줄기처럼 보이거나 환상적인 풍경을 만들어 낸다. 이러한 풍경이 생겨나는 환경에는 어떤 것이 있을까 생각해 보면, 습기가 가득 찬 목욕탕이나 담배 연기로 가득한 카페바 등이 떠오른다. 외부공간으로 눈을 돌리면, 건물에서 나오는 연기로는 굴뚝 연기가 있고, 자연현상으로는 안개나 조무(朝霧, 아침 안개)가 있으며 건물이나 풍경의 윤곽을 불명확하게 보이게 한다.

278 | 바람의 집

건물이 바람에 견딜 만한 구조인 것은 물론이지만, 바람이 눈비처럼 건물에서 완전히 섯아웃 시키고 싶은 존재인가 하면 그렇지는 않다. 실내의 환기나 빠짐이 잘 되기 위해서는 실내에 바람이 적절히 통하는 것이 매우 중요하다. 바람 불어오는 쪽에서 바람이 불어가는 쪽으로 개구부를 만들거나, 낮은 위치에 취입구를 마련하고 높은 개구부에서 배기하는 것처럼, 높낮이의 압력 차이로 실내에 바람을 불어넣을 수도 있다. 또 바람은 풍경에도 작용한다. 나무나 잎들을 흔들어 적당한 움직임을 풍경에게 준다. 바람의 혜택은 이루 헤아릴 수 없다.

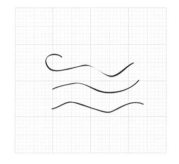

279 | 바위의 집

바위는 지층의 암석이 지상으로 노출된 부분이다. 지면의 암반과 단단하게 결합되어 매우 강한 표정을 준다. 중량감이나 존재감을 비교해 봐도 건축이 이기기는 어렵다. 일상생활 속에서는 이런 바위에 접할 기회가 적을지 모르지만, 그런 바위의 표정에서 배울 것은 없을까? 바위에 기대보면 바위의 단단함이나 온도를 느낄 수 있다. 건축은 바위에 뿌리를 내리는 것이 꽤 어렵기 때문에, 바위에 얹은 모습으로 세워지는 경우도 많다.

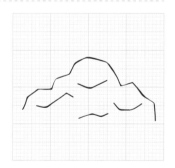

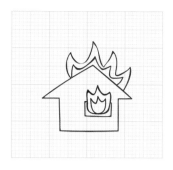

280 | 불의 집

불은 사람을 매료시켜 왔다. 취사장의 불이나 난로의 불 등, 인간은 건축 속에도 불을 넣어 왔다. 따뜻한 열원으로서, 또한 불길이 가지는 표정에도 매료되었다. 그러나 불은 화재의 원인이기도 하며, 건축에서도 화재는 큰 위험이다. 건축도 외부의 화재 위험에 항상 준비가 필요하다. 그렇기 때문에 건축에는 불연재가 많이 쓰인다. 타오르는 불길을 응시하면서 불과 건축의 매력적인 관계를 생각해 보자.

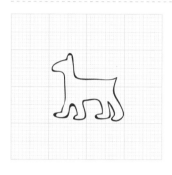

281 | 동물의 집

집 안에는 인간 이외의 동물도 있을 수 있다. 개나 고양이, 토끼나 거북 같은 소위 애완동물들이다. 기르는 동물도 큰 것부터 작은 것까지 다양하다. 어떤 동물과 함께 지내보고 싶을까? 동물에 따라서는 냄새가 문제되거나 가구나 카페트를 손상시키기도 한다. 동물 전용 출입문을 마련하거나 전용 화장실을 두는 등, 다양한 궁리도 건축 쪽에서 필요하다. 인간 이외의 무엇인가에 기색을 느끼거나, 생활을 함께 하는 동물도 또한 공간의 매력일지도 모른다.

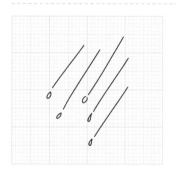

282 | 비의 집

비를 막는 것은, 건축 성능 중에서도 가장 요구되는 능력이다. 비가 실내로 침입하는 것은 허용되지 않으며, 비를 막는 것이 건축 지붕이나 물받이의 디자인을 결정한다고 해도 과언은 아니다. 비는 건축에 폐해가 되는 존재이지만, 창가에서 내리는 비를 바라보면, 독특한 풍정을 느끼기도 한다. 비가 많은 일본이므로, 비의 풍경도 건축의 일부로 파악해 보고 싶다. 과거 유명작품 중에는 비 처리가 잘 디자인된 것도 많아, 건축표현의 일부임에는 틀림없다.
【실예】 리콜라 유럽 회사 공장 및 창고

리콜라 유럽회사(Ricola Europe) 공장 및 창고

설계 : 헤르조그 & 드 므롱

프랑스 뮐루즈 브룬스타드에 건립된 공장과 창고 건물. 잎사귀가 프린트된 외관도 특징이지만, 벽으로 흘러 떨어지는 비가 남기는 오염의 흔적을 그대로 외벽의 감촉으로 드러내는 수법을 취하고 있다. 일부러 쉽게 더러워지도록 지붕면에 녹을 모아 두는 궁리도 하고 있다. 그래피컬한 파사드와 서로 이웃한 대조적인 모습이 특징이다.

형태 · 형상

소재 · 물건

현상 · 상태

부위 · 장소

환경 · 자연

조작 · 동작

개념 · 사조 · 의지

283 | 웅덩이의 집

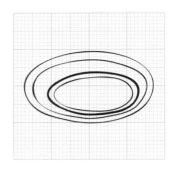

웅덩이 또는 함지(陷地)란 주위 사방이 높아 도망갈 데 없이 움푹 팬 곳을 말한다. 사발 모양이라고 할 수 있을지도 모른다. 거기에는 무엇인가가 쌓이거나 고이거나 한다. 또한 웅덩이는 주변에 비해 낮은 곳이므로, 물이나 다양한 것들을 불러들이기도 한다. 달의 크레이터도 자연이 만들어낸 움푹한 곳이라고 말할 수 있다. 여러 가지 움푹 들어간 것에 주목하여, 그곳에 어떠한 것들이 쌓이는지 이미지화해 보자. 또한 움푹 팬 곳은 랜드스케이프 세계에서도 많이 이용하는 수법이다.

284 | 구름의 집

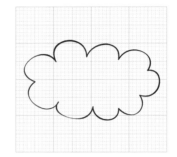

하늘에 떠있는 구름은 보고만 있어도 질리지 않는 존재이다. 그 구름이 이루는 형태는 매우 다양하고, 여러 가지 하늘 풍경들을 만들어 낸다. 구름의 움직임이 빠를 때가 있는가 하면 멈춰 있기도 한다. 황혼에는 새빨갛게 물들기도 한다. 그런 구름도, 건물의 파사드에 비추어지거나 때로는 지면에 그림자를 만들거나, 하늘 이외의 부분에 나타나기도 한다. 또한 구름의 형태를 추상적으로 그려낸 이미지도, 그래픽이나 만화 세계에서는 친숙하다.

285 | 산의 집

산들이 보이는 풍경 속에 건축이 있는 경우, 산이라는 형태에 대해 건축이 어떻게 서로 관계해야 좋을지 생각해 보아야 한다. 산도, 매우 험한 형태부터 완만한 형태까지 있으므로, 각각의 상황에 따라 건축이 취하는 모습도 다양할 것이다. 또한 산이 어느 정도의 거리에 있는가에 따라서도 어프로치는 달라진다. 아주 먼 곳에 있으면, 산 하나로서가 아니라 산맥으로 보이는 반면에, 반대로 산의 기슭에 세워지는 건축이라면, 건축은 이미 산의 일부로 여겨질지도 모른다.

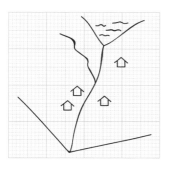

286 | 골짜기의 집

골짜기 깊숙이 있는 취락은 보통 시냇물 주위에 있게 된다. 시냇물은 골짜기를 만든 장본인이지만, 골짜기에 세운 건물을 살펴보면, 산그늘이 져 일조시간이 짧거나, 차가운 바람이 빠져나가 추운 여러 가지 특징이 있다. 또한 양쪽의 산 때문에 골짜기 방향으로만 시선이 열린다는 경관적인 특징이 있다. 골짜기는 또한 U자형 골짜기나 V자형 골짜기처럼 다른 형태를 가진 골짜기도 존재하며, 큰 관점에서 보면 골짜기들은 서로 합쳐짐을 반복해, 점차 큰 골짜기로 성장해 가는 특징이 있다.

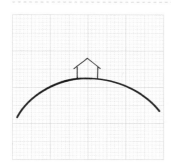

287 | 언덕의 집

산도 비탈도 아닌 언덕. 산과의 차이는 높이이거나 구배일까? 완만하게 솟아올라 이루어진 장소. 언덕이라 하면, '언덕을 넘어서 가자'라는 밝은 멜로디가 떠오르듯이, 편안함이 연상된다. 느긋한 구배를 올라서면 서서히 시야가 열리면서 한가로운 언덕 위가 나온다. 극적인 변화는 아니고, 연속하여 조금씩 보일 듯 말 듯한 변화이다. 언덕은 왜 기분 좋은 것일까? 그 대답을 찾아내보면, 자신 나름의 편안함을 발견할지도 모른다.

288 | 절벽의 집

바위로도 보이는 절벽은 사람을 매료시켜 왔다. 아래에서 올려다 보는 박력은 물론이고, 위에서 내려다 보는 공포감도 대단하다. 다리를 움츠리면서도 들여다보게 된다. 이러한 스릴 있는 높낮이 차나 절벽의 거칠음에 건축은 어떻게 마주하면 좋을까? 굳이 그렇게 어려운 환경에 몸을 두었을 때, 거기에서 보이는 것은 무엇일까? 절벽에 세우는 건물 그리고 절벽 사이에 세우는 건물. 그런 장소에 세우는 건축을 생각해 보자.

【실예】미토쿠산 산부쓰지 나게이레도

미토쿠산 산부쓰지 나게이레도(三德山 三佛寺 投入堂)

백문이 불여일견이다. 확실하게 절벽에 지어진 당우. 절벽 위 단단한 암반 위에 지어져 지금도 계속 서있는 모습은 압권이다. 일본 국보로 지정되어 있고 창건연도는 849년으로 되어있다. 참배자는 당이 올려다 보이는 곳까지는 들어갈 수 있지만, 실족사한 사람도 있고 위험하여, 불당 가까이까지 접근은 금지되어 있다.

형태·형상

소재·물건

현상·상태

부위·장소

환경·자연

조작·동작

개념·사조·의지

289 │ 물의 집

물 가까이서 지내는 것은 기분 좋다. 작은 시내가 흐르고 있다면, 시냇물 소리를 듣는 것만으로도 기분 좋은 환경일지 모른다. 그것이 호수나 바다 부근이라면 조망도 좋을 것이다. 자꾸자꾸 물가를 상상해 보자. 다리처럼 반대편까지 걸쳐 놓아 건널 수 있도록 세워져 있거나, 물속에 또는 배처럼 물 위에 떠 있는 주택도 생각해 볼 수 있다. 분수를 도입하거나 수반을 펼쳐 놓는 등, 집안에 물의 장면을 만드는 것도 생각해 볼 수 있다. 재미있는 물과 집의 관련 방법들을 생각해 보자.

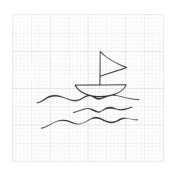

290 │ 경치의 집

집을 생각할 때 '경치'라고 하면, 창 너머로 보이는 조망 좋은 '경치' 이든지, 차경과 같이 시야를 제한해 트리밍된 '경치' 등을 떠올릴 수 있다. 조금 관점을 바꾸어 보면, 그렇게 할 수 있는 집도 거리 속에서는 경치의 하나라고 할 수 있고, 높은 곳에서 내려다 보는 야경의 일부이기도 하다. 안쪽에서 내다보이는 경치를 어떻게 컨트롤할까를 생각하면서, 그 건물이 향후 어떠한 경치를 만들게 될지, 그런 것도 떠올리면서 어프로치해 보면 어떨까?

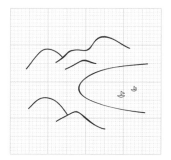

291 │ 방위의 집

방위를 생각하면서 설계한다는 것은, 하루나 일 년을 통해 햇빛이 들어오는 방법이나 계절에 따라 바람의 방향을 고려하는 것이라 할 수 있다. 예부터 주택에서 침실은 아침 해가 들어오는 동쪽으로, 거실은 밝은 남쪽으로, 또 공장 등의 작업 스페이스는 종일 안정되게 채광할 수 있도록 북쪽의 간접광을 도입하는 등, 방위에 따른 성격의 차이를 생각해 배치한다. 계획도시에서는 동서남북의 라인에 맞춰 길을 만들어, 건물의 방향에도 강한 영향을 미친다. 따라서 도시의 그리드와 건물의 관계에 대해서도 생각해 볼 수 있지 않을까?

292 ┃ 식물의 집

어떤 건물이라도 가까이에 나무가 한 그루만 있어도 기분 좋게 느껴질 것이다. 식물이 무럭무럭 자라나는 환경은 인간에게도 기분 좋다. **푸르름과 인간은 밀접한 관계에 있을 것이다.** 한 마디로 식물이라고 해도, 그 수종은 다양하고, **건축이나 랜드스케이프에 쓰이는 방법도 여러 가지이다.** 초록 카페트처럼 평면적으로 잔디를 깔거나, 아이비와 같이 벽면에 초록의 차광 스크린을 만들거나 등나무 울타리를 펼쳐 시야를 차단해 볼 수도 있다. 또한 트리 하우스와 같이, 식물 그 자체가 구조가 되는 집도 생각할 수 있다. 새롭고 생생한 식물과 집의 관계에 대해서 생각해 보자.

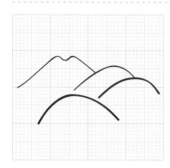

293 ┃ 지형의 집

건축이 만들어지는 시츄에이션은 굳이 평평한 대지에 한정된다고 할 수는 없다. 평평하지 않으면, 어프로치 방법이나 정리된 평면을 확보하기가 어려워지는 등, 계획이 복잡해지기 때문에 많은 경우는 피하려고 생각한다. 그러나 지형이 평평한 것만은 아니라는 사실이 디메리트뿐이라고 할 수만은 없다. 작은 기복이 있다면, **이에 의지해 보거나 인테리어 중의 하나와 같은 구실을 해낼지도 모른다.** 또한 건물이 어느 정도 밀집되어 있는 곳이라면, 자신 이외의 건물을 큰 바위나 산과 같은 지형으로 파악할 수 있을지도 모른다. 그런 지형과의 능숙한 결합을 설계해 주었으면 한다.

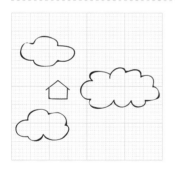

294 ┃ 하늘의 집

바벨탑과 같이, 하늘에 가까이 가는 것으로 하늘과의 관계를 밀접하게 만든다. 톱라이트를 설치하여 집안에 하늘을 끌어들인다. 중정을 만들어 하늘을 잘라낸다. 하늘에 떠있는 것 같은 건물. **하늘을 다루는 방법의 하나로써, 단면, 평면, 개구부, 구조 등을 바꾸어 나간다.** 태양과의 관계도 밀접하여, 남쪽보다 북쪽 하늘이 깨끗하기도 하고, 태양을 배경으로 사진을 찍으면 하늘이 푸르게 비치기도 한다. 채광이나 경치에 주목해 설계한다는 생각에서도, 하늘은 건물과 떼어낼래야 떼어낼 수 없는 관계임을 재인식해 보자.

【실예】스카이 하우스/ 키쿠타케 키요노리

스카이 하우스

설계 : 키쿠타케 키요노리(菊竹淸訓)

일본 토코 분쿄(文京)구 오토와(音羽)의 벼랑에 세운 건축가 자신의 집이다. 약 10m 정방형 평면의 원룸을 4장의 RC조 벽기둥 위에 올려놓아, 하늘에 떠 있는 듯한 외관이 특징. 원룸인 거주 공간이 공중으로 올려져 있다. 지붕은 플랫 루프에 가까운 완만한 사각형 지붕이다. 현재는 필로티 부분에 개실이 증축되어 있다.

형태 · 형상

소재 · 물건

현상 · 상태

부위 · 장소

환경 · 자연

조작 · 동작

개념 · 사조 · 의지

295 | 그림자의 집

빛이 있는 곳에 그림자가 있다. '그림자'는 주택지에서는 밉상으로 취급되므로, 일영 규제로 인접대지에 그림자가 너무 드리워지지 않아야 한다. 그에 비해 '나무그늘'이 되면, 그림자는 인기 있게 된다. 수직면으로 생겨나는 그림자는 미움받고 수평면으로서 생겨나는 그림자는 선호된다는 성질이 있을지도 모른다. 예를 들어 캠핑천막에서 쓰이는 톱은 비를 막기 위한 것이라기보다, 그림자를 만드는 기능이 크다. 방을 만드는 요소인 벽이나 천장도, 그림자를 만드는 요소로 파악해 본다면, 다르게 다루는 방법이 가능할 것 같다.

296 | 공조의 집

일반적으로는 냉방 설비를 공조라 하지만, '공기를 조화하는 것'으로 정의된다. 그런 의미에서는 쓸데없이 방을 차갑게 하는 것은 공기조화로는 좋지 않을지도 모른다. 더위를 타는 사람과 추위를 타는 사람 등 개인차가 있기 때문이다. 그렇다면 진정한 의미에서의 공기조화란 무엇일까? 온도센서로 실내의 컨디션을 감지해, 효율적으로 공조하는 기능도 늘어나고는 있지만, 그런 공조 설비의 진보에 대해 건축은 어떻게 바뀌어갈 수 있을지 다시 생각해 보자.

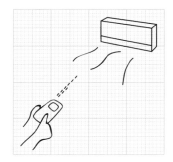

297 | 환경의 집

환경이라는 말은 여러 가지여서, 지구환경이 있는가 하면, 생활환경, 노동환경, 가정환경 등 여러 가지이고 그 의미도 광범위하다. '환경'이란 말을 들으면 에콜로지를 연상하는 것도 중요하지만, 여기서는 하나 더 신변의, 즉 자신을 둘러싸는 가까이의 '환경'에 대해 관심을 가져 보는 것이 어떨까? 자신을 둘러싸는 상태가 어떤 사이클로 반복될 때, 건축에서는 무엇이 일어나는지 시뮬레이션 해보자.

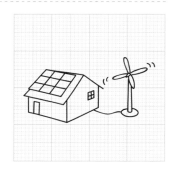

298 | 밤의 집

밤이 되면 밝은 곳과 어두운 곳이 역전된다. 낮 동안은 창에 빛이 비추어져, 그곳에 그림자가 생기는데 비해, 밤에는 실내에 켜진 불(빛)이 밖으로 새어나가 야경을 만든다. 실내외의 명암 관계는 유리면의 투과와 반사의 관계도 역전시킨다. 밝은 장소에서는 투과되어 보이는 판유리면도, 어두운 밤에는 진흑의 반사면으로 바뀐다. 어둠에 싸임으로써 시야로 들어오는 나머지 정보가 차단되는 것도 한 특징이라고 할 수 있다. 낮에서 밤으로 바뀌면서 변화되는 사상에 주목하여, 밤의 집을 생각해 보는 것도 재미있다.

299 | 소리의 집

건축에서 소리는 부정적으로 취급되는 경우가 많다. 도로를 지나는 자동차의 소음, 이웃의 피아노 소리나 생활소음, 마루가 삐걱대는 소리, 칸막이벽의 방음 성능, 차음 성능 등, 생활에서 받아들이기 어려운 것으로 취급된다. 그러나 무향무음실과 같이 전혀 소리가 없는 공간에 서면, 사람은 묘하게 불안한 심리가 드는 것도 이상한 일이다. 소리를 더욱 긍정적으로 건축에 도입할 수는 없을까? 시시오도시*와 같이, 원래 동물을 위협할 목적으로 만든 것이 풍류가 되고 문화가 되기도 한다. 딸랑거리는 풍경의 음색도, 자연의 요소를 소리로 옮겨놓아 공간을 연출하고 있다고 생각하면 재미있다.

* 시시오도시(ししおどし): 계곡 물을, 중간쯤을 받침점으로 한 대통의 한쪽으로 이끌어, 물이 차서 그 무게로 대통이 기울어져 물이 쏟아지면, 그 반동으로 다른 쪽이 떨어지면서 돌이나 쇠붙이를 때려 소리를 내게 하는 장치. 농사를 해치는 짐승을 쫓기 위한 것이었으나, 나중에는 정원에 설치하여 그 소리를 즐기게 되었다.

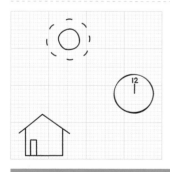

300 | 낮의 집

허둥지둥 나가는 아침도 아니고, 어두워져 조금 지쳐있는 밤도 아니다. 그런 중간적인 시간대인 '낮의 집'은 어떤 것일까? 오후, 낮 휴식, 낮잠, 런치타임 등등. 어쩌면 낮과 관계된 말들은, 일상적으로 어딘가 빈둥거리며 기분 좋은 공간이나 천천히 흐르는 시간을 연상시킨다. 여기서는 조금 머리를 쉬게 하는 낮의 집에 대해 여유롭게 생각해 보자. 릴렉스한 상태에서 생겨나는 새로운 발견이 있을지도 모른다.
【실예】일몰 폐관 오다 히로키 뮤지엄/ 안도 타다오

일몰폐관 오다 히로키(織田廣喜) 뮤지엄

설계 : 안도 타다오

일본 시가현에 건립된 미술관. 화가 오다 히로키의 '해가 있는 동안에는 오로지 그림을 그리고, 해가 지면 잠잔다.'라는 말에 맞추어 계획된, 일몰 폐관의 미술관. 이름 그대로 해가 지면 시설은 폐관된다. 화가가 그림을 그리고 있었을 때와 같은 상태가 만들어지도록, 전시실에는 인공조명은 없고 톱라이트에서는 찬란히 자연광이 쏟아진다.

301 │ 주변 형태를 직접 읽어드린 집

'트레이스'라는 말이 있지만, 그것을 평면에 한정하지 않고 입체에도 사용할 수 있을 것이다. 주변의 형태를 자세하게 읽어 들여, 우선은 형틀을 만들어 보자. 트레이스하는 해상도를 높여 리얼하게 만들어도 좋고, 반대로 해상도를 낮추어 추상적으로 만들어도 괜찮다. 형틀이 만들어지면, 나머지는 이제 거기에 생활을 흘려 넣을 뿐이다. 주변의 형태를 직접 읽어들였을 때, 내부에서는 무엇이 일어날까? 어떤 형태를 취하는 것이 즐거움이 되는, 기대에 넘친 집을 생각해 보자.
참고: 이미 있어오다

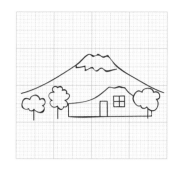

302 │ 계절의 집

사계절 계절마다라고 하듯이, 일본에는 특징 있는 4개의 계절이 있다. '춘하추동'을 테마로 한 노래나 영화도 자주 있지만, 건축에서는 어떨까? 계절을 즐긴다고 하기보다는, 여름은 덥고 겨울은 춥다고 하여, 기후의 심함 쪽에 더욱 신경 쓰기도 한다. 만개하여 흐드러지게 피는 벚꽃과 같이, 또는 근처 전체를 붉게 물들이는 단풍과 같이, 건축을 계절로 물들여 선명하게 만들 수는 없을까 생각해 보자. 어딘가 1개의 계절로 좁혀 생각해 보는 것도 좋겠다.

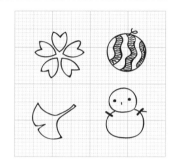

303 │ 물방울의 집

흘러나오는 물처럼 '동(動)'의 부분이라기보다는, 물의 '정(靜)' 부분을 나타내는 '물방울'. 바깥으로 비나 물이 걸린 상태가 아니고, 증기가 액체화한 것 같은, 안쪽에서 스미어 나오는 이미지에 가깝다. 똑똑 수면으로 떨어지며 파문을 만드는 물방울은, 쉽사리 물의 이미지라고 확실히 말할 수 있지만, 그것을 건축에 옮겨놓으면 어떻게 될까? 결로나 누수 등 건물의 열화와 연결되는 소극적인 물방울도 떠올릴 수 있겠지만, 여기서는 고요하고 정서가 흘러넘치는 물방울을 생각하여, 부드러운 파문을 주택 속에 넓혀 보자.
【실예】 테시마 미술관/ 니시자와 류에

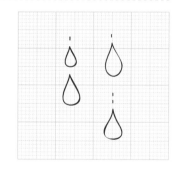

테시마(豊島) 미술관

설계 : 니시자와 류에(西澤立衛)

일본 세토나이카이(瀬戸內海)에 떠 있는 섬 중의 하나인 테시마에 건립된, 물방울이 모티브인 예술작품 1개를 위한 미술관. 자연 속에 놓인 형태는, 확실히 물방울 같은 자유곡선으로 만들어져 수평으로 넓혀지는 극히 완만한 아치 공간을, 두께 250mm의 콘크리트 쉘 구조로 실현하고 있다.

형태 · 형상
Shape

A

소재 · 물건
Material

B

현상 · 상태
Phenomenon, State

C

부위 · 장소
Part, Place

D

환경 · 자연
Environment, Nature

E

조작 · 동작
Operation, Behavior

F

개념 · 사조 · 의지
Concept, Trend of Thought, Will

G

304 │ 보고 보이는 집

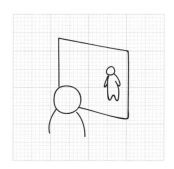

건물에는 보고/보이는 관계가 있다. 이웃에서 들여다보기도 하고, 공간을 풍부하게 하는, 사람과 사람끼리 또는 공간과 공간끼리 보고/보이는 관계도 있다. 조금 전까지 볼 수 있는 쪽이었는데, 보이는 쪽이되는 경우도 있다. 여러 사람들이 공간 속에 있을 때, 사람끼리 기색을 느끼는 이야기로도, 공간의 깊이 이야기로도 발전한다. 또한 물건과 사람에 대해 생각하면 물건은 보이는 쪽이므로, 사람과 물건을 어떤 형태로 보고/보이는 관계로 만들면 좋은가를 생각해 볼 수도 있다. 그런 관계에서 공간의 형태가 정해지거나 건물의 관계가 정해진다.

참고: 영화 '이창(rear window)' (1954, 알프레드 히치콕 감독)

305 │ 달라붙는 집

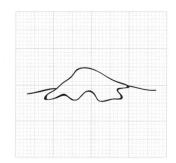

건물이 대지에 달라붙어 있다고 본다면 재미있는 일이 일어날지도 모른다. 실제 건물은 대지에 얹혀 있을 뿐만 아니라, 움직이지 않도록 점착력 있게 들러붙어 있다. 또 풀이나 이끼처럼 정원 안에 있는 것이나 마감재료처럼 달라붙어 있는 것들도 있다. 현재는 무엇이든 접착제로 들러붙게 한 것이 많아, 달라붙은 것투성이일지도 모른다. 옛날 건물은, 샅바와 같이 끼우거나 줄과 함께 묶어 이루어지는 것도 있었다. 일상의 물건 중에서 달라붙는 이미지로는 슬라임이나 껌 등이 있다. 그 표정도 또한 재미있다.

306 │ 트리밍의 집

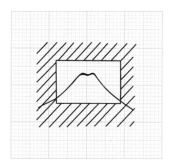

회화나 사진이 대표적이지만, 액자 테두리로 정경을 잘라내는 수법이다. 건축의 경우, 창으로 경치를 잘라내는 방법이 있다. 어느 것이든, 잘라내어 물건들의 관계성을 두드러지게 하고, 다른 물건을 배제시켜 한정된 관점을 줄 수 있다. 매우 강력한 수법이지만, 잘못 사용하면 강요하는 듯한 것이 된다. 예로부터 차경이라고 하여 주변 경치를 빌려 오고 있다. 거기서도 트리밍이, 창뿐만이 아니라 주변의 나무들이나 기둥, 천장, 마루 같은 건축 부위 등에 의해서, 교묘하게 이루어지고 있다.

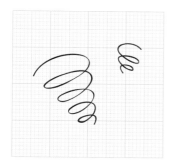

307 | 빙글빙글의 집

무엇인가를 적극적으로 회전시켜 보려는 테마이지만, 건물 안에서 회전운동하는 것은 나선 계단이나 문의 궤적 정도로, 그 이외는 별로 회전운동은 하지 않는다. 자연계를 보면, 덩굴풀 등 회전운동을 하는 것이 많이 있다. 빙글빙글 도는 것은 무엇인가 사람을 두근두근 거리게 한다. 빙글빙글 회전하는 것이 어울리는 곳도 건축 어딘가에 있을지도 모른다. 현대 건축에서는 건물 전체가 트위스트하며 빙글 빙글 도는 것도 나올 것 같다.
참고: 하치오지(八王子) 세미나하우스 장기관(長期館)/ 요시자카 다카마사

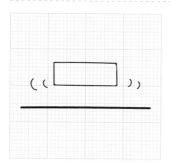

308 | 뜨는 집

건축은 아직까지는, 비행기처럼 자신의 힘으로 뜰 수는 없다. 단지 '건축이 만약 떠 주었으면' 하는 욕구는, 미래 도시의 이미지 등에 있듯이, 동서고금을 통해서도 살펴볼 수가 있다. 뜨는 것은 중력의 제약을 받지 않는다는 것이어서, 건물과 지면의 경계를 자르는 방법이기도 하다. 뜨는 것으로서의 물체는 구름처럼 움직이고, 꿈으로 가득 찬 이미지를 띠고 있다. 배가 물과 공기 사이에 떠 있다는 견해에 따른다면, 건물도 지면과 공기의 사이에 떠 있을지도 모른다.
참고: 캔틸레버, 미래 도시, 빌라 사보와/ 르 꼬르뷔제

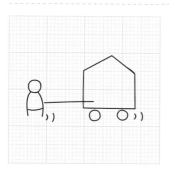

309 | 움직이는 집

건물은 일반적으로 부동의 것이다. 이동가옥에서 집이 움직이는 것은 가능하지만, 일부러 가게 하는 경우가 많다. 회전하는 전망 레스토랑도 있으므로 움직이고 있다는 의미에는 들어맞을 것이다. 여기서 특별히 고르고 싶은 것은, 스터디 중에 여러 가지 것을 움직이거나 재배치하는 것이다. 최종적인 성과물은 부동의 것이지만, 에스키스 중에는 여기저기로 자유자재로 움직이며 생각할 수 있다. 그 때 어떠한 변화가 생기는지를 관찰하는 것도 중요하다. 이것도 또한 건축 스터디의 어려움이고 심오함이다.
【실예】 워킹시티/ 아키그램

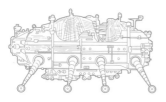

워킹시티(Walking city)

설계 : 아키그램(Archigram)

건축이나 도시 자체가 움직이는 것으로, 도시의 일상개념을 깨뜨려 일상과는 다른 새로운 것을 만들어 낸다는 발상에서 판타스틱하게 그려낸 도시상이다. 또는 [시티 무빙 (City moving)]으로도 불린다. 거대한 로봇과 같은, 또는 양서류 동물과 같은 '도시'는 자유자재로 신축되는 몇 개의 다리로 이동 가능해져, 토지의 제약을 받지 않는다.

형태·형상

소재·물건

현상·상태

부위·장소

환경·자연

조작·동작

개념·사조·의지

310 | 지키는 집

건축은 외계로부터 사람을 지키는 중요한 구실을 한다. 그러기 위해서 건축은 믿을 수 있어야 한다. 비, 바람, 빛, 열, 습기, 동물 등 다양한 외적 요인으로부터 인간을 지켜내야 한다. 환경이 매우 가혹한 지역에서 건축은 내부를 지키려는 나머지, 요새와 같이 굳게 닫힌 건물이 되며, 비교적 안전한 곳에서는 자유롭게 열려 있다. 어느 라인을 수비 범위로 할지가 열쇠겠지만, 방비가 너무 단단한 집은 보기에도 그다지 기분 좋을 것은 없다. 어떻게 밸런스를 취할지, 그것도 설계자의 실력발휘 기회일 것이다.

311 | 쌓이는 집

일상 행위로 물건을 모아 두는 일이 있다. 알사탕으로 봉투를 채우거나 저금통에 돈을 모아 두거나 하는 행위들이다. 건축에도 비슷한 일이 있다. 건축을 계획할 때, 설계자는 어느 용기 안에 요구되는 각 방들을 채우고 있음을 볼 수 있다. 물론 채울 뿐만 아니라 그 차례나 위치도 정리하지만, 의식하며 어딘지 모르게 충전물을 채우고 있다. 이따금 들어가 쌓이지 않고 밖으로 날아 나오기도 하는데, 이 또한 건축의 개성이 되기도 한다.

유의어: 채우다

312 | 나누는 집

건축이란 커다란 단일체를 분할하여 작게 나눔으로써, 적당한 스케일감을 가질 수 있다. 그 안에서 몇으로 분할할까 라는 계산은 건축 계획에서 일상적으로 쓰이고 있다. 면적 나누기에 쓰이기도 하고, 기둥 스팬 나누기나 계단 나누기 등, 건축의 골격이 되는 부분의 치수를 정할 때도 쓰인다. '소재를 나눈다'라는 용법도 있다. 벽돌을 나눈다, 유리를 나눈다, 장작을 나눈다 등. 나눠지면서 만들어지는 표정도 재미있다.

동의어: 분할

[실예] 더블 침니

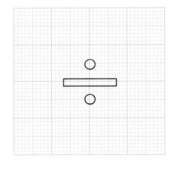

더블 침니(Double Chimney)

설계 : 아틀리에 원

일본 카루이자와(輕井澤) 잡목림 안에 세워진 별장이다. 대지 중앙의 기존 수목을 피하듯, 쩍 둘로 나뉜 외관과 심메트리한 삼각형 입면이 특징이다. 외주벽이 검게 되어 있는 반면에, 기존 수목으로 향한 부분들은 목질의 재질감 그대로인 채로 완성되어 있어, 나누어진 인상을 더욱 강조하고 있다. 또한 이 입면에 철골기둥이나 트러스를 짜 넣어, 외부에 대해 큰 개구부를 확보하고 있다.

313 | 곱하는 집

곱셈은 면적이나 체적을 구할 때 가장 많이 사용한다. 면적은 건축을 계획할 때 일정한 제약 조건이기도 하고 전체를 결정하는 중요한 팩터이기도 하다. 또 재료를 적산할 때도 곱셈이 활용된다. 콘크리트의 체적을 구할 경우에도 쓰인다. 계획에서 발주 작업까지, 곱셈은 건축에서는 중요한 계산이다. 단일체와 단일체를 곱할 때 유전자적으로 전혀 다른 단일체를 곱하는 것처럼, 각각의 단일체는 서로 아무것도 아닐지라도 곱하는 자체로 가치가 생겨나기도 한다. 새로운 것을 만들어내는 계기로서 곱해 보아도 좋을 것이다.

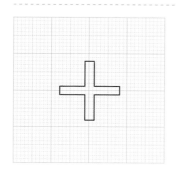

314 | 더하는 집

더한다는 행위는, 물건과 물건을 붙인다는 의미와 추가라는 부가적인 의미로 쓰인다. 실제로는 무엇을 어느 정도로 부가할지의 문제가 되기 쉽지만, 지금 있는 건물에 무엇인가를 덧붙이는 것만으로도 매우 좋은 것이 될 수 있을지도 모른다. 멋진 의자를 1개 더하는 것만으로도 공간이 격변하는 경우가 자주 있다. 단지 주의가 필요하며, 신축의 경우 건축주의 요구를 가득 수용해버리면, 허울만 좋은 건축이 되기 쉽다. 뭐든지 조건을 채우기 위해서 덧셈만 하여서는 꽤 좋은 건물이라 할 수 없다. 절제와 간 맞추기가 중요하다.

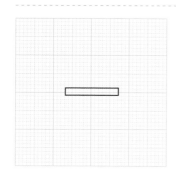

315 | 빼는 집

뺄셈은 정리 정돈에 가깝다. 이것도 저것도 빼냄으로써 잘 갈고 닦은 공간이 나타난다. 그것은 이른바 미니멀한 공간이나 물건을 가리키지만, 이러한 뺄셈에는 확실히 추상의 세계가 있다. 건축을 설계할 경우, 마지막에 얼마나 정리할 수 있을지도 역량이다. 물건에 우선순위를 붙이고 효율 좋은 뺄셈을 해 나가자. 너무 많이 해도 좋지 않지만, 공사비 포함해 뺄셈은 효과 높은 작업임에는 틀림없다. 형태 스터디에서는 볼륨에서 볼륨을 뺀다는 수법도 잘 사용되고 있다. 뺄셈으로 공간이나 장소를 발생시킬 수 있다.

【실예】 카사 다 무지카/ OMA

카사 다 무지카(Casa da Musica)

설계 : OMA

포르투갈에서 알바로 시자의 심사로 당선된 프로젝트. 1,300석의 콘서트홀이 주요시설이고 이에 홀과 스튜디오가 딸려 있다. 1개의 크고 흰 볼륨에서 내부공간들을 뺀 것 같은 구성으로, 뺄셈의 디자인을 거듭해 내부 공간을 구성한 것이 특징이다. 외관은 희고 심플하지만, 내부에는 다양한 재료들이 쓰이고 있다.

형태 · 형상

소재 · 물건

현상 · 상태

부위 · 장소

환경 · 자연

조작 · 동작

개념 · 사조 · 의지

316 | 겹치는 집

겹쳐 놓으면 여러 가지 효과가 있다. 안으로 깊이감이 늘어나거나 건너편의 경치가 누그러진다. 또한 색칠에서도, 겹치는 부분은 진해지거나 색끼리 섞이거나 다양한 효과가 나타난다. 건축을 만드는 경우, 구조부재, 기초, 마감재들이 서로 겹친 벽이나 바닥면 등을 구성한다. 겹침으로써 면을 이루고 볼륨이 된다. 차경에서도 배경과 가까이의 있는 건물이나 정원들을 겹쳐 활용한다. 건축설계의 경우, 주어지는 많은 조건들을 중첩하고 복합하여 전체를 결정하고, 늘 레이어와 같은 그 겹친 것의 농담에 따라 전체가 정의된다고 생각할 수도 있다.

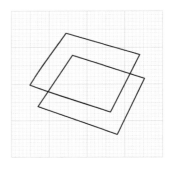

317 | 분열의 집

1개의 형태가 당겨져 뜯어지면 2개로 분열된다. 세포분열에는 확실히 그러한 변화가 존재하지만, 건축에서는 어떨까? 분열이라는 말은 부정적인 말로 쓰이기도 한다. '관계가 분열된다'라고 하듯이, 지금까지 잘 되던 것이 파탄이 와 나누어지는 것을 말한다. 건축 공간에는 궁합이 좋은 것들이 많이 존재한다. 만일 그것들을 찢어 분열시켜 조작한다면 어떤 일을 볼 수 있을까?

유의어: 분할

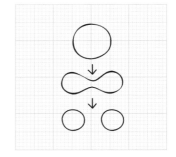

318 | 기우는 집

건물은 보통 똑바르게 지어진다. 그런 건물 중에서 처음부터 기울기를 가지고 조합되는 부위로는 지붕면이 있다. 어느 쪽인가를 기울이지 않아도 된다면 구태여 기울이지 않아도 되지만, 성능 상 아무래도 기울게 할 필요가 있다. 반대로 현대건축에서는, 기울일 필요가 없는 것을 기울게 하여 공간에 변화를 주고 의도적으로 안정을 깨뜨려 공간을 익사이팅하게 만들기도 한다. 조금 기울게 할지, 크게 기울게 할지에 따라 의미는 크게 변한다.

유의어: 기울기, 경사

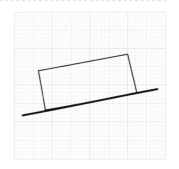

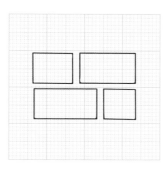

319 | 구분의 집

나누어진 사물들을 생각해 보자. 정리하여 한데 묶어 생각하고 싶은 장면이 많지만, 그것이 매우 복잡하고 어려울 때가 있다. 그럴 때는 일단 나누어 생각하고, 마지막에 그것들을 맞추어 보는 것도 좋다. 인간은 경험이 쌓이면 동시에 많은 일을 다각적으로 검토할 수 있게 되지만, 처음에는 우회하는 길과 같은 수순을 밟는 것이 필요하다. 또한 사람들에게 설명할 경우에도 잘 나누어 이야기하면 알기 쉬워지는 경우도 많다. 요리의 사전 준비와 마찬가지로, 충실한 노력이 중요할지도 모른다.

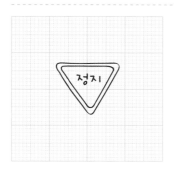

320 | 정지의 집

에스키스를 하고 있을 때 갑자기 막히는 경우가 있다. 그럴 때에 이 말이 딱 맞는다고 생각되지만, 그만두어 보는 것도 해결방법일지 모른다. 뭐든지 진행만 되면 좋다는 것도 없다. 되돌리는 용기도 그만두는 용기도 필요하다.

또한 어느 방향으로 사물을 진행시키고 있을 때, 지금 이 순간에 예기치 못한 빛이 있다면, 앞길이 있기 때문에 그대로 진행하지 말고, 우선은 그만두고 지금의 빛을 재검토하는 방법도 있을 수 있다. 회화나 음악에는 미완성으로 완성된 작품도 많다.

참고: 막다른 곳

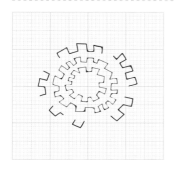

321 | 증식의 집

증식이란 어떤 룰에 따라 증가하는 것을 말한다. 룰을 잘 만들면 물건도 늘어난다. 이는 건축에만 한정된 것이 아니며, 증식시켰을 때에 그것들이 어떤 행동을 할까를 살펴보는 것도 재미있다. 건축은 도시 안에서 증식되고 있다. 그 결과로 풍경이 매력 있게 되기도 할 것이고, 너무 잘 되지 않는 경우도 있을 것이다. 좋은 단일 건축을 넘어섰던 적은 없지만, 그것들이 형성하는 전체상도 신경 써 보자. 건축이 증식을 계속하여 밸런스를 무너뜨려 버릴 경우에는 브레이크도 또한 소중하다.

【실예】나가킨 캡슐타워 빌딩/ 쿠로카와 기쇼

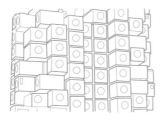

나가킨(中銀) 캡슐타워 빌딩

설계 : 쿠로카와 기쇼(黑川紀章)

일본 토쿄 긴자에 세워진 캡슐형 집합주택이다. 지상 11층 일부 13층과 지하 1층 규모. 1개의 유닛이 독립된 1개의 방이 되어 쌓아올려진 것처럼 또한 무한하게 증식해 나가도록 외관이 형성되어 있다. 기술적으로는 캡슐 단위의 교환이 가능하게 되어 있지만, 실현되지는 않았다. 1972년 완성.

형태 · 형상

소재 · 물건

현상 · 상태

부위 · 장소

환경 · 자연

조작 · 동작

개념 · 사조 · 의지

322 │ 방어의 집

건물은 **외부환경으로부터 인간을 지킨다**는 사명이 있다. 또한 경치를 건물의 일부로 간주하여 **외부압력으로부터 경관을 포함하여 지킬** 수도 있다. 설계 쪽에도 방어가 필요한 경우가 있다. 다양한 요구에 모두 응답하여 건축을 만들면 잃어버리는 것도 많이 있다. 그러나 요구충족 때문에 빛나는 것을 포기하는 것이 정말로 필요할지 침착하게 생각해 보는 것도 중요하다. 그리고 그런 빛도 이바지할 수 있다고 생각되면, **방어하는 형태로 연명하는** 것도 설계방법의 하나라고 할 수 있다. 정돈된 건물보다는, 1개의 방어된 빛을 가진 건물 쪽이 더 매력적으로 보이기도 한다.

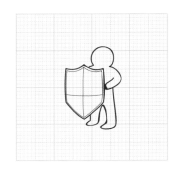

323 │ 넘는 집

설계뿐만이 아니라 여러 경우에 '벽에 직면한다'. 복잡할수록 그 벽은 크게 보인다. 그러한 종류의 벽을 넘는다는 이야기도 있지만, 여기에서는 다른 이야기를 하고 싶다. 사물을 결정할 때, 어딘지 모르게 **각각의 수비 범위**라는 것이 있다. 그것들은 벽과 같은 물체로 나뉘어져 있지만, 가끔씩은 그것을 조금 넘어 보면 어떨까 생각해 보아도 좋다. 필요이상으로 넘는 것에는 위험도 뒤따르지만, 큰 비약으로 연결되는 경우도 많다. 우선은 **어디가 벽인지를 판별해 어떻게 넘어야 효과적일지**를 생각해 보자. 또한 어째서 모두 그 벽을 넘지 않는 것인지에 대해서도 판단할 필요가 있다.

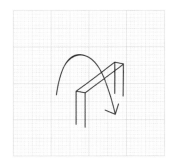

324 │ 겉치레의 집

겉치레란 나쁘게 말하면, **속이다, 변신한다**는 말과도 비슷하다. 건축은 때로는 겉치레도 필요하다. 가느다란 재료를 몸체에 둘러서 마치 섬유인 체하거나, 중후할 것 같은 소재를 사용해 무거운 듯이 행동하거나, 주변엔 없는 대리석을 몸에 걸치고 바위처럼 행동하는 등 여러 가지이다. 그런 **겉치레 방법**을 다양한 관점에서 **파악해** 보자. 또한 겉치레나 가장하는 것의 좋음과 나쁨에 대해서도 진지하게 논의해야 할지도 모른다. 건축이나 거리풍경의 본연의 자세에 대해서 생각할 때, 이미 이 겉치레도 무시할 수는 없다.

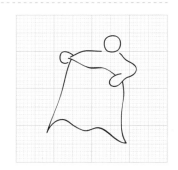

325 ｜ **나뉨의 집**

물건이 나뉘어질 때, 나뉘는 방법 하나가 어떤 재미있는 아이디어가 되지 않을까 생각해 보자. 가리마를 7:3으로 나누듯이 나누는 방법이 특징이 되기도 하므로, 주위와 조화를 이루게 하거나 물건을 특징지을 수도 있을지 여러 가지로 시험해 보자. 구체적으로는 건물을 나누는 방법에서 시작하여, 방을 나누는 방법 그리고 나누는 수에 따라, 같은 조건 아래에서도 결과는 크게 달라진다. 반대로 원룸과 같이 나누는 것을 굳이 하지 않는 방법도 있다.

유의어: 쪼개다, 분할, 분절

326 ｜ **다툼의 집**

건축용어에 '물건의 승부를 낸다'라는 말이 있다. 그것은 부재를 마무리할 때 자주 쓰이는 말이지만, 오른쪽 재료를 이기게 할지 왼쪽 재료를 이기게 해야 할지의 상태로, 사물에는 승부가 있고 룰이 따를 수 있다. 그것들이 잘 되지 않을 때 다툼이 시작되지만, 무승부도 있는가 하면, 생각지 않았던 것이 지기도 한다. 어쨌든 다툼은 좋은 것이라고 할 수는 없지만, 다투지 않는 것끼리 굳이 다투게 하여, 어떤 돌파구를 찾아낼 수 있을 지도 모른다.

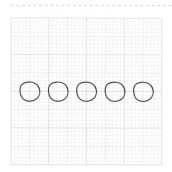

327 ｜ **반복의 집**

반복이 어떤 특별한 의미를 가지는 경우가 있다. 그것은 무엇이 반복되는 것 이상으로, 반복되고 있다는 사실에 강한 의미가 있다. 반복은 복제라는 말과도 관계있고, 어떤 긴장감이나 리듬감 같은 것을 낳는다. 고층빌딩과 같이 건물이 커지면, 정말로 반복성이 나타나기 쉽다. 건축은 부재들로 구성되기 때문에, 같은 물건들이 몇 번이고 반복된다. 기초나 마감재는 일정간격으로 반복해 배치되고, 집합주택이나 호텔에서는 똑같은 방들이 반복되기도 한다.

동의어: 되풀이

【실예】덴츠 본사 빌딩/ 오바야시구미, 장 누벨

덴츠(電通) 본사 빌딩

설계 : 오바야시구미(大林組), 장 누벨

일본 토쿄 시오도메(汐留)에 세워진 지상 48층의 오피스 빌딩. 패턴을 반복시켜 고층빌딩의 파사드를 매우 부드러운 인상으로 마감한 예. 특수 프린트한 유리 스크린으로 슬래브를 감추는 표현을 이용해, 그것을 층수만큼 반복하여 매끈하고 부드러운 인상의 파사드를 실현하고 있다.

형태 · 형상

소재 · 물건

현상 · 상태

부위 · 장소

환경 · 자연

조작 · 동작

개념 · 사조 · 의지

328 | 겸하는 집

스푼도 되면서 포크도 된다는 것처럼, 1개의 물건이 여러 기능을 겸하는 구조는 꽤 재미있다. 실제로 다이닝테이블이 서재가 되는 집도 있으며, 의자가 대신 사다리 발판이 되는 경우도 있다. 그렇게 기능을 겸하는 것이 생활공간을 심플하게 해준다. 특히 작은 집에서 복합적인 기능은 많은 도움이 된다. 계단이 앉는 장소도 되거나 외부 공간이 실내의 연장으로서 사용된다거나, 예를 들자면 끝이 없지만, 다양한 것들이 연결되는 계기가 되면 전체를 정리하는 단서가 될지도 모른다.

동의어: 복합

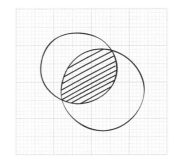

329 | 만지는 집

인간은 촉각을 써서, 건물이나 벽, 소재 등을 만질 수 있다. 거기에는 손으로 만져 처음으로 알게 되는 일도 많이 있다. 단단함이나 온도감, 감촉 등이 그러하다. 특히 일상에서 자주 손으로 만지는 부분은 건축 부위 중에서도 특별하다. 그 한 예로서 난간이나 손잡이를 들 수 있다. 또한 소재에 대해 잘 모르는 경우, 만져보거나 집어보면 잘 알 수 있게 된다. 소재의 좋고 나쁨을 머리로 생각할 것이 아니라, 손에 기억시키자.

330 | 잇는 집

연결과 같은 말이지만, 여기서는 물리적으로 잇는다는 것이 어떤 일을 생기게 할지 보고 싶다. 물체의 배치 등을 고려하여 2개의 물건을 물리적으로 이어 보자. 그렇게 되면 이제 한편이 움직이려 할 때 다른 편이 끌어당긴지, 한편이 가까워져 실이 느슨해지면 상대에게 영향을 주지 않기도 한다. 잇는 것의 종류에 따라 그 움직임이나 관계도 바뀐다. 무엇을 사용해 어떤 식으로 각각을 이을지, 그렇게 잇고 생각해 보는 것도 재미있다.

유의어: 연결

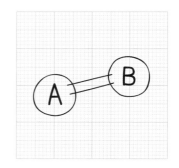

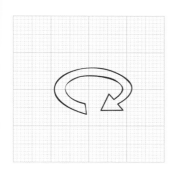

331 │ 회전의 집

물체를 돌려 보자. 뒤집어 봐도 좋다. 다르게 보이는 방법일지도 모른다. 모형을 뒤집어 보니 좋은 것이 되었다는 우스개도 있다. 건물의 부품 중에는 움직이는 것이 있다. 건축 속에서 회전하는 대표적인 것은 문이다. 예전에는 빌딩 꼭대기에 설치된 회전 레스토랑이라는 것도 있었다. 방 자체가 천천히 회전한다. 건축 주위를 살펴보면, 그외에도 회전하고 있는 것이 있다. 자전, 공전이라는 천체의 움직임도 그 한 예이다. 지구가 태양의 주위를 돌고 지구 자체가 회전함으로써, 태양의 변이나 사계가 생겨난다.

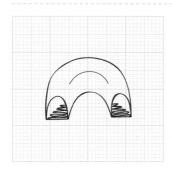

332 │ 빠져나가는 집

터널을 빠져나가는 것처럼, 시퀀셜(sequential)한 공간 체험을 기대할 경우, 빠져나가는 공간을 설치하는 경우가 있다. 뉘앙스로는 매우 개방된 인상을 주므로 건축에서도 반드시 적극 도입할 수 있는 테마일 것이다. 터널을 빠져나가듯이, 건물을 한 번 빠져나가 보는 것도 재미있지 않을까? 시선이 가볍게 통과하는 것을 빠져 나간다라고도 한다. 방에서 방으로 빠져나감을 파악하는 방법도 재미있을 것이다. 막힌다면 샛길을 찾아내 주었으면 한다.

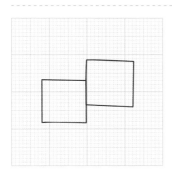

333 │ 엇갈리는 집

엇갈림이란, 본래 가지런히 있어야 할 것이, 어떤 이유로 틀어진 것을 말한다. 엇갈린 것을 원래로 되돌리는 경우도 있는가 하면, 가지런한 것을 조작해 일부러 엇갈려 보기도 한다. 엇갈리게 하면 지금까지 보이지 않았던 틈새의 면이 보이거나 공간에 방향성이 생기기도 한다. 자연계는 오히려 가지런한 편이 부자연스럽고, 대부분의 물체는 다소 엇갈려 있다. 또한 엇갈린 크기에 따라서도 인상이 달라져, 극히 작은 엇갈림으로부터 큰 엇갈림까지 그 표정은 다양하다. 저마다 다름을 비교해 보는 것도 좋겠다.

【실예】시애틀 공공도서관/ OMA

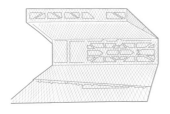

시애틀 공공도서관

설계 : OMA

미국 시애틀 중심부에 건립된 공공도서관. 각 플로어가 엇갈려 적층되어 있고, 이들을 메쉬로 외장하여 볼륨을 형성하고 있다. 큰 엇갈림은 외장 면에서도 커다란 경사면으로 나타나 아크로바트(acrobat)한 이미지나 다이나믹함을 주고 있다.

형태·형상

소재·물건

현상·상태

부위·장소

환경·자연

조작·동작

개념·사조·의지

334 | 붙이는 집

붙어 있지 않은 물건들을 서로 붙게 하면 무엇인가를 발견할 수 있지 않을까? 그런 계기로서 이 테마가 있다. 무엇과 무엇을 붙일까를 각자 판단하면 좋겠지만, 붙일 수 없는 물건이나 말을 붙여 본다면, 새로운 발견을 할 수 있을지도 모른다. 붙이는 방법도 다양하고, 그저 가까이 옆에 있다고 할 만한 경우도 들러붙어 있다고도 하고, 접착제나 매직테이프와 같이 접착이나 밀착수단으로 붙이는 것도 생각할 수 있다. 건물을 구성하는 부재는, 어떤 형태든 들러붙은 관계에 있다. 그렇게 부재 레벨에서, 물체의 접착 관계를 파악하는 것도 좋다.

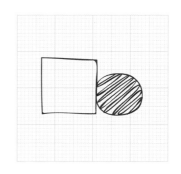

335 | 분할의 집

건축의 경우 배치를 결정하는데, 방의 분할이라는 작업이 있다. 계산상의 나눗셈이 아니고, 보이는 것이나 형태에 대한 행위에 가깝다. 돌을 높은 곳에서 떨어뜨려 나누어 보거나, 도끼로 나무를 나누어 보는 등, 물리적으로 힘을 더해 소재를 분할하는 경우는 자주 있다. 또한 나뉘어져 생겨나는 소재의 단면은 소재의 특징을 잘 나타내는 경우도 있어, 그것도 분할로 생겨나는 혜택 중의 하나일지도 모른다. 또 생각하는 방법의 하나로서 언뜻 보기에 불가분이라고 생각되는 1개의 물건을 나누어 보는 것도 새로운 발견으로 연결될지도 모른다.

유의어: 분절

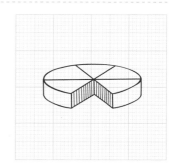

336 | 갈라짐의 집

소재 중에는 자외선이나 동결 등, 여러 가지 요인으로 갈라지는 것이 있다. 그것들은 금이 가, 형태를 스스로 무너뜨리기도 한다. 그런 과정 중에서 보이는 디자인에 대해 생각해 보자. 그 금들은 어떤 규칙으로 발생되는지, 어떻게 손대면 어떤 금이 발생되는지 등에 대해 생각해 봐도 괜찮고, 금이 생겨 세분되는 조각들의 형태에 대해 생각해봐도 괜찮다. 또한 갈라져 생긴 틈새는 어떤 특징이 있으며 어떤 일이 일어날까? 작은 잡초가 나거나 이끼가 자라거나, 건물의 외벽 하나에서도 매우 다양한 일을 살펴볼 수 있다.

관련어: 폐허

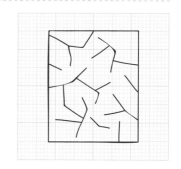

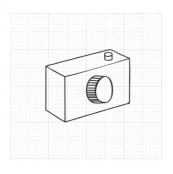

337 | 사진의 집

기록을 하거나 또는 상대방에게 이미지를 전달하는데, 사진은 없어서는 안 될 존재이다. 건물의 외관이나 내부모습을 사진 1장으로 잡아내려면, 사진의 영상은 뒤틀리거나 국부적으로 강조되기도 한다. 그러나 지금까지 평면에 공간을 기록하는 방법은 사진만이 유일한 방법으로, 사진의 성질과 투시도의 성질을 사이좋게 조합해 가지 않으면 안 된다. 또한 사진은 피사심도를 조정하여 자신이 공간 속에서 무엇에 초점을 맞추어 보고 있는가를 재현할 수 있으므로, 사진의 이해는 건축 공간을 표현하는 데 필수불가결하다. 또한 시간의 변천이나 사람과 공간의 관계를 파악하는 데도 좋다.

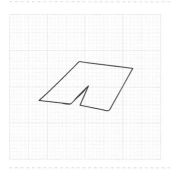

338 | 자름의 집

종이에 가위 등으로 자른 자국을 넣어 보자. 그러면 지금까지 1장이었던 면이 찢어져 2장으로 나뉜 면이 된다. 종이공예(전지剪紙)처럼 매우 공을 많이 들여 잘린 자국을 넣을 수도 있고, 한 번 넣은 잘린 자국을 다시 막거나 재차 붙일 수도 있다. 양복은 옷감에 자른 자국을 넣어 모양을 만드는 부위도 있다. 건축 이상으로 자주 사용하는 수법일지도 모른다. 건축에 직접 응용할 수 있는 방법으로는, 슬래브에 자른 자국을 넣거나 벽에 자른 자국을 넣는 것을 생각할 수 있다.

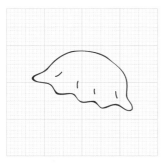

339 | 쌈의 집

오블라투*모양의 물건으로 무엇인가를 싸면, 그 외형은 애매하게 되고 부드러운 분위기를 만들어낸다. 단단한 것을 부드러운 것으로 싸는 것인지 또는 부드러운 것을 딱딱한 것으로 싸는 것인지. 여러 가지 물건을 싸거나 또 싸는 방법 등을 궁리해 보면, 다양한 표정이 생겨날 수 있다. 찐만두나 교자와 같이 음식분야에서 싼다고 하는 발상은 비교적 흔하며, 다른 분야로 옷도 확실히 몸을 감싸는 것이다. 건물도 공간을 싸는 것으로 파악할 수 있을지도 모른다.

유의어: 씌우다 · 덮다

【실례】몽골의 파오

* 오블라투oblato는 포르투갈어로, 먹기 어려운 가루약 등을 싸는 데 쓰는 녹말로 만든 얇은 막을 말하며, 만두피를 연상하면 된다.

몽골의 파오

중국어로 '파오'는 한자로 包(포)로 쓴다. 몽골 유목민이 살고 있는 둥근 지붕을 얹은 원추형 조립식 이동 주거이다. 몽고어로는 집을 의미하는 '게르'라고 부른다. 설치와 운반이 쉬워, 가혹한 기후에도 대응할 수 있는 간편한 구조가 유목 생활을 지지하고 있다. 내포와 외포로, 옷감을 겹쳐 휘감아, 마치 집이 여러 겹 착용하고 있는 것 같은 모습이 특징이다.

형태 · 형상

소재 · 물건

현상 · 상태

부위 · 장소

환경 · 자연

조작 · 동작

개념 · 사조 · 의지

340 │ 통하는 집

구멍이 있다면 통과할 수 있다. 통하지 않는다면, 통과한 듯이 해본다. 시선이 통하는, 복도를 통하는, 건물을 통하는, 길을 통하는 등, 다양한 장면에서 응용할 수 있는 행위이지만, 기본적으로 통한다는 것은 선형(線形)으로 어느 구멍이나 틈새를 횡단해 나가는 것을 가리키는 것 같다. 또 길을 통한다고 쓸 때에는, 반드시 상대가 되는 구멍과 같은 것이 필요하다. 본질적인 것을 보려면 지금까지 통했던 것을 통하지 않게 하여 관찰하는 것도 좋을지도 모른다.

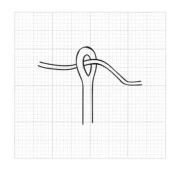

341 │ 파는 집

판다고 하는 행위는 특히 건축과 관계 깊은 행위이다. 건물을 짓기 시작하면서 흙을 다룬다. 기초나 지하실을 만들려면 지면을 파게 된다. 수작업으로 하기도 하고 중기를 이용하기도 한다. 거주처로서 지면을 파서 집을 만들기도 한다. 아래로 파는 경우와 옆으로 파는 경우 등, 그 토지의 풍토를 살린 조성방법들이 있다. 수혈식 주거도 또한 구멍을 파서 만들어졌다. 다른 말로 새김(彫)이라는 글자도 있다. 어떤 모양이나 조각 등 형태를 만들 때 쓰인다. 어느 말이나 매스에 대해 마이너스의 조작을 한다는 의미에서는 조금 비슷하다.
유의어: 새기다

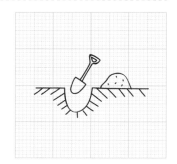

342 │ 누비는 집

옷감을 맞댈 경우, 누빈다는 행위로써 2개의 다른 것을 이어 맞출 수 있다. 옷감 등 면 형상의 것에 대해 구멍을 통해 실이 엇갈려 나가는 것이 누빈다는 행위이다. 면을 이어 맞추는 접착 방법의 하나로서 주목해 보아도 좋을지 모른다. 수술에서도 어떤 바늘로 누볐다고 하듯이, 누빈다는 말이 쓰인다. 다른 사용법으로는, 장애물을 꿰듯이 나아간다는 것처럼, 물건을 빠져나갈 때도 마찬가지로 누빈다는 표현을 쓴다.

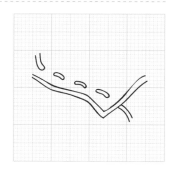

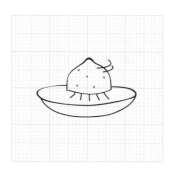

343 | 쥐어짜는 집

쥐어짠다는 것을 건축으로 말한다면 **쉐이프업(shape up)에 가까운 느낌일까?** 쉐이프업하여 단순화되거나 기능이 파탄나는 등 여러 가지 부작용도 있지만, 짜는 것에 의해 세련되어지는 사례도 많이 있다. **중요한 것은 늦춤과 당김일지도 모른다.** 쥐어짤 곳은 꽉 쥐어짜고, 그렇지 않은 곳은 조금의 여유나 넉넉함을 주어도 좋을지 모른다. 어디를 쥐어짤까? 실루엣일까 아니면 내면의 기능일까? 그런 쉐이프업 작업을 조금 해보자.

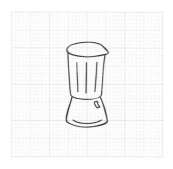

344 | MIX의 집

믹스는 뒤섞임이다. **정연한 것을 뒤섞으면, 거기에는 혼돈된 것이** 생겨난다. 건물이나 도시의 매력이 정연한 것에만 있는 것이 아니고, 이 혼돈된 것에도 있는 게 사실이다. 믹스 주스를 만들 때와 같이 **적당하게 뒤섞는 방법은, 소재의 입자를 끌어내 맛이 좋아질 수 있다.** 너무 뒤섞어 균질화되면 소재의 정체성을 잃기도 한다. 무엇인가를 끄집어내는 수단으로서 조금 뒤섞어 보는 스터디가 있다면 좋지 않을까?

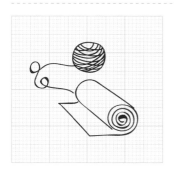

345 | 감는 집

싼다는 행위가 평면으로 물체를 전 방향으로 덮는다는 것인데 비해, 감는다는 것은 **한 방향으로 면을 말거나, 실과 같은 것으로 물건을 덮는 수법**을 말한다. 옷감과 같이 얇고 긴 것은 감아서 보관된다. 감아 만드는 김밥처럼, 음식물에서도 감는다는 행위를 볼 수 있다. 감는 것 같은 형태를 건축에 적용해볼 수도 있다. 슬래브를 감아보거나 벽을 감아보는 조작을 할 수 있다. 실 형태의 것을 감을 경우는 통이나 덩어리에 휘감는 것이 많지만, 아무것도 없는 공기와 같은 것에 감을 수도 있다.

【실예】 카디프 베이 오페라 하우스/ OMA

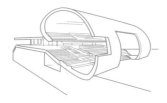

카디프 베이 오페라하우스

설계 : OMA

1994년 영국 웨일즈 카디프 만의 해안에서 실시된 국제 설계경기 공모안. OMA는 당시 바닥, 벽, 천장이란 건축적 요소들을 1장의 슬래브로 하나가 되도록 그린 단면으로 많은 제안을 하였지만, 그 중에서도 더욱 유기적인 곡선으로 그려 둥글게 감긴 단면 구성이 특징이었다. 설계경기는 건축가 자하 하디드가 당선되었지만, 건축 곤란 등을 이유로 당선안은 실현되지 않았다.

형태·형상

소재·물건

현상·상태

부위·장소

환경·자연

조작·동작

개념·사조·의지

346 │ 환기의 집

실내 환기를 좋게 하려면, 환기팬에만 의지하지 말고, 실내에 바람이 잘 통하도록 하는 것이 매우 중요하다. 바람이 불어오는 쪽에서 바람이 불어가는 쪽으로 개구부를 두거나, 낮은 위치에 취입구를 마련하고 높은 곳으로 배기하는 것처럼, 고저차로 생기는 압력 차로써 실내에 바람을 불러들일 수도 있다. 또한 인간 생활 속의 공기오염, 산소 농도, 또한 조리 등의 악취 대책이나 곰팡이나 결로 방지를 위해서도 환기가 필요하다.
관련어: 바람

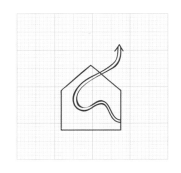

347 │ 찢어지는 집

야채나 치즈처럼 방향성 있는 섬유 형상의 물체들은 찢어지는 것도 있다. 목재도 그 표면이 건조되고 수축되면, 자연스럽게 찢어지는 일이 있다. 찢어진다는 말에는, 균열, 분열, 파열 등, 도저히 원래대로 되지 않는다는 그런 의미가 있다. 언뜻 보기에 사용하기 어려운 특징이지만, 예를 들어 죽세공품과 같이, 섬유를 찢어 여러 가지로 변신할 수 있는 소재도 있다. 찢어서 가능한 디자인이나 조합 가능한 구조 등을 생각해 보아도 재미있다.

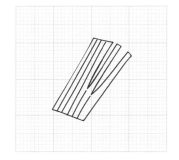

348 │ 풀어내는 집

옷감을 풀어내 원래 모양을 유지하지 못한 경험을 누구나 하였을 것이다. 풀어낸다는 것은, 일반적으로 묶여있거나 꿰맸거나 뒤얽힌 것을 헤쳐내는 일을 말한다. 이런 풀어낸다는 행위도 또한 디자인을 표현하는데, 짠다는 행위의 반대 사고로서 가능성이 있지 않을까? 건축을 생각한다는 행위는, 묶거나 꿰매는 행위에 가까울지도 모른다. 그렇게 생각한다면 풀어낸다고 하는 행위는, 언젠가 당연하게 생각하던 일을 다시 한 번 더 생각하는 것에 해당할지도 모른다. 그것이 평면이어도 좋고, 건축부재라도 좋을지 모른다. 풀어낸다고 하는 행위로 건축을 재구축해 보자.

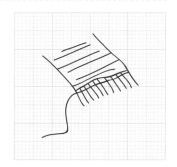

349 | 구조의 집

구조는 건축과 떼어낼래야 떼어낼 수 없는 관계로, 앞으로도 쭉 함께 가지 않으면 안 된다. 지금까지 역사상 수많은 사람들의 기술이나 노력, 지혜에 의해 그리고 도전을 반복하여, 현대에는 다양한 구조 표현이 가능하게 되었다. 구조를 은폐하는 것도 좋고, 이것이라고 표현해도 좋다. 강력하게 보이거나 경쾌하게 보이거나 해방감을 주거나 매우 심오하기도 하다. 사람의 동선을 생각하듯이, 힘의 흐름을 이미지화하여 중력과 신선하게 싸워볼 방도를 생각해 보자.

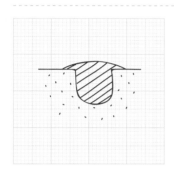

350 | 메우는 집

틈새를 메운다. 구멍을 메운다. 메운다는 행위는, 불필요한 구멍 등을 회복한다는 이미지가 있다. 또한 메운다는 행위는, 무엇인가를 숨기는 일도 가리킨다. '매설'은 건축에서도 자주 쓰이는 용어이다. 콘크리트 안에 철근을 매설한다든지, 벽 안에는 배관 등 많은 물건들이 메워지고 있다. 또한 메우는 재료에 따라서도 그 성능이나 마무리도 여러가지이다. 무엇으로 무엇을 메울 것인가. 메운다는 말의 용법은 폭이 넓지만, 실제 행위를 통해 다양하게 메우는 방법들을 찾아보자.

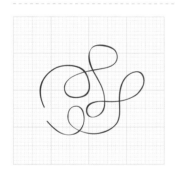

351 | 일필휘지의 집

일필휘지란 문제 형식으로 자주 출제되는 경우가 많다. 연속하여 단숨에 그림을 죽 그려낼 수 있는가? 언뜻 보면 건축과 완전히 관계없는 이야기 같지만, 공간의 흐름이 있는 건물은 이 '단번에'라는 것이 가능할지 어떨지가 흥미 있는 곳이다. 도면을 그릴 때 펜을 멈추는 일 없이 단숨에 그려내면 어떤 도면이 될까? 일견 쓸데없는 트레이닝 같지만, 한 순간 한 순간 자신이 그리는 선에 따라 공간이 형태를 바꾸는 것을 보면서 도면을 그리는 것은 재미있다.

【실예】 안나카 환경아트포럼 공모안/ 후지모토 소스케

안나카(安中) 환경 아트 포럼 공모안

설계 : 후지모토 소스케(藤本壯介)

다목적 시설의 공모안. 환경을 테마로 한 시설이 푸른 숲으로 둘러싸인 자연환경 속에 계획되어야 한다는 조건에 대해 제안된 공모안. 일필휘지처럼 단번에 자유 곡선을 그려낸 듯 세워진 곡면 벽에 의해, 부드럽게 영역을 형성할 수 있었던 원룸 공간. 자연환경 속에서 일필휘지로, 내외의 경계선을 구불구불 하나로 그렸을 뿐인, 자유롭고 심오한 평면.

형태・형상

소재・물건

현상・상태

부위・장소

환경・자연

조작・동작

개념・사조・의지

352 │ 닦아내는 집

무엇인가를 흘렸을 때, 그것을 서둘러 닦아내는 광경을 경험했던 적이 있을 것이다. 그럴 때 닦아내는 것이 늦어지면, 얼룩이 되어 남는 경우가 있다. 회화에는 닦아내기라는 기법도 있다. 물감을 바른 후 반쯤 마른 사이에 닦아내면, 닦아낸 자취가 남아 좋은 촉감이 된다. 또한 일단 칠해진 것이나 붙여진 것을 벗겨내어 가능한 광경도 또한, 건축의 일부로서 생각해 볼 수 있다.

참고: 벗겨진 흔적, 닦아낸 흔적

353 │ 회전방식의 집

회전방식에는 우회전과 좌회전이 있다. 식물도 잘 관찰해 보면 어딘가로 돌고 있으며, 회전운동을 하는 것에는 항상 어떤 방향성이 있다. 건물의 돌음계단에도 회전방법은 오른쪽 돌기와 왼쪽 돌기 2가지가 있다. 덧붙여 말하자면 윤무처럼 사람들이 광장을 둘러싸듯 회전하며 춤추는 경우도 있다. 어느 방향으로 회전하는지 관찰하는 것도 재미있다. 건물이 서있는 것만으로도, 사람은 건물의 주위를 걷거나 돌 수 있다. 그것은 의외로 행복한 일인지도 모른다.

관련어: 빙글빙글

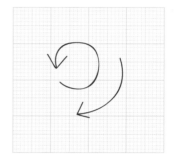

354 │ 모이는 집

집은 모여서 취락을 이루며 마을이나 거리를 형성한다. 그러한 모임은, 모이는 방법에 따라 독특한 거리풍경이나 분위기를 만들어 낸다. 좁은 장소에서는 건물이 상당히 고밀도로 모일 것이고, 매우 넓디넓은 곳에서는 모인다고 하기보다는 점재하고 있는 것에 가까울지도 모른다. 모이는 크기는 그 이동수단에도 크게 좌우되어, 걸으며 거주하는 거리와 차량을 이용해 이동할 수 있는 거리는 크게 다르다. 건물 하나에 대해서도 방의 집합체로서 건축을 파악할 수 있다.

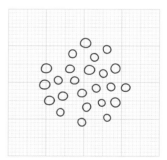

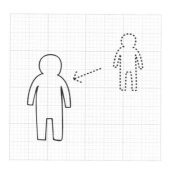

355 | 워프의 집

워프(warp)라고 하면 'SF 아닙니까?'라는 의견을 자주 듣게 되지만, 건축에도 **워프에 가까운 것**이 몇 가지나 존재한다. 엘리베이터, 에스컬레이터, 무빙워크 등이다. 엘리베이터는, 각각의 공간을 엘리베이터 캐빈만이 접속할 수 있기 때문에, 공간과 공간끼리의 연결은 극히 불연속적이다. 에스컬레이터는 보통 인간에게 힘든 거리나 고도차를 극복해주는 감대가 있으므로, 어쩐지 워프의 느낌이 있다. 이러한 워프 가능한 기재들이 다양한 문제들을 극적으로 해결해 줄지도 모른다.

참고: 엘리베이터, 에스컬레이터, 무빙워크

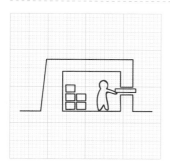

356 | 요새의 집

건축 중에는 요새와 같은 것도 있다. 외부로부터 몸을 지키기 위해서 튼튼한 벽으로 만들어지고 최소한의 개구부만 나있다. 만약 상대가 가까이 오게 되면, 이를 향해 타격할 준비도 되어 있다. 그렇게 말하는 건축도 또한 **외적 환경이나 상대의 위치를 파악할 수 있도록 독특한 모양새**를 하고 있다.

때로는 **위장하여 스스로의 존재를 숨기는** 것까지 있다. 전쟁 중에 만들어진 요새들은 지금은 대부분이 폐허가 되었지만, 거기에는 어떤 종류의 독특한 매력이 있다.

참고: 방어적 공간

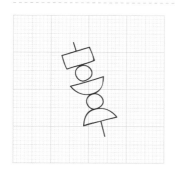

357 | 꼬치의 집

닭 꼬치나 오뎅 꼬치과 같이 **꼬치에 찔려 구성되는** 형태의 음식물이 많이 있다. 보기에 관련 없는 것들이 꼬치에 의해 서로 이웃되며 **다시 개성 있는 형태**를 만든다. 따로따로 먹어도 맛은 마찬가지이겠지만, 꼬치로 되어 있어 식욕을 매우 돋우기도 한다. 물건들이 **리니어하게(직선으로)** 배치되는 것도 이 형태의 특징이며, 그것이 조화의 단서가 될 수도 있다. 여러 가지 물건들을 꼬치로 꿰듯이 해보면, 뜻밖의 편성을 발견할 수 있을지도 모른다.

【실예】 토쿄공업대학 백주년 기념관/ 시노하라 카즈오

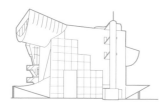

토쿄 공업대학 백주년 기념관

설계 : 시노하라 카즈오(篠原一男)

대학창설 100주년 사업의 기념물로서 계획된, 회의실과 라운지가 있는 기념관. 기하학적인 형태 조합과 그 상부에 설치된 꼬치 모양처럼도 보이는, 직육면체 볼륨을 관통하는 반원통형 볼륨이 특징. 현재는 설계자인 시노하라 카즈오의 상설 작품전시 스페이스로도 이용되고 있다.

형태·형상

소재·물건

현상·상태

부위·장소

환경·자연

조작·동작

개념·사조·의지

358 | 전사의 집

전사(轉寫)라는 것은, 예를 들어 바위 면에 종이를 덮고 그 위를 연필로 비벼대, 희미하게 그 바위 면을 카피하는 행위를 가리킨다. 이른바 인쇄 공정과 같다. 이런 전사 행위도 또한 건축의 조작에서는 빠뜨릴 수 없는 수법일 것이다.
있는 것을 흉내 내거나 좋은 곳을 참조하기도 하며, 건축은 끊임없이 전사를 반복하여 어떤 풍경을 만들어 간다. 전사가 너무나 살풍경한 풍경을 만들어내기도 하고, 그렇게 말한 전사만이 만들어낼 수 있는, 변화 없는 풍경에 미래를 느끼기도 한다.
동의어: 카피

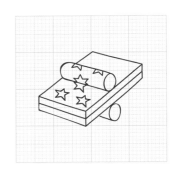

359 | 본뜨는 집

형태를 본뜰 때는, 어떤 형태를 재료에 꽉 누르고 그 형태대로 잘라내는 방법이 있는가 하면, 재료를 형틀에 흘려 넣어 굳은 것을 탈형하는 방법 등이 있다. 콘크리트조 건물 이미지가 쉽게 떠오르지만, 이러한 방법은 한 번밖에 사용할 수 없는 것도 있고, 반복하여 형틀로 사용할 수 있는 경우도 있다. 또한 형태를 눌러 본뜨는 경우에는, 빼낸 형태와 함께 반전된 형태도 생성되어 남겨진다. 알루미늄 형재에 이용되는 압출 성형 등도, 본뜨는 수법의 하나라고 할 수 있다.

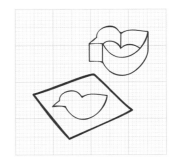

360 | 흘리는 집

'물에 흘린다'는 아니지만, 흘리는 행위도 또한 건축 바닥면을 만들 때 사용되는 수법이다. 타일 바닥면을 청소할 경우에도 바닥 위에 물을 흘릴지도 모른다. 지붕의 아스팔트 루핑을 시공할 경우에도, 아스팔트를 흘린다. 또한 콘크리트도 거푸집에 흘려 넣는다는 것처럼, 액체를 흘려 굳게 하는 것은 건축시공에서 자주 있는 일이다. 또한 시스템키친을 개수대라고 한다거나 화장실 물을 흘려보낸다고 하듯이, 물과 함께 생활하는 인간에게 '흘린다'는 친밀한 테마일지도 모른다.

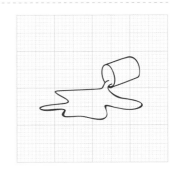

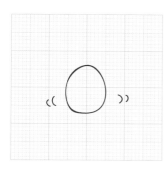

361 | 생겨나는 집

건축이 세상 처음부터 있었던 것은 아니다. 어느 시대든지 사람에 의해 건축은 새롭게 생겨난다고 할 수 있다. 지금까지 있던 것이 파괴되어, 새로운 것이 그곳에 생겨나기도 한다. 이제 막 생겨나 새롭고 반짝거리는 건축도, 시간과 함께 색이 바랜다. 주위와 친숙해지는 것이 있는가 하면, 시간과 함께 빛을 더하는 것도 있다. 생긴 지 얼마 안 되었을 때에는 특별한 것으로 비춰져, 그것이 잘 되지 않았다고 공격의 대상이 되는 경우도 있고, 자주 바뀌면 모두로부터 칭찬받는 대상이 되기도 한다. 어쨌든 생겨나는 순간은 매우 신경 쓰이는 작업이며, 세심한 주의와 집중력이 필요하다.

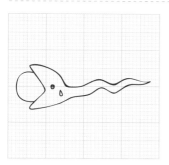

362 | 삼키는 집

2개의 물체가 있을 경우, 한쪽 편이 다른 한쪽을 이긴다면, 그것을 삼켜버릴지도 모른다. 삼킨다와 삼켜진다는 것은 각각의 역학 관계이기도 하다. 사람을 예로 들어, '삼킴이 좋다'라고 한다면, 무엇인가를 완전하게 자신의 것으로 흡수하고 있음을 나타낸다. 건물이 자연에 삼켜지는 경우가 있는가 하면, 도시에 자연이 삼켜지기도 한다. 여기에서는 삼킨다는 행위에 주목해, 건축이 어떤 물건을 삼킬 수 있을지 생각해 보자.

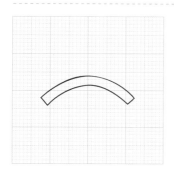

363 | 구부러지는 집

수학적으로는 곡률이 연속되는 것을 말하며, 물성과 관계되기도 한다. 거의 구부러지지 않는 것도 있는가 하면, 간단하게 구부릴 수 있는 것도 있다. 구부려도 되돌아오는 형태도 있고, 구부러진 채로 있는 것도 있다. 또한 처음부터 구부러진 모습을 하고 있는 형태도 있고, 곧바른 물건을 굳이 굽힌 형태도 있다. 한 방향으로만 구부러지는 것, 다양한 곡률로 구부러지는 것 등, 구부러진다는 한가지에도 수많은 베리에이션이 있다. 물론 공간 그 자체가 굽은 것 같은 건축도 생각할 수 있다.

【실예】 O 주택/ 나카야마 히데유키

O 주택

설계 : 나카야마 히데유키(中山英之)

안 깊이가 긴 대지에 계획된 개인주택이다. 안쪽으로 이어지는 공간이 완만하게 구부러져 부드러운 인상을 준다. 구부러져 있는 특징을 살려서 막다른 곳 그 부분이 들여다보이지 않는다는 것도, 공간에 깊이를 만들어 내는 한 요인이 되고 있다.

형태·형상

소재·물건

현상·상태

부위·장소

환경·자연

조작·동작

개념·사조·의지

364 | 찌그러뜨리는 집

물체의 형상을 만드는 데 찌그러뜨리는 것도 역시 창작행위로서 존재한다. 찌그러뜨리는 방법 중의 하나로, 체적이 같은 볼륨이라도 얇고 납작한 것이 되거나 울퉁불퉁한 것이 되는 등, 다양한 형태가 생겨날 수 있다. 마치 점토놀이와 같아서 재미있다. 그러나 여기서 형태에만 관심을 두지 않는다는 것이 중요하다. 찌그러뜨리는 방법에 따라 볼륨의 표면적도 바뀌기 때문에, **재미있는 외부와 내부의 관련 방법**을 발견할 수 있을지도 모르고, 혹시 스케일 면에서도 무엇인가를 발견할 수 있을지도 모른다. 찌그러뜨려 생겨나는 형태가 건축공간으로서는 어떤 가능성이 있을까 생각해 보자.

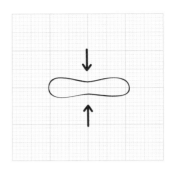

365 | 부수는 집

건물은 만드는 데에는 커다란 노력이 소비되지만, **부수는 일도 또한 건축이 가진 숙명**이다. 낡아서 부수는 경우도 있고, 전쟁 등으로 인위적으로 부수는 경우도 있다. 개수를 위해 부숴진 후 재생되기도 한다. 부술 때 만들어질 수 있는 형태를 디자인에 도입하기도 하고, 파괴되어 폐허화된 건물이 또한 새로운 매력을 발하기도 한다.

참고: 베스트BEST사 쇼룸/ 에밀리오 소사 + 앨리슨 스카이 + M. 스톤 + 제임스 와인스, 고든 매터 클락의 작품

366 | 끼우는 집

무엇인가를 사이에 끼워 이루어지는 디자인이 있다. 쪽지나 책갈피 같은 물건이 있으며 샌드위치 같이 빵 사이에 야채나 햄을 끼운 것도 있다. 건축을 만드는 경우도 무엇인가를 사이에 끼운다는 생각이 가능하다. 완전히 숨기거나 감싸버리면 사이에 끼운다는 느낌은 없어진다. 끼워진 **모습이 외부에서 보이는 상태**가 포인트일지도 모른다. 무엇을 무엇 사이에 끼울지 여러모로 생각해 보면, 배경과 도형의 관계도 볼 수 있다.

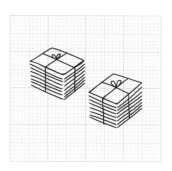

367 | 묶는 집

얇거나 가는 것을 정리할 때 묶는다고 한다. 물건을 정리할 때, 실이나 철사 등을 사용해 묶는 경우가 있다. 짚을 묶거나 신문을 묶는 등 일상에 이런 행위는 많이 있다. 건축도 다양한 것들을 정리할 수 있는 곳이다. 초가지붕도 오로지 묶는다는 것으로 성립되는 건축의 한 예라고 할 수 있다. 묶는다는 행위도 정리하는 실마리가 될지 모른다. 공간 그 자체를 묶어 보는 것도 재미있을 것이다.

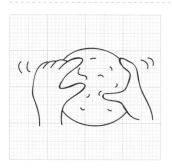

368 | 둥글리는 집

다양한 것을 둥글게 하는 것은, 손이 가진 근본적인 동작이다. 흙을 굳혀 둥글게 하거나 실과 같은 물건을 말아 실로 만든다. 그 와중에 힘을 가해 굳게 하여 둥글게 되는 것도 있고, 솜처럼 내버려두어도 둥글어지는 것도 있다. 좀 더 큰 것을 생각해 본다면 눈사람 같은 것도 있다. 물리적인 특성에만 머무르지 않고, 어딘지 모르게 동물이나 인간은, 굴려 둥글리는 기술을 갖추고 있는 것 같다.

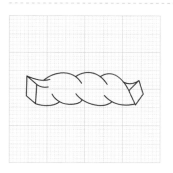

369 | 비틀리는 집

비틀림은 우리 가까이에 존재한다. 예를 들어 걸레를 짜면 만들어지는 형태나 초목에서 볼 수 있는 비틀어진 형태 등이다. 식물은 뒤틀리면서 성장하며, 그 방향은 지구의 자전과는 관계없이 유전적으로 결정된다. 비틀린 형태의 성질로는, 끈기와 성장에 대한 추종성이 있다. 그러한 성질을 갖지 못한 물질은 비틀리지 못하고, 찢겨지거나 부수어지거나 원래대로 돌아간다. 비틀린 상태는, 나선을 한층 더 꽉 조인 것 같은 이미지를 갖고 있을지도 모른다.

【실예】 스웨이 하우스/ 아틀리에 원

스웨이 하우스(Sway House)

설계 : 아틀리에 원

도심부 주택가 모퉁이 땅에 세워진 개인주택. 도로나 일영의 사선 규제를 피해, 건물 외벽이 정상부로 갈수록 셋백되고 또한 비틀려 있다. 외벽의 HP쉘 곡선이 실내에서도 동시에 느껴지는 원룸 공간이 되고 있다.

370 ｜ 늘이는 집

늘인다는 것은, 공간적으로 길게 하거나 높게 하거나 넓게 하는 행위이다. 늘이는 것으로 공간은 크게 변화된다. 늘일 것, 늘일 방향, 늘이는 크기에 따라 공간은 다양한 변화를 보인다. 떡이나 점토와 같이 실제로 물체를 늘여보면, 길게 늘어나는 물체가 있거나 도중에 끊어지는 물체가 생기고, 이로부터 새로운 형태가 만들어질 수 있다. 또한 3차원인 물체뿐만이 아니라, 도면이라는 2차원의 물체를 잡아 늘이는 것으로도 무엇인가를 볼 수 있을지도 모른다. 자, 무엇인가를 늘여 보자.

동의어: 신축

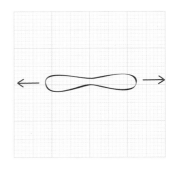

371 ｜ 펼치는 집

둥글게 말린 것을 펼치거나 작게 접힌 것을 펼치거나 한다. 깔거나 펼칠 수 있는 형태가 있다. 예를 들어 꾸깃꾸깃한 종이를 펼치거나 봉투에 담긴 것을 꺼내어 펼쳐 볼 수 있다. 이처럼 여러 가지 물건이나 형태를 펼쳐 볼 수 있다. 보자기라는 것은, 넓히거나 펼치거나 또는 묶거나 자유자재로 변환되지만, 펼칠 수 있다는 것도 커다란 특징일 것이다. 사물을 생각해 작게 축소한 경우에, 의도적으로 펼쳐보는 작업도 효과적일지 모른다.

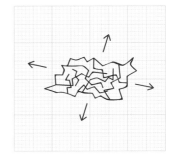

372 ｜ 흐리는 집

물체의 경계가 명료한 것과 그렇지 않은 것이 있다. 예를 들어 구름과 같은 것은, 어디까지가 외형인지 매우 애매하다. 경계가 뚜렷한 것도, 경계를 다양한 조작으로 흐리게 하여 애매하게 할 수도 있다. 사진이나 회화의 세계에서는, 대상이 더욱 분명하게 보이도록, 배경만 조금 흐리게 한다. 건축의 경우, 명확함의 다른 한편으로 애매하게 하고 싶을 때, 이 흐리게 한다는 조작은 여러 곳에서 도움이 될 수 있다.

유의어: 부정형

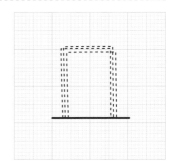

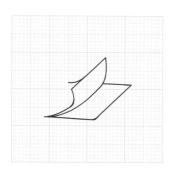

373 | 벗기는 집

과일의 껍질을 벗기듯이, 벗기는 행위도 또한 건축과 관계있을 것 같다는 말이 있다. 실제로 외장 중에서도 외피 1장만으로 이루어진 것은, 벗기는 행위로 어떤 표정을 만들 수도 있다. 그것은 차양이 되거나 시야를 차단하는 기능을 가질 수도 있다. 또 표피뿐만이 아니라 층을 이루고 있는 것도 시간변화에 따라 벗겨지기 쉬운 형태이다. 양파와 같이 끝끝내 벗겨지는 형태도 또한 재미있다. 여러 색들이 층층이 칠해져 있다면, 벗긴다고 하는 행위로 다양한 색을 출현시킬 수도 있다.

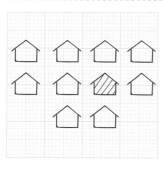

374 | 어울리는 집

평면, 단면, 마감 등을, 위장복처럼 주변과 어울리게 하여 동화되게 하는 방법이 있다. 건축은 과연 주변에 대해 눈에 띄는 존재여야 할까 아니면 존재를 지워야 하는 것일까? 어울리게 해야 할지, 굳이 어울리지 않게 해야 할지의 방향성은 중요한 출발점의 하나라고 할 수 있다. 어울리게 하는 방법을, 소재로서 조작할지, 스케일의 문제인지, 시간이 흐름에 따라 어울리게 할지, 여러 면에서 주위와 어울리게 해보자.

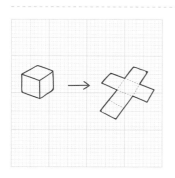

375 | 전개의 집

건축이나 공간은 기본적으로 '면'으로 구성된다. 건축에서 전개라고 하면 주로 벽을 가리키는 경우가 많은데, 예를 들어 네모난 방 하나를 상정해보면, 거기에는 벽, 천장, 바닥의 6개면으로 구성되어 있음을 알 수 있다. 형태가 복잡해지면 면의 수도 증가해 전개 방법도 다양해진다. 예를 들면 면에 따라 소재나 색깔이 바뀔 때, 어디까지를 하나의 전개라고 생각하는지에 따라, 그 표현은 바뀌게 된다. 한편 전개도를 그리는 방법도 다양하다. 육면체에는 11가지 전개도가 있다.
【실예】 마스야 본점/ 히라타 아키히사

마스야(桝屋) 본점

설계 : 히라타 아키히사(平田晃久)

일본 니가타현에 건립된 농업기계물품 판매점포. 역삼각형 입면인 콘크리트 벽면이, 종이접기를 해나가는 듯, 밸런스를 잡으면서 자립되어 있는 심플한 공간구성이다. 삼각형 벽과, 개구부에서 보일 듯 말 듯한 깊이감 있는 인테리어도 특징이라고 할 수 있다.

형태 · 형상

소재 · 물건

현상 · 상태

부위 · 장소

환경 · 자연

조작 · 동작

개념 · 사조 · 의지

376 | 단절의 집

물체와 물체의 관계성을 끊는다. 관계를 단절함으로써 일상의 관계가 무너진다. 그에 따라 커다란 갭(gap)이 생겨나고 비참함도 뒤따른다. 그러나 단절 방법에 따라서는 새로운 상황이 생겨나 건축을 구축하는 단서가 되기도 한다. 현대건축에서 이러한 단절을 적극적으로 만들어 건축을 재정의하려는 건축가도 있다. 건축은 모으는 것뿐만 아니라, 어딘지 부정적인 단절이란 조작방법도, 때로는 커다란 파워를 감추고 있다는 것을 배울 수 있다.

유의어: 분절, 나누기

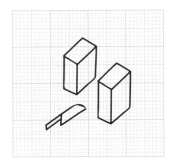

377 | 형태 합성의 집

겹쳐진 도형을 1개의 도형으로 정리하는 가공법의 하나가 '합성'이다. 여러 개의 도형을 1개의 도형으로 합성하여, 다양한 형태를 자유롭게 만들 수 있다. 이를 3차원으로 생각해보면, 건축은 확실히 형태 합성의 예술이다. 다양한 형태를 어쨌든 합성하여 1개의 형태로 만든다. 여러 형태를 합성해 보자. 원래의 형태를 유지하면서 합성을 거듭해나가도 좋고, 원형을 식별할 수 없을 정도로 합성을 계속해 새로운 형태를 만들어내도 좋다.

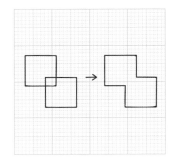

378 | 오르는 집

계단을 오르거나 내려가거나, 같은 계단에서도 오를 때의 상황과 내려갈 때의 상황은 꽤 다르다. 우선 보이는 경치가 반대이고, 공간의 상하 방향 이동도 반대가 된다. 오를 때는 보통 윗 공간이 펼쳐지고, 오르기 때문에 체력적으로도 부담이 간다. 사찰에서는 일주문에서 대웅전까지의 어프로치에, 긴 계단을 오르는 여정이 마련되어 있는 경우가 많아, 한 걸음 한 걸음 신성한 장소에 가까워지고 있다는 것을 신체적으로도 알 수 있다. 오르는 특성이나, 오르고 있을 때의 신체 감각을 다시 생각하면서 이를 고려해 보자.

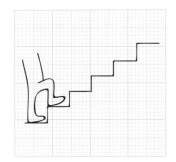

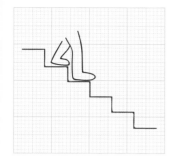

379 | 내려가는 집

내려간다는 행동이 시작되는 장소로서 예를 들면 지하철 입구가 있다. 지반면보다 아래로 공간이 펼쳐지고 있는 경우에, 내려가는 행동이 먼저이다. 큰 공간으로 오르는 경우 서서히 공간이 펼쳐지는 데 비해, 큰 공간으로 내려가는 경우는 처음부터 큰 공간이 눈에 들어온다. 일본 토치기현에 있는 오오야이시* 자료관은 그 대표적인 예라고도 할 수 있는 장소로, 좁은 계단을 내려가면, 갑자기 발밑으로 커다란 채석장 공간이 펼쳐져 재미있는 체험을 할 수 있다. 단층집 이외의 건축에는 계단이 부착되어, 오르고/내려가는 행위가 반드시 생겨난다. 계단이라는 요소만을 생각할 것이 아니라, 행위에 대해서도 생각해 보자.

* 오오야이시(大谷石): 일본 토치기현 중부의 오오야(大谷)지방 특산의 응회암으로, 돌담 주춧돌로 쓰인다.

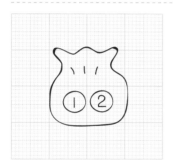

380 | 모으는 집

정리하는 작업 중에서, 2개의 것을 1개로 모아 심플하게 되는 경우가 있다. 2개가 아니라 여러 개의 것을 한데 모으는 방법도 있을 것이다. 정리한다는 것은 모으는 것과는 달리, 어떤 공통된 무엇인가로 모은다고 하는 의미도 포함되어 있고, 다양한 사항을 마지막으로 한마디로 고찰하여 말하는 것도 모은다고 말한다. 건축에서는 정리하지 않으면 안 되는 많은 장소에 직면하게 되지만, 굳이 평상시와 다른 방법으로 정리해보면, 뜻밖의 만남과 함께 발명을 가져올지도 모른다.

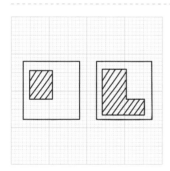

381 | 배치의 집

건물은 특정 대지에 두거나 어떤 풍경 속 어딘가에 세워진다. 거기에서 문제가 되는 것은, 건물의 위치나 배치이다. 커다란 건물 하나인지, 건물들의 집합인지도 포함해 검토해야 한다. 대지를 '배경', 건물을 '도형'으로 생각할 수도 있고, 또 그 반대로 생각할 수도 있다. 배치를 결정하는 것은 설계를 시작하는 데 중요한 첫걸음이며, 그것이 결정적인 조작이 될 수도 있다. 지극히 신중하게 때로는 대담하게 대지에 건물을 두어 보자.

【실예】고토의 주택/ 사토 미츠히코

고토(江東)의 주택

설계 : 사토 미츠히코(佐藤光彦)

철골조 2층 개인 주택. 주위는 건물들이 대지 가득하게까지 밀집해 있는 공업지역. 주위의 건물들과 마찬가지로, 대지 폭 가득하게 지어진 볼륨은, 건물의 공지를 만들려는 듯이, 전면 도로에 바짝 붙여서 배치되어 있다. 건물을 세우는 배치라기보다도, 대지에 공지를 얻기 위한 배치라고도 파악할 수 있는 배치계획이 특징.

382 ｜ 낙서의 집

낙서를 예술이라고도 하지만, 어디까지가 낙서이고 어디까지가 예술일까? 터깅(tugging)으로 불리는 단지 세력권을 나타내는 행위도, 사회적으로는 낙서 중의 하나이다. 낙서는 단조로운 건물이나 거리에 강렬한 특징을 만들어내기도 한다. 낙서를 하듯이 스릴 있게 건축을 만들 수는 없을까? 또는 모든 것을 캔버스로 보고 낙서도 허용하여, 그 행위도 디자인으로 거두어들일 수 있는 게릴라적인 수법에 대해 생각해 보자. 행위를 이해하고 있다는 관점에서는 '낙서'라고 말할 수 없을지도 모르겠지만.

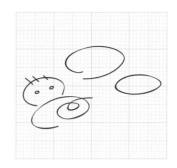

383 ｜ 늘어놓는 집

'늘어놓는다'는 조작은, 건축설계 중에 상당한 빈도로 행해지는 액션 중의 하나이다. 의도적으로 늘어놓아 가지런하게 보인다거나, 생긴 것이 '늘어놓은 것처럼 보인다'는 일도 매우 많다. 횡으로 늘어놓거나 그리드 형태로 늘어놓거나, 키 순서로 늘어놓거나 랜덤하게 늘어놓거나 한다. 늘어놓는 것의 수가 많아지면, 하나하나는 별로 주목받지 못하기도 한다. 어떤 것을 동시에 비교할 때, 늘어놓아 보는 것은 일상적으로도 자주 있는 액션이지만, 동시에 또한 등가의 정보를 넣는 수단으로서도 '늘어놓는다'가 사용될 수 있다.

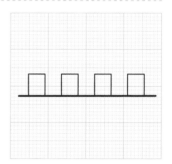

384 ｜ 카무플라주의 집

동물이 외적으로부터 몸을 지키거나, 사냥감을 포획할 때 몸을 숨기기 위해 이용하는 수법이 카무플라주(camouflage)이다. 위장 문양이나 밀리터리 상품처럼, 카무플라주한다는 본래의 목적을 떠나, 그 문양만이 패션화되어 홀로 서기도 한다. 한 장소에 세워져 변천하는 풍경 속에서 자유롭게 이동하거나 자체로 다채롭게 변화할 수 없는 '건축'은, 과연 무엇으로 위장할 수 있을까?

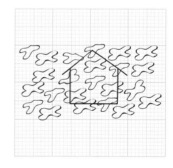

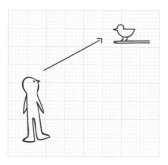

385 | 올려다보는 집

아래에서 위를 쳐다보는 것을 올려다본다고 하지만, '본다'는 시선방향이 위로 바뀌는 것만으로도 그 의미는 크게 달라진다. 약간 비일상적인 인상을 받거나 또는 신비적인 상태를 불러오기도 한다. 고층빌딩이나, 비행기구름이나, 밤하늘의 별은 높은 곳에 있으므로 자연히 올려다보는 대상이지만, 의도적으로 시선을 위로 향하게 하려고 설치된 상징적인 톱라이트나, 종교건축에서 보이는 천장화 등은, 올려다보는 행위를 적극 공간에 도입한 예라고 할 수 있다.

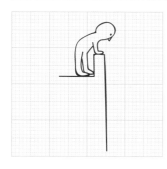

386 | 내려다보는 집

높은 곳에 올라 거리를 내려다보거나 오픈된 공간에 접한 방에서 아래 거실을 내려다보거나, 높은 곳에서 낮은 곳을 부감하는 행위가 '내려다본다'이다. 부감하는 것이 공간 전체를 파악하는 행위도 될수 있다. 거리를 두고 풍경을 객관적으로 보는 것일지도 모른다. 건축에서는 공간적인 이야기만이 아니라, 예를 들면 배치도나 평면도로 건물의 위치나, 그것들끼리의 위치 관계를 확인하는 것도, 도면 위로 건축을 '내려다본다'는 행위의 하나라고 볼 수 있다.

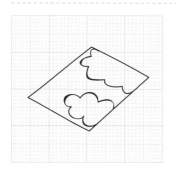

387 | 반사의 집

건축에서는 수평면과 수직면 등, 다양한 소재가 반사를 한다. 친숙한 것으로는 유리나 금속판을 시작으로, 자연물로는 수면 등이 있다. 반사에는 단지 빛을 반사하는 의미가 있는가 하면, 상을 반사하는 의미도 있다. 소리의 반사 등도 포함하면, 매우 폭넓은 말이기도 하다. 설계할 때, 어떤 것이 어떻게 반사하는지, 그것을 파악해 두는 것도 사소해 보이지만 중요한 일이다.
【실예】 서펀타인 갤러리 파빌리온/ SANAA

서펀타인 갤러리 파빌리온(Serpentine Gallery Pavilion)

설계 : SANAA

영국 런던 서펀타인 갤러리에 인접한 초원에, 매년 여름철에 한정하여 가설되는 카페 겸 휴게소. 2009년에는 SANAA가 이 파빌리온을 계획했다. 주변의 녹음이나, 방문한 사람들을 비추는 극히 얇은 알루미늄의 큰 지붕이 아주 가는 기둥으로 지지되고 있다. 매년 세계적으로 유명한 건축가들이 다양한 시도를 하고 있다.

형태 · 형상

소재 · 물건

현상 · 상태

부위 · 장소

환경 · 자연

조작 · 동작

개념 · 사조 · 의지

388 | 실상 · 허상의 집

돋보기로 보이는 확대된 상, 이것은 허상이다. 돋보기와 눈의 거리를 그대로 멀리 떼어 놓고 보게 되면 보이는 상하가 역전된 상, 그것이 실상이다. 거울 속의 공간이 허상 공간인데 비하여, 핀홀 효과로 내부에 맺히는 외부공간은 실상의 공간이다. 집에 직접 실상과 허상을 도입하는 것은 어려울지도 모르지만, 눈에 보이는 상을 어떻게 파악하는가도 매우 중요한 일이다. 실상과 허상이 구성하는 공간의 인상이나 효과에 대해서 생각해 보자.

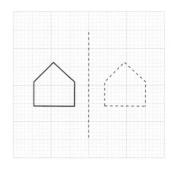

389 | 사선제한의 집

실제로 눈에 보이진 않지만, 주로 건축물의 볼륨을 규제하기 위해 공중을 난무하고 있는 라인이 사선제한이다. 상황에 따라 완화되기도 하지만, 기본적으로는 이 테두리 속에 넣어야만 하는 것은 익히 아는 바이며 이에 모두 골머리를 썩고 있다. 종종 볼륨이 '잘린다'거나 '깎인다'라는 비관적인 표현을 하지만, 사선제한은 모두가 기분 좋게 거기서 생활할 수 있도록 결정된 룰이다. 물론 어떤 종류의 '제한'임은 변하지 않지만, 룰 속에서도 매력 있고 신선하게 파인플레이 fine play나 비법에 지혜를 짜 보는 것도 재미 중의 하나일지도 모른다.

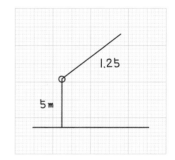

390 | 내다보이는 · 내다보이지 않는 집

공간을 체험하는 가운데 '내다보인다' '내다보이지 않는다'라고 하는 시선의 컨트롤은 중요한 포인트 중의 하나이다. 느긋하게 내다보이는 장소를 갖고 싶은 경우가 있는가 하면, 내다보임은 묻지 않고 감싸여진 느낌만이 기분 좋은 경우도 있다. 그런 장면이 끊임없이 존재하는 것도 즐겁고, 단속적으로 리듬을 가진 것도 즐겁다. 평면, 입면, 단면 등, 다양한 각도에서 어프로치해보자. 주변 환경을 읽어내게 되므로, 개구부를 생각할 때도 도움 될 것이다.

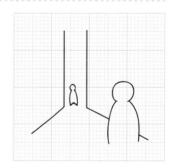

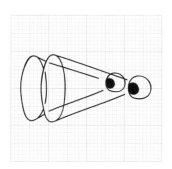

391 | 시야의 집

공간은 우선은 눈, 나중에는 시야로써 인식된다. 넓이, 높이, 깊이로 느껴진다. 카메라에는 광각렌즈도 있으므로 시야에도 큰 폭이 있지만, 인간의 시야에는 한계가 있다. 그 때문에 사진의 인상과 실제 공간의 인상이 다른 경우가 자주 있다. 이로부터 무엇이 보이는지, 무엇을 보여주고 싶은지, 무엇을 보여주고 싶지 않은지? 문을 붙이거나 벽을 세우거나 창으로 트리밍하거나 늘어뜨린 벽을 훨씬 내려 보거나, 여러 가지 시야에 관심을 가지고 시야를 컨트롤하여, 즐거운 공간이나 환경을 생각해 보자.

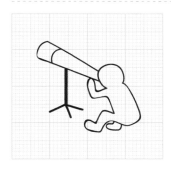

392 | 들여다보이는 집

건축에는 창이 있고, 주위 건물과 인접해 세워지는 이상, 또한 외부에 사람이 있는 이상, 안이 들여다보이는 경우가 있을 것이다. 그것을 싫어하여 차단하는 장치를 설치하거나, 실내에서 밖은 내다보고 싶지만 밖에서는 들여다보이지 않게 하고 싶다는 매우 상반되는 요구에 연구에 연구를 거듭한다. 히치콕의 '이창'과 같이, 들여다본다고 하는 행위는 그 두근두근하는 느낌 때문에 영화의 타이틀이 되기도 한다. 점포는 들여다보이는 편이 좋은 경우가 많다. 소극적으로 들여다보일 뿐만 아니라, 적극적으로 보이는 집에 대해서도 생각해 보자.

관련어: 가운뎃집

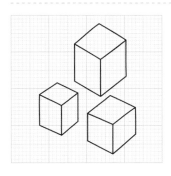

393 | 분동의 집

1개의 건물을 일부러 동으로 나누는 보는 것은 어떨까? 1개의 상자 안에 많은 활동을 담는 것이 기능적일 경우가 많지만, 반드시 그렇다고는 말할 수 없다. 버라이어티가 풍부한 식재가 다채롭게 담긴 '마쿠노우치벤토*'도 좋지만, 부담 없이 간편하게 조금 먹을 수 있는 '주먹밥'이 좋을 때도 있다. 방과 방의 관계를 생각하는 것과 같이, 주동과 주동의 관계를 생각하는 것도 재미있다. 주동 사이에서 생겨나는 외부공간에 관심을 가져 보면, 나누는 것으로 생겨나는 풍부함을 발견할 수 있을지도 모른다.

【실예】 모리야마 주택/ 니시자와 류에

* 마쿠노우치벤토(幕の内弁當): 연극 막간에 먹는 주먹밥에 반찬을 곁들인 도시락

모리야마(森山) 주택

설계 : 니시자와 류에(西澤立衛)

목조 아파트가 늘어선 주택가에 건립된, 집합주택도 개인주택도 될 수 있는 건물. 주택의 용도를 방단위로 세분화해 분동형식으로 하여, 다양한 내부와 외부의 관계를 만들어 내고 있다. 하나의 대지 안에서, 큰 창을 통해 다양한 시선이 오고가는 구성을 하고 있다.

형태·형상

소재·물건

현상·상태

부위·장소

환경·자연

조작·동작

개념·사조·의지

394 ｜ 공간으로 들어가는 방법의 집

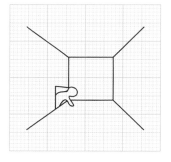

어느 공간에 들어가는 방법을 검증해보자. 어느 것도 옆으로 들어가는 것만이 공간 출입 방법은 아니다. 위에서 들어가거나 아래에서 들어가거나 일본 다실 특유의 작은 문*으로 무릎걸음으로 드나드는 등, 들어가는 방법만도 다양한 종류를 생각할 수 있어, 공간의 인상이나 사용법을 바꾸는 효과도 있다. 들어간 후의 일도 생각해 보아야 한다. 들어가자마자 큰 공간에 나오는지, 들어가 좁은 통로를 지난 후 공간으로 나오는지만으로도 공간의 인상은 크게 달라진다. 들어가는 방법에 따라 공간을 크게 보이게 하거나 작게 보이게 하는 등, 평면의 크기만으로는 얻을 수 없는 효과를 찾아내보자.

참고: 멀티미디어 공방/ 세지마 카즈요

* 니지리구치(躙口): 일본 전통 다실 특유의 작은 출입문. 무릎걸음으로 드나든다.

395 ｜ 스트로크의 집

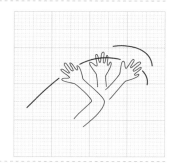

골프의 스윙이나 수영의 물을 젓는 동작 등, 왕복 운동의 1 왕복을 말한다. 서예에서 손의 움직임은 한 번 그린 라인을 수정함이 없이, 손의 움직임이나 속도나 힘 준 상태가 그대로 종이에 남는 것이 재미있다. 건축과 연관하여 발상해보면 어떨까? 건축에서 스트로크란 무엇일까? 조금 확대하여 해석하자면, 고층건축 하부에서 상부로의 공기의 흐름, 커다란 도어의 이동 범위, 큰 역에서 다른 사람과 부딪치지 않고 목적지로 향하는 사람의 흐름 등도, 움직임이나 스트로크로 파악할 수 있다.

396 ｜ 스택의 집

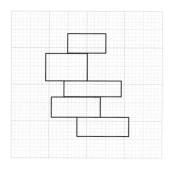

스택이라 하면, 컵이나 의자 등이 우선 떠오른다. 이것들은 사용하지 않을 때에는 겹쳐 콤팩트하게 수납할 수 있어 매우 편리하다. 바꾸어 말하면, 그 특징은 효율성 하나로 끝난다. 건축에서도 도시지역의 오피스나 집합주택 등, 겹침으로써 한정된 대지를 고밀도로 사용할 수 있지만, 사용하지 않을 때에는 컴팩트하게 할 수 있는가 하면 그렇지는 않다. 여기에서는 오히려 효율성을 고집할 것이 아니라, 겹침으로써 맛볼 수 있는 즐거움, 찬합 도시락과 같이 두근두근하는 체험을 할 수 있는 공간을 상상해 보았으면 한다.

【실예】 뉴 뮤지엄 /SANAA

뉴 뮤지엄(New Museum)

설계 : SANAA

미국 뉴욕시 맨해턴에 세워진 현대미술 전문미술관이다. 네모진 상자를 조금씩 물리면서 쌓아 올린 외관이 특징이다. 볼륨이 어긋난 부분은 톱라이트나 테라스가 되어, 내부 공간을 특징짓는 요소도 되고 있다. 외장은 알루미늄 익스팬더 메탈의 이중 레이어로 되어 있다.

형태 · 형상
Shape

A

소재 · 물건
Material

B

현상 · 상태
Phenomenon, State

C

부위 · 장소
Part, Place

D

환경 · 자연
Environment, Nature

E

조작 · 동작
Operation, Behavior

F

개념 · 사조 · 의지
Concept, Trend of Thought, Will

G

397 | 최상급의 집

'최고로~'라는 최상급을 나타내는 말은, 사람을 흥분시키고 건축에도 강력함을 준다. '좋은 건축이군요.'를 '최고로 좋은 건축이군요.'로 해 보거나 '최고로 아름답다' 등, 조금 의식을 바꾸어 지금 이상으로 훌륭한 상태가 없을까를 생각해 보자. 발돋움하는 표현이기도 하지만, 너무 앞서는 것은 주의할 필요가 있다. 그렇지만 최상급을 목표로 하는 의식을 갖는 것만으로도, 무엇인가 재미있는 것이 생겨날지도 모른다.

동의어: 매우, 꽤, MOST, BEST

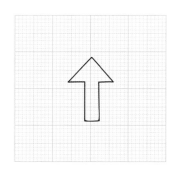

398 | 인간의 집

건축에서 인간은 없으면 안되는 존재로, 인간 없이는 건물도 공간도 만들어질 수는 없다. 인간과 관련된 다양한 치수를 바탕으로 건물의 크기나 세부 치수가 결정된다. 건축을 생각한다는 것을 규명하자면, 인간과 환경을 생각하는 것으로, 인간의 성장 없이는 건축의 성장도 없다는 생각마저 든다. 다만 인간은 신체적으로는 그만큼 진화도 퇴화도 하고있지 않다. 아주 먼 옛날 사람의 손 감촉이 다른가 하면 그렇지도 않고, 눈도 코도 입도 닮아 있다. 건축만이 진보하려고 할 때, 인간은 따라가지 못하는 경우도 있다. 인간은 환경에 적응하는 힘이 있지만 한편으론, 그다지 변하지 않을지도 모른다.

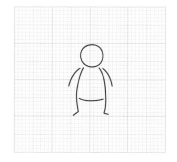

399 | 착각의 집

인간의 눈은 정확하다면 정확하고, 부정확하다고 말하자면 매우 부정확하다. 물체를 판단하는 방법은, 절대적이라기보다는 상대적으로 파악하는 경우가 많다. 인간의 눈은 그렇게 상대적인 견해를 가지는 것이므로, 에셔의 그림에 속거나 착각해 버린다. 이것은 나쁜 것도 아니고 인간이 가지는 유연한 인식 방법이며, 역이용해보면 매우 효과 있는 결과를 낳을 수도 있다. 예로부터 착각을 적극적으로 이용해 원근감을 높이거나 장엄하게 보이게 하는 등, 건축에서는 착각을 많이 이용해 왔다.

참고: 에셔(M. C. Escher)의 그림

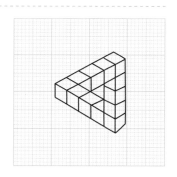

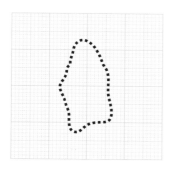

400 | 잔상의 집

잔상이란, 뇌의 의식화로 남게 되는 형태의 망령과 같은 것이다. 비교적 인상에 남는 장면을 우연히 만났을 때나 극적으로 공간이 전개되었을 때, 원래의 풍경이 멍하니 뇌리에 남는다. 이 언뜻 보기에 다루기 힘든 잔상이라는 현상을, 건축에 적극 수용해 보는 것도 좋다. 사람의 인상에 남는다는 것은, 좋은 건축 또는 좋은 공간에 가까워지는 한 걸음일 것이다. 우선 자신의 경험에서 잔상이라는 것을 정리해 보면, 그 진상을 알게 되지도 모른다.

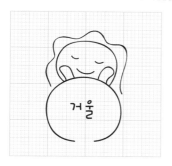

401 | 귀여운 집

원래 귀엽다는 의미의 대상은, 애완동물이거나 어린아이였다. 귀엽다는 말은 정의하기 매우 곤란하여, 작은 것이나 둥근 것을 그렇게 부르려면 아무래도 크기나 색, 형태와 관련되는 것 같다. 그 적용범위도 해마다 확장되어가고, 특히 여성은 이 말을 자주 쓰고 있다. 건물도 달랑 세워지고 나면 귀여운 건축이라고 하기도 하고, 채색이나 모양이 대중적이거나 하면 귀엽다고도 한다. 거리풍경도 예를 들어 한자동맹의 도시 풍경 등을 귀엽다고 표현하는 경우가 있다.

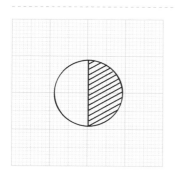

402 | 콘트라스트의 집

건축표현으로서 콘트라스트가 별로 없는 정경, 또는 콘트라스트가 매우 두드러지는 정경 등, 작자에 따라 다양한 표현 방법이 있다. 콘트라스트가 적은 것에는 다양한 것을 보더리스(borderless)하게 연결할 수도 있고, 콘트라스트를 높임으로써 공간에 악센트를 줄 수도 있다. 날씨가 좋은 날은 그림자가 강하게 되므로 콘트라스트가 높아지고, 흐린 날은 그림자가 누그러져 콘트라스트는 약해진다. 색이나 소재감 등의 콘트라스트, 라는 말의 파악방법도 재미있을지 모른다.

【실예】 리용 오페라 하우스/ 장 누벨

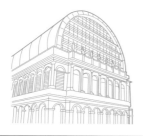

리용 오페라하우스(Lyon Opera House)

설계 : 장 누벨(Jean Nouvel)

설계공모로 선정된 프랑스에서 가장 오래된 오페라 하우스의 개수 작품. 기존 건물의 외벽을 남기고, 반원형의 볼트를 상부에 얹은 작품. 옛것과 새것의 콘트라스트는 물론이고, 극장 내부를 포함하여 모두를 칠흑같이 어둡게 바꿔버린 내부 공간과 밝은 외부의 콘트라스트, 어두운 밤과 건물을 감싸는 붉은 빛과의 콘트라스트 등, 다양한 대비를 보이고 있다.

형태·형상

소재·물건

현상·상태

부위·장소

환경·자연

조작·동작

개념·사조·의지

403 | 잠자는 집

'잠자는'이라는 키워드가 과연 건축과 관계가 있을까? 어렵긴 하지만 한 번 테마가 된 적도 있어 넓은 의미에서 '잠자는'에 대해 생각해 보자. 작품이 싫증나 잠이 온다고 하는 의미도 있지만, 건축이 사용되고 있지 않을 때, 요컨대 자고 있는 공간도 또한 잠자는 공간이라고 할 수 있다. 하루 중 부재중인 시간이나, 별장과 같이 1년 중 대부분이 사용되지 않고 자고 있는 공간, 또한 다음 입주자를 기다리는 동안 사용되지 않은 공간처럼, 자고 있는 공간은 꽤 많다. 방 단위에서도 욕실과 같이 하루 중 대부분의 시간에 잠자고 있는 방도 있다.

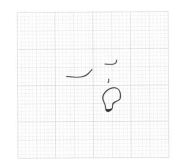

404 | 둘레의 집

건물의 경계가 생기면 거기에는 '둘레'가 존재한다. 밧줄로 둘레를 둘러보면 그 존재는 더욱 두드러질 수 있지만 보통은 별로 의식하지 못한다. 단지 '주변'이라는 말과 같이 둘레라는 말은 건축과도 관계되어, 주위 모든 곳을 배려하는 것으로서 둘레를 어딘가 염두에 두기도 한다. 또한 건물을 둘러싸는 부분의 표현방법에 따라 디자인상의 건물의 위치도 설정될 수 있으므로, 마지막 단계에서 둘레로서 건물이 어떻게 작용하고 있는지를 확인하는 것도 좋다.

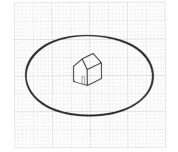

405 | 관계없는 집

사물을 정돈하거나 정리하려 한다면, 대체로 모든 것을 관계지어 정의하려고 한다. 그것은 전체와 부분, 주변과 건물과 같은 디자인 관계를 명확히 하거나, 설계자로서 판단의 올바름을 보증하기 위해서이기도 하다. 그러나 사물에는 관계가 없는 경우도 있다. 냉정하게 자신의 눈앞에서 조금 거리를 두고, 과연 이 2개가 관계 있는 것인지 아닌지를 판단하는 편이 좋다. 관계가 없다고 하여 나쁘다는 것은 아니다. 단지 뭐든지 관계 짓는 직업병과 같은 것에서 자유롭게 되기 위해서도, 관계를 끊는 노력도 중요하다.

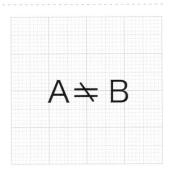

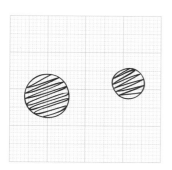

406 | 사이의 집

물건과 물건의 사이에는, 반드시 '사이(間)'라는 것이 존재한다. 이 사이라는 말은 매우 애매한 것이지만, 문화 모든 곳에 이 사이라는 표현이 존재한다. 시간(時間), 인간(人間), 공간(空間) 등, 어느 말을 보더라도 사이(間)라는 말이 존재한다. 직접적인 관계가 아니라 느슨하게 떨어진 상태에 사이가 존재하며, 너무 떨어져 버리면 사이는 존재하지 않는다. 미묘한 거리 관계에서만 성립되는 고도의 개념이다. 춤이나 음악에서 그리고 그림에서도 사이를 찾아낼 수 있듯이, 건축에서도 사이를 의식한 공간 만들기가 필요하다. 원래 공간이라고 하는 땅은, 하늘의 사이(空의 間)이기 때문에.

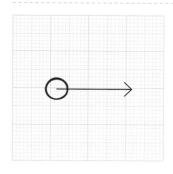

407 | 미래의 집

건축 중에서도 특히 현대건축은, 벡터가 미래로 향하는 것 중의 하나이다. 지금의 시대에서는 조금 저항을 생각할 수도 있지만, 확실히 미래에 가능할 수 있는 건축들의 선구자가 된다. 그것은 기술이거나 표현 방법이거나 가치관이거나 다양하다. 자신의 건축이 미래의 사람에게 보일 수 있다는 것을 조금 의식해 만들어 보면 어떻게 될까? 앞으로의 건축이 어떻게 되어갈지 예측하기는 어렵지만, 그런 의식 하에서 건축을 재검토해 보는 것도 재미있다.

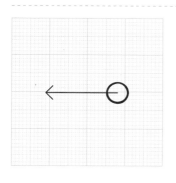

408 | 과거의 집

건물 중에는 벡터가 과거로 향하는 것도 있다. 그것은 경년 변화와 관계지만, 시간과 함께 맛이 깊어지는 것을 말한다. 설계할 당초부터 그 변화를 예측해, 시간이 경과하였을 때, 원래의 모습에서 지금의 모습이 될 때까지의 과정이 배인 자태를 보이게 한다. 길게 살아나가는 건축은 100년 이상도 지속되므로, 지금 이상으로 과거를 짊어져 온 편이 대부분이다. 과거의 커다란 덩어리 같은 건축에는 많은 아이디어가 가득 차있다. 자신의 능력 이상으로 배울 것이 많은 건축이다.

【실예】Sayama Flat/ 스키마 건축계획

Sayama Flat

설계 : 스키마 건축계획

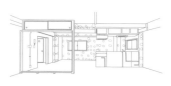

일본 수도권 교외에 건립된 기존 사택을, 30실의 임대 맨션으로 개수한 컨버전 프로젝트. 기존 건물의 해체과정에서, 설계자가 취사선택한 건물의 모습이 그대로 남아 있는 디자인이 특징. 과거의 모습이 노출되어 새로운 모습으로 그대로 남아 있다. 기존의 미닫이나, 작은 수납벽장, 보드를 벗겨낸 벽면의 초크 흔적이나 본드 붙임 흔적까지도 남겨진 그대로의 모습을 보이고 있다.

형태·형상

소재·물건

현상·상태

부위·장소

환경·자연

조작·동작

개념·사조·의지

409 | 중심의 집

어떤 것에도 중심(中心)이 있다. 그것은 감각적인 것이거나 무게중심처럼 물리적인 것이기도 하다. 공간을 다룰 때에도, 무의식중에 중심을 어디엔가 설정하고 있거나 또는 설정하려고도 생각한다. 중심이라는 말이 전체를 정리해 주는 경우도 있지만, 모든 것을 단단히 구속해 버리는 경우도 있다. 한편 장소를 바꿀 때마다 새로운 중심이 나타난다고 하는 것처럼, 중심의 집합체가 건물인 경우도 생각할 수 있다. 중심은 어딘지 장소라는 말과 닮아 있을지도 모른다.

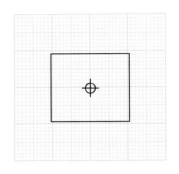

410 | 각도의 집

거리를 측정하는 것과 마찬가지로 각도를 다루는 경우가 있다. 특정한 각도가 있는가 하면, 결과적으로 각도가 생기기도 한다. 각도에는 90도 이내의 예각이나 90도 이상의 둔각도 있다. 각도는 또한 태양고도와 같이, 태양의 위치를 특정하는 경우에도 쓰인다. 어떤 계절 어떤 시간에 어떤 각도로 어떠한 빛이 떨어지게 하는 것도 건축 설계자의 일일 것이다. 어쨌든 각도에 강해질 필요가 있고, 수학분야에서는 내적을 구하기 위해 각도가 필요한 상황도 있다. 건축 부위로 말한다면, 계단이나 지붕 등은 가장 각도를 신경 써야할 장소일지도 모른다.

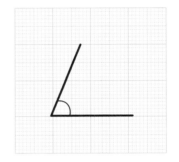

411 | 가족구성의 집

집은 거주하는 가족구성에 따라 요구되는 면적과 방의 수가 달라진다. 모두에 대응되는 계획은 상당히 어렵지만, 어떠한 가족구성에라도 유연하게 대응할 수 있도록 감안해야 한다. 특히 아이들의 경우 성장기에는 부모와 함께 자기도 하고, 자라나면 독립된 방을 주고 싶어진다. 또한 어른이 되어 자립해 나가면, 방이 남게 되거나 2세대 이야기가 오가는 등, 매우 변화가 풍부하다. 어쨌든 어느 정도 예측 범위 내에서의 준비는 주택에서는 꼭 필요하며, 동시에 장래의 구체적인 구성이 예견될 때에는 조금 개조하여 적응하는 것도 현실적일지 모른다.

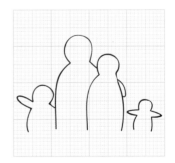

412 | 어딘가의 집

건물은 대지 어딘가에 지어지지 않으면 안 되고, 대지 그 자체도, 어디엔가 결정하지 않으면 안 된다. 키친 하나만 하더라도 어디엔가 결정하지 않으면 안 된다. 건축을 계획해 나가는데 이론적으로 정해지는 부분도 있지만, 대부분의 경우는, '에잇!'으로 결정하지 않으면 안 되는 것도 많다. 이유가 발견되지 않아, 나중에 이유를 성립시키는 설계도 필요할 것이다. 뭐든지 이유가 없으면 결정할 수 없어 곤란하고, 결정한 후에 이유가 서지 않는 것도 또한 문제이다. 이상한 수수께끼 놀음 같지만, 설계자는 '어딘가? 여기인가? 아니다. 거기는?' 하고 항상 싸움하고 있다.

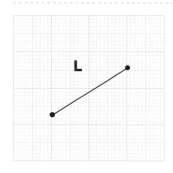

413 | 거리의 집

건축을 계획하는데, 크기의 척도로서 거리는 빠뜨릴 수 없다. 구체적으로는, 대지의 크기, 높이나 폭, 인간과 벽의 거리를 측정하는 등, 다양하다. 또한 거리를 나타내는 방법으로 고안된 척도라는 것이 있다. 그것은 건축에서 반복해 나타나는 단위를 정리해 다루기 쉽게 한 것으로 척관법이 그 예이다. 또한 거리에도 다양한 질서가 있어 몇 km에 걸친 먼 관계를 측정하는 경우가 있는가 하면, 수 mm의 티끌 같은 치수를 재는 경우도 있다. 어쨌든 건축을 표현하고 해석할 경우, 이 거리라는 개념은 매우 중요하다.
동의어: 치수

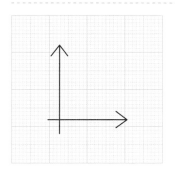

414 | 축의 집

건물을 설계할 때 많은 경우 축이 설정된다. 치수법상 XY축으로 부르는 것부터, 도시 축으로 부르는 것도 포함된다. 이러한 축은 주변으로부터 도출되는 경우도 있고, 만들어지는 건축이 새로운 축이 되는 경우도 있다. 건물을 만든다고 하는 관점에서 보면, 축은 건물을 관리하는 기준이 되고, 전체의 치수 관리에도 쓰인다. 건물에 따라서는 여러 개의 축을 가지거나, 곡좌표를 가지는 것도 있다. 축을 의도적으로 옮기기도 하고, 최근에는 축의 설정이 불가능한 것까지 있지만, 축의 설정이 끝까지 건축을 지배하는 것은 사실이다.
【실예】소크 생물학 연구소/ 루이스 칸

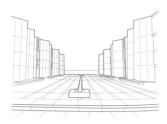

소크 생물학 연구소

설계 : 루이스 칸(Louis I. Kahn)

멕시코와 가까운 미국 샌디에고에 위치한, 생물 의학계에서는 세계 유수의 연구소이다. 건물은 심메트리로, 한편으론 기러기 행렬처럼 배치되어 있고, 그 사이의 '플라자'라고 불리는 장소가 특징이 되고 있다. 태평양으로 향한 축 상에 설치된 수로가 있는 랜드스케이프는, 친구인 루이스 바라간의 어드바이스로 태어났다는 일화도 유명하다.

형태 · 형상

소재 · 물건

현상 · 상태

부위 · 장소

환경 · 자연

조작 · 동작

개념 · 사조 · 의지

415 | 고독의 집

인간은 혼자 살아가기도 하며, 혼자 보내는 시간도 있을 것이다. 상황에 따라 건물과 지내는 방법도 다르겠지만, 가장 구체적인 상황은 늙었을 때 혼자 지내는 것이다. 이는 고독사와도 직결되며 그런 사람이 사는 건물에는 예전에 살고 있던 사람들과의 추억 등, 직접 눈으로는 보이지 않는 감회가 많이 있다. 그러므로 그곳에서 계속 살다가 조용히 숨을 거두게 된다. 인간은 오랫동안 계속 살아온 집을 포기하려는 생각은 별로 하지 않으며, 그런 상황에서도 사는 사람은 가능하다면 건축과 좋은 관계이고 싶어 한다.

유의어: 독신

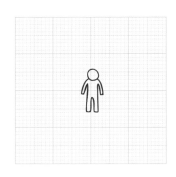

416 | 57577의 집

5 7 5 7 7의 운을 가진 일본 단가(短歌)*와 같이, 어떤 리듬 속에서 다양한 표현을 하는 놀이는 독특한 일본 문화이다. 이러한 규칙을 마련함으로써, 건물이나 볼륨도 어떤 조화를 이루거나 억양이 생겨날지도 모른다. 다실의 세계에서는, 이것과 닮은 규칙 같은 것이 있어 독특한 미를 얻고 있다. 자유롭다는 것이 어딘지 모르게 디자인의 자유라고 생각하기 쉽지만, 제약(룰)이 있기 때문에 자유가 생겨난다는 생각도 있을 수 있다. 단가와 같이 멋진 룰을 건축에도 적용시켜 보자.

* 단가(短歌): 일본 고전 정형시 장르 중의 하나로, 음수율이 5 7 5 7 7로 총 31자로 구성된다. 와카(和歌)라고도 하며 주로 일본 헤이안 시대 귀족들이 향유하였다. 우리로는 시조 운율을 생각해 볼 수 있겠다.

417 | 룰의 집

디자인을 해나가는데는 룰(rule) 만들기가 필요하다. 디자이너가 다양한 형식을 취할 수도 있지만, 바람직한 룰은 비교적 자유도가 높고 다양한 상황에 적응하기도 쉽다. 그리고 가장 소중한 것은 최종적으로 뛰어난 디자인이 태어나기 쉬운 룰이다. 그것은 간단하게 배울 수는 없는 것이지만, 지금부터라도 다양한 룰을 만들어, 룰에 따라 좋은 점과 나쁜 점이 어떤 것인지를 정리해 두면 좋겠다. 또한 실제로 물체를 보았을 때, 어떤 룰이 그 배후에 있는가를 살펴보는 것도 공부가 된다.

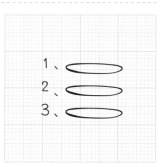

418 | 시(詩)의 집

시적인 표현, 시적인 분위기 등, '시적(詩的)'이라는 말로 건축을 노골적으로 이야기하지 않고 완곡하게 표현하는 경우가 있다. 이것들은 말로써 명확하게 설명하기 어려운 것을 표현하는 것이겠지만, 시적이라는 표현은 현실과는 조금 거리를 둔 자유로운 표현형식일지도 모른다. 시적인 건물이란 어떤 것일까? 시는 읊는 사람과 그것을 듣는 사람 쌍방으로 성립되는 매우 고도의 회화 형식일지도 모른다. 크게 던지고 그것을 보는 것에 자유로운 발상을 부여한다면, 훌륭한 건축적 발견이 태어날지도 모른다.

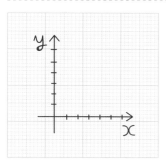

419 | 파라미터의 집

파라미터(parameter)라는 말을 번역하면 변수가 되겠지만, 건물의 볼륨이나 면적 등의 치수 같은 숫자를 다룰 경우, 필연적으로 그 해답을 찾을 때 어떤 방정식에 가까운 것을 가정하여 풀기도 한다. 수학 문제와 달리, 정해진 답이 1개만 나오는 경우는 적고, 최후에는 어떤 범위 안에서 적당하다고 생각되는 어떤 것을 의도적으로 선택할 필요도 있다. 건축은 방정식으로 옮겨놓을 수 있을 만큼 단순하지는 않기 때문에, 경우와 상황을 판별하여 잘 사용한다면 이러한 수학적 해법도 가능할 것이다.

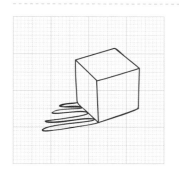

420 | 단일의 집

단일單一이란 단일체라는 의미이다. 건축은, 주위의 건축들에게 둘러싸여 존재하지만, 그런 상황에서도 개체로서의 건축을 어떻게 파악해야할 것인가 생각해 볼 필요가 있다. 개체로서의 존재나 행동이 어떻게 집합 속에서 성립되어 가는지는 꽤 어려운 문제이다. 단일이라는 말은 또한 또 다른 것과는 차별화된다는 의미로도 사용된다. 주위와의 조화를 거부하고 눈에 띄는 존재로서 군림하게 하여, 건축에 특별한 힘을 갖게 할 수 있다.

관련어: 고독

【실예】 시그널 박스/ 헤르조그 & 드 므롱

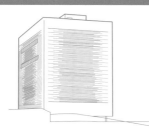

시그널 박스

설계 : 헤르조그 & 드 므롱

스위스 바젤에 건립된 철도역의 신호소. 약 200mm 폭의 띠 모양 동판들로 감겨진 외관이 특징. 동판은 일부가 휘어진 루버처럼 되어 있어, 그것을 통해 희미하게 내부가 보인다. 동판이라는 단일 소재이면서도 단순한 조작만으로 그 표정은 풍부해지고, 표피층은 보는 각도나 거리에 따라 여러 가지로 바뀌어, 불가사의한 인상을 주고 있다.

형태 · 형상

소재 · 물건

현상 · 상태

부위 · 장소

환경 · 자연

조작 · 동작

개념 · 사조 · 의지

421 │ 시간의 집

생활하는 데 또한 지구상에서 살아나가는 데, 시간이라는 것에 사람은 반드시 지배되고 있다. 시간의 변화는 아침 낮 저녁이라고 하는 형태로 반복된다. 그런 시간 속에서 시간이 빨리 흐르거나 늦게 흐른다고 하는, 시간의 다양한 감지방식이 있다. 그 원인은 개인의 기분에 따르거나 공간이 미치는 분위기에 의한 것이기도 하다. 시간이 천천히 흐르는 경우는 어떤 때일까? 건축의 무엇인가가 관계하고 있을까? 그렇지 않으면 외부 환경이 관계하고 있을까? 생각해 보면 무엇인가 놀라운 발견을 할 수 있을지도 모른다. 아무래도 공간의 크기나 밝기 그리고 건축의 개구부 등도 시간과 관계있는 것 같다.

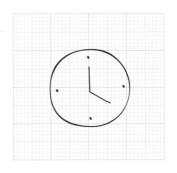

422 │ 대충의 집

'대충, 이 근처에'라는 표현이 있다. 오른쪽도 아니고 왼쪽도 아니고 대충, 대체로 이 근처다. 그것은 밸런스 정도로 결정된다고 생각하지만, 그것을 이론화하기란 어렵다. 길로 말하자면, 내리막에서 오르막으로 바뀌는 즈음의 부분을 가리킨다. 그 에어리어에는 정답이 한 점이라고 한정할 수 없는, 어떤 폭이 있다. 그 때문에 그 폭의 범위라면 대충 좋다는 것이 된다. 베스트(best)인 해답은 없어도, 베터(better)로 좋은 경우가 건축에는 있을 것이다.

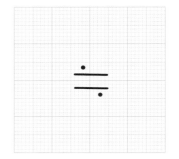

423 │ 시작의 집

건물에는 여러가지 시작이 있다. 설계의 시작이 있는가 하면 공사의 시작도 있다. 또 건물 인도 후에 거주하거나 생활하기 시작하는 시작도 있다. 새로운 것이 한꺼번에 많이 밀려들어와 불안할 수도 있겠지만, 착실하게 하나하나 해나가면, 좋은 스타트가 끊어질 것이다. 또한 처음이라는 것도 있고, 다소 불안정함이 따라붙기도 한다. 쓰기에 마음이 좋지 않거나 조정이 안될 수도 있다. 다만 그것은 하나하나 수정하면 되는 일로, 건물도 인간도 완벽한 시작이란 없을지도 모른다. 다소 그 부자유스러움을 받아들여 수정·적응해 나가는 대찬 기분을 갖는 것이 중요하다.

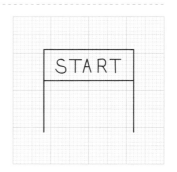

424 ┃ 끝의 집

건물을 설계하고 시공하여 인도하기 직전에, 골goal 이른바 완성이라는 것이 있다. 만든다고 하는 의미에서는 거기가 골이겠지만, 살면서부터가 시작이라면 그 끝이 되려면 그것은 대단히 먼 이야기이다. 건물의 최후란, 살지 않게 된 때라고도 할 수 있고, 해체될 때라고도 할 수 있다. 마지막까지가 긴 것도 있고 짧은 것도 있다. 단 한 번에 끝나는 것도 있고 리뉴얼해 소생하기도 한다. 많은 명작이 노후화되어 마지막을 어찌할 수 없게 되기도 한다. 이것은 슬픈 것이지만, 그렇게 낡은 건물에서도 건축적 정신을 읽어낼 수 있을 것이다.

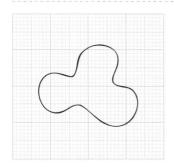

425 ┃ 자유의 집

매우 알기 어려운 말이지만, 제약이 없어진 상태를 자유라고 한다. 친숙한 것으로는 자유곡선이 있다. 이것은 법칙성도 없이 기분 내키는 대로 이끌린 선을 말한다. 자유로운 평면이라 하면, 어느 정도 자유도가 있는가라는 의미가 되며, 얼마나 베리에이션이 존재할 수 있는가라는 말과도 비슷하다. 건축은 제약 덩어리이지만, 이 자유라는 말을 이따금 떠올려 보면, 무엇인가 살짝 자유로운 행동이 생기는 곳이, 건축 안에 남아 있을지도 모른다.

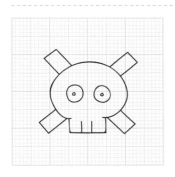

426 ┃ 죽음의 집

물건에는 수명이 있다. 그것들은 교환으로 연명되거나 그것이 불가능하다면 해체되는 경우도 있다. 건물도 상황에 맞춰 적절하게 만들어지지 못하면, 자연의 맹위에 노출되어, 건물은 상당한 속도로 밸런스를 잃는다. 그렇게 되어도 어찌하여 그렇게 되었는지를 냉정하게 분석할 필요가 있다. 건물 중에는 노후화될 때 재건 계획이 포함되어 있는 경우도 있다. 낡은 목조 신사(神社) 등은 기본적으로 그러한 고려가 되어 있다. 소재는 영구하지 않다는 생각에 의거하여 건물을 파악하는 것도 중요하다.
【실예】 브리온 베가 묘지/ 카를로 스카르파

브리온 베가 묘지

설계 : 카를로 스카르파(Carlo Scarpa)

이탈리아 전기제품 메이커인 브리온 베가의 창설자 묘지. 이탈리아 북동부 두메산골에 계획되어 있다. '죽음'에 대한 건축으로, 장제장이나 납골당을 작품으로 하는 경우는 있지만, 개인의 묘지가 계획되는 케이스는 드물다. 담으로 둘러싸여 주위의 전원 풍경과 분리된 안쪽에는, 장인 공예와도 같은 디테일들이 랜드스케이프와 일체가 되어 담겨져 있다.

형태・형상

소재・물건

현상・상태

부위・장소

환경・자연

조작・동작

개념・사조・의지

427 | ~없음의 집

'~은 아니다' '~은 없다' '비~' '불~' 등의 부정어로, 어떤 테마에 대해 그렇지 않은 반대의 상황을 생각해 보자. 거의 모든 말에 붙여 사용하고 있으며, 실제로 설계경기 제목에 '~이 없는 집'이라는 테마도 매우 많다. 보통 있어야 할 것이 없을 때, 건축이나 공간에는 무엇이 일어날까? '~'에 대해 생각하는 것만도 큰일이지만, '~ 없다'가 붙으면 그 난이도는 한층 더 높아진다. 사고의 트레이닝으로서 '~없는'에 대해서도 여러 가지로 시험해 보기로 하자.

428 | 노이즈의 집

노이즈라고 하면 어딘지 모르게 불쾌한 것을 가리키는 경우가 많지만, 반드시 그런 경우로만 사용되지는 않는다. 노이즈란 규칙성 없는 흔들림과 같은 것으로, 자연계에 존재하는 것이다. 그것은 소재에 표정을 주어, 단순한 것에 복잡함을 조금 덧붙여 준다. 노이즈는 원래 소리를 나타내는 말이지만, 도시의 소란에서 벗어난다는 것처럼, 건축에도 불쾌한 노이즈로부터 사람을 지켜내는 기능이 있을지도 모른다. 노이즈에도 기분 좋은 것과 불쾌한 것이 있으므로 잘 맞춰나가야 한다.

429 | 지(地)와 도(図)의 집

'지와 도'라고 할 때, 배경을 지(地)라고 부르고, 배경 앞의 것을 도(図)또는 도형이라고 부른다. 도와 지라는 생각은 회화나 착각현상으로부터 온 것이지만, 사람들은 무의식 중에 어디가 배경이고 어디가 도형인지를 인식한다. 건축에서는 다양한 차원에서 이 말이 쓰이고 있다. 대지가 배경이 되고 건물이 도형이 되든지, 벽이 배경이 되고 창이 도형이 되든지, 바닥면이 배경이 되고 가구가 도형이 되기도 한다. 지금 한 번 무엇이 도형이며 무엇이 배경인지, 물체의 파악과 함께 명확히 해보자. 가만히 응시하여 배경과 도형을 역전시켜 보는 것도 재미있다.

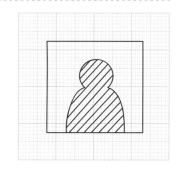

430 | 숭배의 집

건축은 때때로 숭배의 대상이 되는 경우가 있다. 이른바 종교 건축이 이에 해당되겠지만, 역사를 펼쳐보면 그 영향은 헤아릴 수 없이 많다. 또한 숭배의 대상은 다양하지만, 그것이 일상생활에 어떻게 영향을 주는가에 따라, 건물의 자리 매김도 달라질 것이다. 언뜻 다루기 어려운 테마이지만, 이러한 숭배행위가 건축에 영향을 주기도 하며, 반대로 건축이 숭배하는 장소로서 힘을 갖고, 빼놓을 수 없는 존재가 되어 있음도 깨닫게 된다. 사원건축이나 교회 등을 찾아보고, 주택에도 도입할 수 있을 것 같은 테마에 대해 생각해 보자.

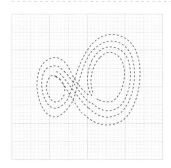

431 | 카오스의 집

카오스라고 하면, 엉망진창으로 규칙성이 없고 혼돈된 상태이다. 머릿속이 혼란스러운 때도 이러한 느낌이다. 건축 중에는 이 혼돈된 머리의 이미지를 현실화한 케이스도 있을 것 같다. 이사한 후에 카오스가 된 집 이야기를 듣기도 하지만 물론 그것을 노리는 것은 아니다. 이것은 소지품에 비해 수납이 부족한 또는 수납할 벽이 없는 등의 요인을 생각해 볼 수 있겠지만 이는 어디까지나 물건의 이야기이지, 건축의 혼돈은 아니다. 개축한 결과, 신과 구, 안과 밖, 미와 추가 뒤죽박죽인 상황은 카오스에 가깝다고 할 수 있지 않을까?

432 | 겉과 속의 집

면에는 겉(表)과 속(裏)이 있다. 어느 쪽이나 볼 수 있는 상황이라면, 그 어느 쪽도 겉이라고 부르고 싶은 경우도 있을지 모르지만, 많은 경우 속과 겉은, 면의 강약 차이에 따라, 한 쪽은 겉이 되고 다른 쪽은 속이 된다. 건축 마감판재의 경우, 마무리된 면을 겉이라고 하고, 마감되지 않은 면을 속이라고 부른다. 또한 건물과 같이 면의 형태가 아닌 것이라도, 겉과 속을 사용하는 경우가 있다. 예를 들면 겉문(앞문)과 속문(뒷문)과 같이, 앞과 안쪽이라는 서열이 있는 경우에도, 같은 어법을 쓰는 것 같다.

【실예】 T HOUSE/ 후지모토 소우스케

T HOUSE

설계 : 후지모토 소우스케(藤本將介)

일본 군마현에 세워진 개인주택이다. 내부를 나누는 벽면은, 한 면은 희게 칠해지고, 다른 한쪽 면은 목재의 축조를 노출시키고 있다. 회화의 캔버스처럼, 겉과 속이 뚜렷한 벽면을, 중앙에서 외부로 향해 방사상으로 설치한 평면계획도 특징 있다.

형태·형상

소재·물건

현상·상태

부위·장소

환경·자연

조작·동작

개념·사조·의지

433 | 조밀의 집

플래닝(planning)은 물체의 소밀(疏密)을, 즉 성김과 빽빽함을 조작하는 것이라 해도 이상할 것이 없다. 센터코어는 평면 한가운데의 밀도를 높인 것이다. 건축 중에는 다양한 레벨의 조밀이 존재한다. 눈에 보이는 조밀이 있는가 하면, 사람의 흐름이나 모임에서 떠오르는 조밀도 있다. 재료로 보아도 조밀은 집에서 잘 구분하여 사용될 수 있다. 소(疏)한 것, 즉 성긴 것의 대표는 단열재이다. 조직이 성글기 때문에 공기를 가두어 흡음이나 조습을 고려할 때 도움이 된다. 반면에 밀(密)한 것, 즉 빽빽한 것의 대표는 구조재일 것이다. 조밀한 만큼 단단하다.

434 | 정면성의 집

건물의 정면이란 많은 경우 도로에 접한 면을 가리키며, 그 면은 어떤 정면성을 가진 외관이 된다. 반대로 그 이외의 면은, 정면성을 갖지 않는 면으로, 정면의 요소를 연장한 것 같은 것도 있는가 하면, 정면과는 완전히 다른 표정을 하고 있는 경우도 있다. 특히 측면을 이웃집과 공유하는 테라스하우스나, 딱 들러붙어 있는 연립 주택 같은 건물처럼 정면만 있는 케이스도 있다. 건물의 얼굴이 되는 정면이라는 부분을 어떻게 파악하면 좋을까?
참고: 간판건축

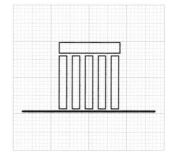

435 | 타협의 집

어떤 목표하는 바가 있고, 그 목표가 되는 도달점과는 본의 아니게 다른 방향으로 갈 때, '타협점을 찾아라…'라든가 '거기에서 타협하여…' 등과 같이 네가티브한 발언을 하기도 하지만, 여기서는 포지티브한 발상으로 전환해 보고 싶다. 원래 설정한 목표 지점이 올바른 판단이었을까? 무언가에 구애됨이 많은 건축은 모든 국면에서 타협을 재촉당하지만, 그럴 때야말로 되돌아 생각해 볼 찬스는 없는 것일까? 끈질기게 문제시되던 것이 사실은 모두에게 사소한 일이었거나, 그것보다 큰 문제를 간과해 주위로부터 '독선적'이라는 말을 들을 가능성도 있지는 않을까?

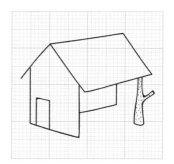

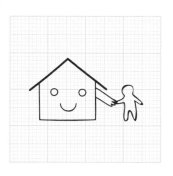

436 | 의인화의 집

건물의 '세운다'는 인간의 '서다'와 연결된다. 또 대들보가 하중을 '지
닌다'라는 표현에서도 볼 수 있듯이, 건물이 비바람에 견디면서 무거
운 것을 지니고 서있다고 하는 의인화된 이미지가 원래 있다. 그래서
집을 '가벼운 느낌의 녀석'이라든가, '착실한 사람'이든지, '과묵한 이'
처럼 의인화해 보면, 건물에 새로운 특징이 생겨날지도 모른다. 사람
의 머리나 얼굴, 몸이나 손발에 해당하는 부분은 어디일까? 그러한
기능은 어떤 것일까? 하나하나 대응시켜 생각해 보는 것도 좋다.

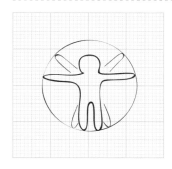

437 | 신체치수의 집

치수! 치수! 라고 하듯이, 건축계에서 '치수'는 마치 주문처럼 외쳐지
는 키워드이지만, 건축이 어떤 스케일을 가지고 실재하는 이상, 당연
히 중요한 것임은 익히 잘 알고 있는 사실이다. 그 중에서도 '집'이라
면 사람들이 몸을 움직여 생활하므로, 거기에는 확실히 신체치수가
모여진다. 계단의 단 높이와 너비, 복도의 폭, 창의 높이, 의자의 높
이, 키친 카운터의 높이, 등등. 일단 일어서서, 걷거나 손을 뻗거나 몸
을 움직이면서 모듈러맨(modulor man)이 되었다는 생각으로 '신
체치수의 집'을 만들어 보자.
참고: 모뒬로르(modulore)/ 르 꼬르뷔제

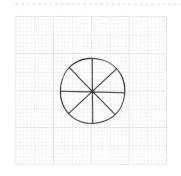

438 | 색채의 집

무지개의 일곱 색으로 대표되듯이 다양한 색들이 있다. 밝은 색에서
어두운 색까지, 채도가 높은 색에서 낮은 색까지, 색은 무수히 많은
것 같다. 또한 색은 조합에 따라 궁합이 좋은 것과 나쁜 것이 있어,
이들의 베리에이션으로 심오함이 더욱 더해진다. 건축 공간에 따라
색을 다루는 경우도 있고, 사람의 취향에 따라 다루는 경우도 있다.
또한 공간뿐만 아니라, 가구, 소품, 의상, 식물, 과일에 이르기까지
다양한 색이 생활에는 존재한다. 공간을 위협하는 색이 있는가 하면,
공간을 더욱 생생하게 만드는 경우도 있다.
【실예】슈뢰더 주택/ 게리트 리트펠트

슈뢰더 주택(Schröder house)

설계 : 게리트 T. 리트펠트(Gerrit Thomas Rietveld)

네덜란드 유트레흐트 주택가에 있는 개인주택. 백색 상자가 바탕인 외관에,
원색들이 컬러풀하게 부재에 채색되어 있다. 또한 그레이와 흰색의 콘트라스
트에 의해 원근감이 생겨나고 있다. 내부로 들어가면, 이동 칸막이벽, 가구 등
다양한 부분에 외관과 마찬가지로 원색이 칠해져 있다. 각 부분의 디테일에
가구 장인다운 아이디어가 넣어져 있다.

형태·형상

소재·물건

현상·상태

부위·장소

환경·자연

조작·동작

개념·사조·의지

439 | 화살표의 집

화살표에는 두 가지 다른 의미가 있다. 하나는 방향을 나타내는 것, 그리고 다른 하나는 화살표가 가리키는 물체 자체를 지시하는 것이다. 어느 쪽이나 똑같은 기호를 이용하지만 그 기능은 다르다. 심플한 기호이면서도 모든 이가 인식하기 쉬운 대표적인 기호라고도 할 수 있다. 특히 도로 표지에 큰 도움이 되며, 건축 도면에서도 그 활약 장면은 넓다. 주위의 화살표를 보았을 때에 그것들이 어느 쪽을 나타내는지를 잘 생각하여, 물체나 형태만으로는 설명할 수 없을 때 화살표를 이용하는 것도 필요하다.

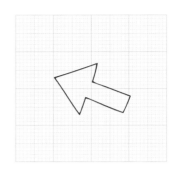

440 | 방향의 집

물체가 어떤 방향으로 향하고 있는가? 그에 따라 물체의 행동거지도 크게 바뀔 수 있다. 건물의 경우, 특히 방위에 따라 조건이 달라지기 때문에 방향은 큰 의미가 있으며, 부분을 보더라도 창의 방향 하나만으로도 뉘앙스가 바뀌게 된다. 게다가 대상이 되는 물체를 나타내는 기능도 있다. 건축을 생각하는데, 무엇을 기준으로 어디로 향하게 할지, 그런 것을 생각해본다면 자신의 흥미가 어디에 향하고 있는지도 알아볼 수도 있다.

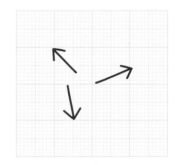

441 | 콘텍스트의 집

'문맥'이라고도 해석하지만, 건축은 어쨌든 여러 장면에서 '왜?'라고 하는 질문을 던질 수 있다. 왜 이런 형태를 하고 있는지? 왜 사람이 들어갈 수 있게 되어 있는지? 원래 왜 이 크기인지? 물론 자문자답을 포함해 이 '?'가 항상 따라다니지만, 거기에 응답하려면 콘텍스트 context가 중요해진다. 다만 콘텍스트에 너무 의지하거나 이를 남용하거나 달리 읽게 되면, 수수께끼는 한층 더 깊어질 뿐이다. 우선은 고정 관념을 없애고 객관적으로 그리고 솔직하게 대화를 거듭해 보자. 그렇다면 콘텍스트는 반드시 디자인 컨트롤의 방향성이나 아웃풋의 표현으로 연결될 것이다.

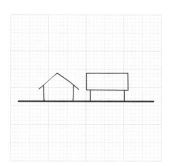

442 | 보이는 방법의 집

당신은 어디에서 보이는 것을 의식하고 있습니까? '보이는 방법'을 생각하는 것은 '볼 수 있는 방법'을 의식하는 것과 밀접한 관계가 있다. 멀리서 보거나 가까이에서 보거나, 정면에서 보거나 경사져 보거나. 도로나 선로 근처에서는 움직이면서 볼지도 모른다. 하늘에서 보면 '아하, 이런 형태였구나~'라고 깨닫기도 한다. 보는 시점의 설정이나 해상도(대상과의 거리)의 설정이, 완성되어 거기에 나타나는 모습이나 방식에 뚜렷이 반영된다.

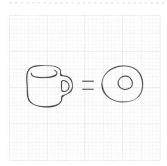

443 | 토폴로지의 집

토폴로지를 의식하며 집을 만들어 보자. 토폴로지의 세계는 커피 컵이나 도넛과 같은 것. 이 견해는 공간이나 물체의 '연결'을 의식하는 데 좋은 트레이닝이 될 것이다. 토폴로지로 보면 기존의 건물 공간에는 도넛이 여럿 연결된 공간이란 거의 없다. 건축에는 사이즈, 기능, 구조 등의 제약이 많다. 그러므로 때로는 사물을 어림잡아 파악해 보는 것도 중요하지 않을까? 공간의 연결이나 관계를 크게 나누어보아, 어디에도 분류할 수 없을 공간을 만드는 것에 도전해 보자.

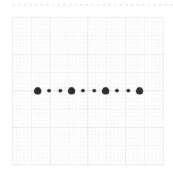

444 | 리듬의 집

건축과 관계된 리듬이라면, 아침·낮·밤, 춘하추동이라는 자연계의 리듬이 있다. 주택도 그렇게 리듬에 호응하여 계획할 수 있다. 그것은 음악의 리듬과 같이 없어서는 안 되는 것으로, 사람의 마음을 움직이는데 도움이 될 수 있다. 주택 안에서 같은 물건의 반복이라고 하면 계단이 있다. 그밖에도 기둥이나 플로어링 등, 기본 단위가 반복되지 않는 것을 찾기는 어렵다. 그런데도 리드미컬하게 느끼지 못하는 까닭은 반복의 방법이 한결같기 때문일지도 모른다. 가끔씩은 기본 단위로까지 단순해 보거나 다른 부분의 단위와 조화를 도모해 봐도 괜찮다.
【실예】 타마 미술대학 도서관/ 이토 도요

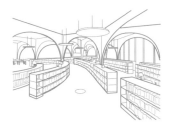

타마(多摩) 미술대학 도서관

설계 : 이토 도요(伊東豊雄)

콘크리트 아치 구조를 주 구조체로 하여 미술대학 캠퍼스 내에 지은 대학 도서관. 아치 스팬을 리듬 있게 잘 바꾸어 가면서, 경쾌하고 신선한 공간을 만들어 내고 있다. 완만하게 커브진 평면도 공간에 움직임을 주고 있다. 곡면 벽과 같은 곡률로, 유리를 동일면으로 완성한 외관도 특징 있다.

형태·형상

소재·물건

현상·상태

부위·장소

환경·자연

조작·동작

개념·사조·의지

445 │ 부분과 전체의 집

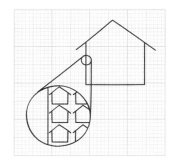

전체 골조 속에서 부분들이 생겨나는 경우와 부분의 집적이 전체를 만드는 경우가 있다. 비유하자면 인간을 세포의 집적이라고 파악하든지 아니면 인간 속에 무수한 세포가 존재한다고 이해하는 것이라고 할 수 있다. 건축에서 부분과 전체의 경계는 어디일까? 건축은 다양한 축척의 세계를 떠돌아 다녀, 때에 따라 2차원이나 3차원, 즉 부분과 전체를 왔다갔다 한다. 그런 피드백을 반복하면서 부분과 전체의 새로운 관계에 대해 생각해 보자.

446 │ 정수와 변수의 집

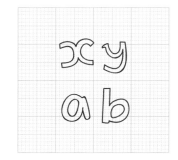

집의 형태나 볼륨을 생각하기 전에, 이번에는 어프로치를 바꾸어 관계식으로부터 생각해 보면 어떨까? '집이란 무엇인가'라는 관계식이다. 무엇인가는 무엇인가? 주택내외부의 무엇인지, 주택에서 전개되는 생활 스타일의 무엇인지, 거기에 사는 인간인지, 아니면 주변환경에서 얻을 수 있는 그 무엇인지. 그때에 따라 정수와 변수를 설정해 보자. 무엇을 정수로 할까? 무엇을 변수로 할까?와 자신의 스탠스를 묻는 것도 좋다. 그 해답의 방향성이 꾸물꾸물 바뀌는 정수·변수가 재미있을 수도 있다. 자, 나머지는 계산을 실행해 보자.

447 │ 구성의 집

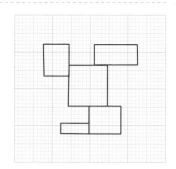

'구성(콤포지션)'이라고 한 마디로 말해도, 평면구성, 입체구성과 같이 비주얼로서의 구성이 있는가 하면, 쓰이는 방법이나 기능을 나타내는 프로그램으로서의 구성도 있다. 비주얼도 프로그램도, 그 구성만 확실하다면 건물로서는 좋다고 여겨지며, 반대로 이 구성이 성립되지 않으면 전체 상태가 이상해지기도 한다. 집안에 넘쳐나는 다양한 여러 조건을 어떻게 조립하여 구성해 나갈지 생각해 보자. 일반적으로 잘 되어 있는 구성을, 자기 나름대로 다시 어레인지하여 새로 짜 넣어 본다면, 즐겁고 자극적인 일이 일어날지도 모른다.

448 | 기억의 집

잊고 싶지만 잊을 수 없는 것. 잊고 있었지만 문득 생각나는 것. 사람에게 기억이 있듯이 건물에도 기억이 있다. 초등학교가 민박집이 되거나 외양간이나 발전소가 갤러리나 박물관으로 바뀌기도 한다. 그런 공간들을 체험한다면, 합리성만으로는 경험할 수 없는 이물감이 기분 좋고 즐겁고 신선하게 느껴진다. 또한 그곳에는 지금까지 생성되고 축적되어온 건물의 자취가 풍부하여 그 장소에 기억되어 있는 것 같은 느낌이 든다. 말이나 형태로 표현하기 매우 어려운 그런 '기억'에 대해 생각해 보자. 옛날집들이 이축되기도 하는 문화도, 그러한 '기억'을 소중히 하고 있기 때문이다.

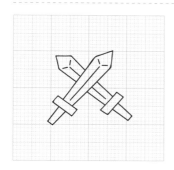

449 | 대립의 집

여러 모로 조화나 협조가 많이 요구되는 시대이므로, 한 번 과감히 대립하는 것을 생각해 보자. 정치에서, 프로레슬링에서, 요리에서, 물론 건축에서도 각각의 주장이나 이념이 대립하고 서로 격렬하게 부딪치는 것은 익사이팅하며, 그것이 업계 전체의 활성화로 연결되기도 한다. 집안에는 어쨌든 서로 관련성 있는 것들이 많아, 끊으려고 해도 끊을 수 없는 관계가 많다. 그러한 것들을 군이 대립시켜 새롭게 익사이팅한 집을 생각해 보자.

450 | 변동의 집

변동이란 어떤 양이 평균값에서 바뀌는 것을 말한다. 불규칙한 진폭이나 평균값과의 엇갈림 등을 건축에 적용시켜보면, 어떠한 현상을 생각할 수 있을까? 이러한 변동은 보기에 따라서는 불안정한 인상도 준다. 일반적으로 건물은 요동하지 않는 대상으로 여겨진다. 한편 건물 안에서 이루어지는 사람의 생활이나, 시간에 의한 빛이나 바람, 열 등, 건축을 매개로 하는 변동 현상은 건축 내외의 형태, 부위 그밖의 많은 건축적 조작에 영향을 준다. 변동을 잡거나 또는 효과를 내는 기계로서 건축을 생각해 보면 재미있다.
【실예】House S/ 히라타 아키히사

House S

설계 : 히라타 아키히사(平田晃久)

주택 계획안 중의 하나. 유기적인 2차 곡면으로 구성된 것이 특징. 단면이 집 모양인 건물이, 바야흐로 변동할 것 같은 부드러운 곡면을 이루고 있다. 하나의 볼륨을 나누는 각 벽들의 움직임이나 그 상태가 서로 이웃하는 방의 공간 체험에 직접 관련되도록 구성되어 있다.

형태・형상

소재・물건

현상・상태

부위・장소

환경・자연

조작・동작

개념・사조・의지

451 ｜ 빛의 분포 · 휘도 차의 집

우리가 물체를 파악할 수 있는 것은, 물체 표면에 도달한 빛이 반사된 것을 받아들이기 때문이다. 그리고 입체물의 휘도 차이에 따라, 물체의 인상은 크게 달리 느껴진다. 햇볕이 강한 날에는 음영이 강하여 물체의 형태가 리얼하게 느껴질 것이고, 약간 흐린 겨울날이라면, 물체의 윤곽이 분명하게 느껴지지 않고 환상적으로 느껴질 것이다. 휘도차가 작은 공간은 실내라고 느끼며 휘도차가 큰 공간은 무의식중에 옥외로 느끼지만, 이를 역이용해보면 재미있는 제안을 할 수 있다.

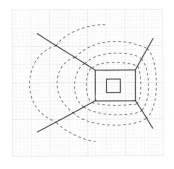

452 ｜ 퍼스펙티브의 집

건축은 매우 커서 완성되었다고 해도, 그것이 표현되기는 어렵다. 인간의 지각은 3차원보다 2차원 쪽이 표현하기도 쉽고 이해하기도 쉽다. 그래서 눈에 비치는 입체정보를 평면정보로 치환하는 방법, 즉 퍼스(퍼스펙티브)가 발전해 왔다. 회화나 도면에서는 같은 크기의 물건이라도 가까이 있으면 크게 그리고, 멀리 있으면 작게 그린다. 그 반대로 파악하여 수평, 수직, 평행하는 물체를 조작하여, 실제보다 넓게 느껴지는 공간이나, 좁게 느껴지는 공간을 만들 수 있다. 시각적으로 느끼는 공간의 크기와, 시각 이외로 체험하는 공간과의 어긋남을 만드는 일도 생각해 보자.

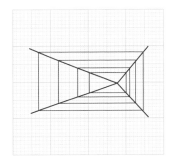

453 ｜ 스케일의 집

이미 지어진 건물을 사진으로 보거나 멀리서 본 모습에 비해, 실제로 다가가 체험해 보면, 생각했던 것보다 크게 또는 작게 느껴지는 일이 있다. 어떤 스케일을 어느 정도로 느끼는가는, 대상물을 이미 알고 있는 경우나, 대상물과 그 크기에 대해 미리 알고 있는 것을 비교해 봄으로써 상상할 수 있다. 경험적으로 크기를 어느 정도 상상할 수 있는 문이나 창이 없는 건물이라면, 스케일을 쉽게 상상할 수는 없다. 크게 느끼는지 작게 느끼는지, 스스로의 감각을 재검토해 보지 않으면 안 되는 재미있는 제안을 할 수는 없을까?

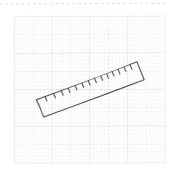

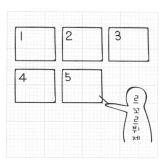

454 | 근대건축 5 원칙의 집

'근대건축의 5원칙'이란 아는 바와 같이, 르 꼬르뷔제가 주창한 근대건축에 대한 5개의 원칙이다(필로티, 옥상 정원, 자유로운 평면, 수평 연속창, 자유로운 입면). 이는 건물에 철이나 콘크리트 등을 적극 사용하는 새로운 기술이 가져온, 밝고 건강한 이미지를 실현한 방법이기도 하다. 너무 유명하여 지금까지도 인용하거나 또는 받아들이는 강력한 원칙이다. 사용된 지 오래된 생각이고, 형태를 구체적으로 규정하고는 있지만, 거기에 지지 않을 자유롭고 새로운 원칙을 제안해 보면 어떨까?

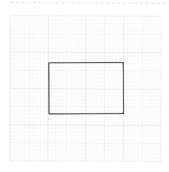

455 | 미니멀의 집

최소 필요함을 목표로 하는 수법을 말한다. 기능에 맞게 장식을 배제하여 물체를 만들거나, 무엇인가 기능을 유발하기 위해 심플하게 만드는 등, 일반적인 상태에서 어떤 요소가 결핍된 것이라고도 생각할 수 있다. 또한 장식 그 자체도 기능을 갖고 있기 때문에 무의미하지만은 않다고 생각한다. 어떤 관점에서 미니멀한 것일까, 기능과 형태의 관계를 다시 보아, 미니멀이란 것을 재고해 볼 수 있다.

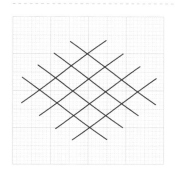

456 | 그리드의 집

대부분의 건물은 어떤 그리드 위에 계획되는 것이 많다. 일정 단위를 가진 건자재를 조합하여 만드는 이상, 그리드는 필연적이고 합리적인 결과이기도 하다. 건축뿐만 아니라 2차원으로 도면을 그릴 때 뛰어나게 도움되는 물건이지만, 때로는 반대로 그리드가 제약이 되어, 자유로움이 없어지는 경우도 있다. 그리드에는 균등한 것도 있고, 대수를 사용한 불균등한 것도 있다. 허니콤과 같이 다각형 도형을 늘어놓은 것도 그리드라고 부른다. 바둑이나 장기, 오셀로 등, 그리드를 베이스로 전개하는 게임에서도 힌트를 얻을 수 있을지도 모른다.

【실예】카사 델 파쇼/ 쥬제뻬 테라니

카사 델 파쇼(Casa del Facio)

설계 : 쥬제뻬 테라니(Giuseppe Terragni)

직역하면 '파시스트의 집'을 의미하는 파시스트 당사로 지어진 건물. 평면과 입면 모두가 1:2 비율이 되는 등, 그리드에 따라 모든 형태가 계획된 것이 특징이다. 직육면체 볼륨에 파사드는 4면 모두 다른 디자인이지만, 그리드에 따라 질서 있게 구성되어 있다. 현재는 국경수비대 본부로서 쓰이고 있다. 1932년 작품.

형태·형상

소재·물건

현상·상태

부위·장소

환경·자연

조작·동작

개념·사조·의지

457 ︱ 규율의 집

건축은 룰(rule, 규율)투성이다. 구조, 설비, 법규 등, 각 분야에서 다양하게 지켜야 할 규율들이 정해져 있어, 설계란 그 규율에 하나하나 대응해가는 작업들의 축적이라고도 할 수 있다. 다만 중요한 것은 룰을 암기하지 말고, **왜 그러한 룰이 정해졌는지를 살펴보아야** 한다는 것이다. 여기에서는 기존의 룰을 지키는 중요성을 재검토하는 동시에, 룰을 깨는 자유로움도 생각해 보자. 독자적인 새로운 룰을 찾아내는 것이, 작품성이나 이념으로 연결될지도 모른다.

458 ︱ 인체의 집

최근에는 정보나 서비스가 편리해진 만큼, 신체를 직접 써서 경험하는 경우가 적어지고 있다고 느껴진다. 아침 해를 받으며 기분 좋음을 느끼거나, 거실 소파에서 느긋하게 쉬거나, 위층으로 가는 데 계단을 이용해 오르는 등, **건축을 통한 체험은 매우 신체적**이라고 할 수 있다.
또한 **건축은 신체의 기능도 확장**해 준다. 외부의 엄격한 환경으로부터 지켜주는 피부이면서, 높은 건물이라면 새와 같은 전망을 얻을 수도 있어, **신체의 한계가 연장되는 것**이라고 파악할 수도 있지 않을까?

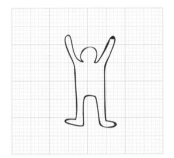

459 ︱ 황금비의 집

정말로 야단스런 네이밍이면서, 절대적인 아름다움의 이미지를 수반하는 **매혹의 비율 '황금비'**. 실제 예로서는, 파르테논 신전의 세로와 가로, 피라미드의 높이와 밑변 등을 들 수 있겠지만, 가까이로는 명함 사이즈에도 실제로 쓰이고 있다. **널리 사용되고 있기 때문에 친밀감마저 드는** 형태이다. 그것이 황금인 까닭은 **수학적인 근거**에 힌트가 숨겨져 있다. 도형적인 특징으로, 황금비 직사각형에서 정사각형 도형을 잘라낸 나머지 직사각형이 다시 작은 황금비 직사각형이 된다는 것. 클래식 음악과 팝의 거리가 줄어든 것처럼, 부담 없이 사용할 수 있는 황금비에 대해 생각해 보는 것도 즐겁다.

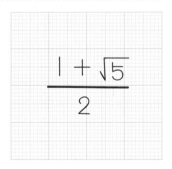

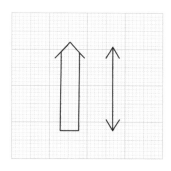

460 | 높이의 집

같은 거리만큼 떨어져있는 경우, 평면보다 높이 방향 쪽이 원근감이 더 느껴지고, 아래 방향보다 위 방향 쪽이 더욱 거리가 느껴진다. 높은 위치에 있으면 더욱 좋은 조망을 얻을 수 있다. 또한 건물을 고층화하면 공지를 더 확보할 수 있다는 도시계획 수법도 있다. 그러나 높은 것의 주변을 생각해보면 음영이 드리워져 멀리까지 영향을 미치게 된다. 자신만 높은 볼륨이라면, 주위에의 배려가 부족해질 수도 있다. 지면에서 멀어지는 생활은 좋은 일만은 아닐 것이다. 높은 것의 메리트와 디메리트를 잘 생각해 볼 필요가 있다.

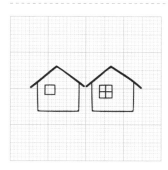

461 | 차이의 집

어떤 관점에서 2개 이상의 물체를 비교해 보자. 그러면 차이를 찾아내거나 우열을 가릴 수도 있게 된다. 집합주택과 같은 반복성이 있는 것에서의 차이는, 개성을 만들어 생생한 정경을 만들게 된다. 건축의 어떤 요소를 꺼내어 비교하여야 할까? 비교해 본다면 어떤 재미있는 것을 알게 될까? 비교하는 대상은 어떤 시추에이션일까? 같은 크기의 개구부라도 공간의 부피나 벽의 텍스처 차이로 밝기가 달라진다. 공간과 공간을 나누는 벽의 두께 때문에 거리감도 달라진다. 차이라고 하는 키워드로 무엇인가 새로운 발견을 하였으면 한다.

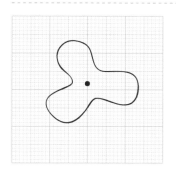

462 | 무게중심의 집

합기도에서 움직임의 중심(中心)은, 인간의 '무게중심(重心)' 바로 아래 부분이라고 한다. 그곳이 합기도의 움직임에서는 중요한 기능을 다하지만, 건축에서의 무게 중심은 어디일까? 구조로서의 물리적인 무게 중심도 있는가하면, 공간으로서의 무게중심도 있다. 또 한 축선상의 중심이 있는가 하면, 여러 개의 물체가 밸런스를 유지하는 무게중심도 있을 것이다. 다양한 '중심'을 고려하면서 '흔들리지 않는' 건축을 만들어 보자.

【실예】하치오지 세미나하우스/ 요시자카 다카마사

하치오지(八王子) 세미나하우스

설계 : 요시자카 다카마사(吉阪隆正)

일본 토쿄 도내 여러 대학이 공동으로 1965년에 설립한 연수시설이다. 콘크리트로 완성된 역 피라미드 형태로, 지면에 꽂힌 듯 무게중심을 잡고 있는 외관이 특징이다. 내부는 오픈공간이 많고 연속으로 연결되어, 개방적인 공간이 되고 있다.

형태·형상

소재·물건

현상·상태

부위·장소

환경·자연

조작·동작

개념·사조·의지

463 | 수퍼플랫의 집

원래는 현대미술의 개념으로서 전개된 말이지만, 건축에도 들어맞는 부분이 많을지도 모른다. 건축은 원래 도면이라고 하는 '평면'이 차지하는 세계가 크다. 물론 완성된 것은 입체적인 것이지만, 그 과정이나 이념은 평면적으로 전개되는 경우가 많다. 르 꼬르뷔제가 주창한 도미노시스템이나 미스 반 데어 로에의 유니버설 스페이스에서 볼 수 있듯이, 평면이 무한하게 확장해 나가는 이미지는 지금까지도 계승되고 있다. 지금부터는 새로운 플랫의 이념을 생각해 보아도 좋을 것이다.

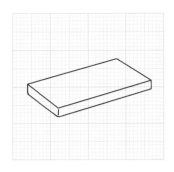

464 | 디테일의 집

건축물에는 소재가 바뀌는 부분이나 단부가 문제되는 경우가 많다. 전체를 구성하거나 특정 소재를 사용할 때, 어떤 디테일로 할지에 따라 의미가 완전히 바뀌어 버린다. 옷에 비유한다면, 같은 스폰 천의 옷자락이라도, 잘려져 단지 트임이 있는 것, 위로 걷어지른 것, 적절한 길이로 된 것 등에 따라, 그 인상은 크게 달라진다. 건축을 만들 때에도, 건재의 중량이 늘어나는 경우도 있으며, 간단히 부숴지지 않을 정도의 강도가 필요하거나, 장소에 따라서는 방음이나 방수, 방화의 성능도 필요할 수 있다. 그 때문에 디테일을 생각하는 것은 큰일이며 매우 중요하다.

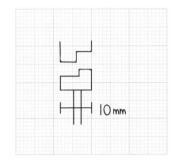

465 | 도식의 집

도식이란 물체끼리의 관계성을 알기 쉽게 설명하려고 그리는 그림이다. 디테일이 생략될 때 관계성은 더욱 명확하게 표현된다. 건축에서는 도식으로 간략하게 에스키스하여 관계성을 고려하지만, 도식그 자체가 말끔함이 결코 중요한 것이 아니라, 어디까지나 관계성을 도식화하고 있다는 사실을 잊지 말아야한다. 도식이 먼저일까 공간이 먼저일까. 또는 도식이 뒤일까 아니면 공간이 뒤일까? 도식을 무엇을 위해 그리고 있는지를 항상 생각해 보자.

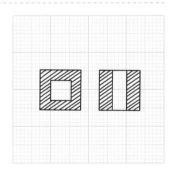

'매주 주택을 만드는 모임'에 대하여

'매주 주택을 만드는 모임' [일본어 약칭: 슈마이(週毎)]는, 그 이름 그대로 매주 주택을 만든다는 모토 아래 매주 테마를 결정한 후, 그에 대한 간단한 모형과 도면을 만들어 모두가 발표하고 비평하는 워크숍입니다. 말하자면 건축 형태를 만들기 위한 반복 연습 활동입니다.

'깊은 지식보다는 형태를 만들자'라는 캐치프레이즈를 갖고, 1995년 토쿄 이과대학 공학부 카구라자카(新樂坂) 캠퍼스에서 시작된 모임. 현재 일본 히로시마, 후쿠오카, 나고야, 군마, 이바라키, 니가타, 미야기 등 전국 각지에서 자유롭게, 한편으론 자연발생적으로 확대되고 있습니다. 현재 활약하고 있는 신진 건축가 중에도, 당시 '매주 주택을 만드는 모임'에 참가했던 사람들이 많이 있습니다.

다만 실제로 활동을 통괄하는 조직 같은 것이 없으므로, 그것을 관리하는 룰이나 관례도 없습니다. '누구라도 부담 없이 언제라도 참가할 수 있다'는 것이 기본적인 스타일이 되고 있습니다. 다음 쪽에 히로시마지부와 큐슈지부의 '매주 주택을 만드는 모임 OB'들이, '매주 주택을 만드는 모임'의 활동내용과 의의를 소개하고 있으니 참고 바랍니다. 각 지부가 자유롭게 발전시켜나가며 활동하고 있는 모습을 알 수 있을 것입니다. '스스로 해 본다'라는 방식에 대해, 아래 열거한 현재 활동 중인 지부에 접촉해 보아 그 분위기를 맛보아 주십시오. 물론 이 책 10쪽의 연습 방법을 참고하면, 스스로도 빠르게 즐길 수 있겠지요.

[슈마이 네트워크]

마에바시(前橋) 지부 'shu-mae'
마에바시 공과대학 공학부 내

나고야(名古屋) 지부 'FLAT'

히로시마(廣島) 지부 '매주 주택을 만드는 모임 히로시마 지부'
히로시마 공업대학 공학부 내

큐슈(九州) 지부 'Shu-mai kyushu'
큐슈대학 예술공학부 내

오이타(大分) 지부 '매주 주택을 만드는 모임. 오이타 FC점'
오이타대학 공학부 내

도쿄(東京) 본부
츠쿠바(筑波) 지부
마에바시(前橋) 지부
토호쿠(東北) 지부
니가타(新潟) 지부
카구라자카(新樂坂) 지부
세타가야(世田谷) 지부
요코하마(橫兵) 지부(Y-GSA)
(2010년 현재, 무순)

'매주 주택을 만드는 모임' 각 지부의 OB가 말하는 '슈마이'의 내용과 의의

즉흥적이며 끝장나듯 한 즐거움이 슈마이의 묘미
히로시마지부 OB·타카하시 쇼쇼

대학 3학년 무렵, 도쿄 본부의 창설 멤버들을 만나 '슈마이' 활동을 배우자마자, 우리들은 '우선은 어 쨌든 해보자!'라고 몰두하였습니다. 배웠다고 해도 자세한 내용은 몰랐기 때문에, 스스로 마음대로 어레 인지해보거나 룰을 결정하면서 진행시켜 나간다는 느낌이었습니다.

'슈마이'는 기본적으로 '마음대로 하는 것'으로, 누구에게도 눈치 보지 않고, 어쨌든 자유롭게 논의합 니다. 대학 교수님이나 한참 선배가 아니라, 가까운 동료에게 평가되거나 또는 비평되는 것. 이것에 의외 로 격려 받거나 자극으로 연결됩니다. 제목=테마에 대한 논의도 매우 의의가 있다고 생각합니다. '슈마 이'를 통해 '테마를 스스로 결정한다'라고 하는 행위가, 실은 가장 크리에이티브한 즐거움입니다. 일상적 인 테마를 찾는 습관이나, 자신 나름대로 건축을 파악하는 방법이 몸에 붙어, 그 후의 졸업설계나 그외 의 설계활동에 활용되었다고 생각됩니다.

그런 '슈마이'의, 내가 느끼는 가장 큰 매력은, 역시 그 즉흥성에 있다고 생각합니다.

당연합니다만 실제 건축물은 완성까지 매우 많은 시간이 걸립니다. 대학의 과제조차도, 몇 개월에 걸 쳐 고민하면서 만들기 때문에, 도중에 계획안의 방향을 바꾸는 것도 매우 용기 있는 행위가 됩니다. 주위 의 평가를 너무 신경 써서 깊게 침체되는 경우도 있습니다. 거기에 비하면, '슈마이'의 작품은 알쏭달쏭 하게 생각되더라도, 1주일 뒤에는 형태로 만들지 않으면 안 됩니다. 모임 시작 바로 전에 몇 시간 동안 준비하는 일도 매우 많았습니다. 가능한 한 따끈따끈한 도면이나 모형을 가져와 식기 전에 프레젠테이 션 합니다. 그에 대한 '평가'는 그 자리에 함께 하던 동료들의 퍼스트 임프레션(first impression)만. 그래 서 작품을 많은 사람들에게 보여주는 과제와 달리, 자신의 아이디어가 조금 잘못되어도 그 상처는 얕습 니다. 오히려 그 자리에서 동료의 반응을 시험해 볼 정도로의 감각으로 생각하였습니다. 그런 즉흥적이 고 끝장나듯 한 즐거움이, '슈마이'의 묘미라고 생각합니다.

설립해 1년 정도 지났을 무렵에는, 히로시마 '슈마이'의 전시회를 조촐하게 열었습니다. 홈 페이지에서 활동을 보고 도쿄에서 방문한 분들도 있었고, 견학하고 돌아간 사람들이 현지에서 지부를 설립하는 케 이스도 있었습니다. 멤버들이 서서히 아이디어 공모에 입상하기 시작했던 것도 이즈음입니다. '우선은 어 쨌든 해 보는 것'을, 일단 깨달으면 대량의 노하우를 쌓게 되고, 그것이 결과로 연결되어 온 것이 우리들 에게는 큰 자신과 격려가 되었습니다. 대학원 진학 등으로 히로시마를 떠난 멤버는, 신천지에 새로운 지부를 설립하는 등, 그 후로도 다양한 모습으로 각지의 활동으로 연결되고 있습니다. 그런 히로시마 '슈마이'는, 지금도 아직 자유롭게 활동을 계속하고 있습니다.

스케일을 한정하지 않고, 전국 무대를 의식한 운영과 대처자세   큐슈지부OB 소노베 코헤이

Shu-mai kyushu(이하, 큐슈 지부)는, 설계자가 되기 위해 필요한 폭넓은 아이디어/사고의 툴을 기르는 것을 목적으로, 2000년부터 현재에 이르기까지 계속 활동을 이어오고 있습니다. 큐슈 지부에서는 다른 지부와 마찬가지로, 테마를 설정한 후, A4사이즈의 도면과 모형을 이용해, 머리에 있는 버추얼 이미지를 리얼하게 아웃풋으로 표현하는 것을 답습하고 있습니다. 그리고 큐슈 지부에는 두 개의 주요한 독자적인 특징이 있습니다. 하나는 설계 대상을 주택만으로 한정하지 않는다는 것입니다. 어떤 테마에 대한 아웃풋의 스케일은 다양하여, 어떤 사람은 가구를 창작하거나, 어떤 사람은 도시 스케일로 용적 배분의 룰을 제시하는 등, 스케일을 묻지 않는 디자인을 실시합니다.

또 다른 하나는, 전국규모 설계 공모를 조준하고 독특한 운영 스타일과 임하는 자세를 갖는 것입니다. '슈마이'를 공모전 수상이나 과제에 반영함을 목적으로 하는 것은 어느 지부에서나 마찬가지이겠지요. 그러나 큐슈지부에서는, 동시대에 전국적으로 건축에 뜻을 둔 사람 약 3만 명 속에서 어떻게 살아남을까? 자기만족만으로 끝내지 않고 제삼자의 평가를 얻기 위해서는? 큐슈라고 하는 지방도시에서 전국 무대에 서기 위해서는? 그러한 것을 염두에 두고, 중요한 설계경기가 있는 경우는 공모전 테마 그 자체를 테마 설정해, 몇 주에 걸쳐 같은 테마로 활동하는 케이스도 많이 있습니다. 예를 들어, 1회째는 공모 테마에 대한 각 계획안의 장점을 살려서 논의하고, 2번째는 1회째에 생각한 각자의 계획안과 테마를 각기 브레이크 다운해 제출합니다. 완전히 다른 테마에서 어프로치하여, 그 후에 공모 테마에 적합한 제안으로 승화시키기도 하였습니다.

또한 공동으로 제출하지 않고 '혼자서 할 수 있다'는 것을 의식해 참가합니다. 이것은 설계자로서의 힘을 기르는 트레이닝이란 의미와 함께, 누가 어디를, 어디까지 했는지를 명확하게 하여, 수상했을 경우에 상이 가지는 힘이나 평가를 최대화하기 위해서이기도 했습니다.

건축을 배우기 시작한 학생이 쉽게 건축을 대할 수 있는 시스템으로서 '슈마이'는, 전국으로 전개되었습니다. 참가하고 있을 때에, 아이디어를 리얼하게 건축화하려면 상당한 파워가 필요한 것을 눈치챘습니다. 그러나 꿈을 무한하게 꿀 수 있는 이 트레이닝은, '실현하고 싶은 힘', 내놓는 것이나 곤란한 조정을 '넘을 수 있는 힘'을 확실히 양성시켜 주었다고 생각합니다.

건축설계의 아이디어와 힌트 470

초판 인쇄 2013년 7월 10일
초판 발행 2013년 7월 17일

저자 매주 주택을 만드는 모임
역자 고성룡
펴낸이 김성배
펴낸곳 도서출판 씨아이알

책임편집 이정윤
디자인 송성용, 우성남
제작책임 윤석진

등록번호 제2-3285호
등록일 2001년 3월 19일
주소 100-250 서울특별시 중구 예장동 1-151
전화번호 02-2275-8603(대표) | **팩스번호** 02-2275-8604

홈페이지 www.circom.co.kr

ISBN 978-89-97776-60-3(93540)
정가 18,000원

여러분의 원고를 기다립니다.

도서출판 싸아아알은 좋은 책을 만들기 위해 언제나 최선을 다하고 있습니다.
토목·환경·건축·불교·철학 분야의 좋은 원고를 집필하고 계시거나 기획하고 계신 분들, 그리고 소중한 외서를 소개해 주고 싶으신 분들은 언제든 도서출판 씨·아이·알로 연락 주시기 바랍니다.
도서출판 씨·아이·알의 문은 날마다 활짝 열려 있습니다.

출판문의처: circom@chol.com,
02)2275-8603(내선 602, 603)

《도서출판 씨·아이·알의 도서소개》

※ 문화체육관광부의 우수학술도서로 선정된 도서입니다.
† 대한민국학술원의 우수학술도서로 선정된 도서입니다.

건축

BIM 상호운용성과 플랫폼

강태욱, 유기찬, 최현상, 홍창희 저 / 320쪽(4*6배판) / 25,000원
BIM은 프로젝트 목적과 이해당사자들의 사용에 맞도록 건설 정보를 모델링하고, 이를 적절히 교환하여 신속하고 빠른 의사결정을 하고, 이를 통해 설계변경과 같은 재작업을 줄여 전체적으로 높은 생산성과 품질을 얻고자 하는 기술이다. 이 책은 BIM(Building Information Modeling)을 구성하는 핵심적인 기술인 상호운용성에 대한 이야기를 다루고 있다.

건축환경론

노정선, 함정도 저 / 336쪽(4*6배판) / 22,000원
이 책은 건축물의 일차적 구비조건으로서 실내 환경이 어떻게 야외 환경과 다르게 변화, 조성돼야 하는가를 이론적인 측면에서 이해하기 쉽게 설명하고 있다. 또한 건축물이 갖춰야 할 실내 환경의 원리를 파악하기 위한 건축환경의 원론으로서 건축물 내부의 인체의 생리적 쾌적조건뿐만 아니라, 실내 환경과 관련된 열, 공기, 빛, 소리 등의 물리적 특성을 건축에 적용하는 방법을 그림과 함께 설명한다. 건축환경을 이론적으로 접근하는 대학생들을 위한 좋은 입문서가 되어줄 것이다.

디자인 도면

Francis D.K. Ching, Steven P. Juroszek 저 / 이준석 역 / 416쪽(국배판) / 28,000원
디자인 도면의 범위는 2차원 도면에 디자인을 나타내는 것을 필요로 하는 모든 영역의 디자이너 작업들이 포함될 수 있다. 이 책은 그 가운데에 특히 건축 설계과정에서 요구되는 복합적인 사고과정과 표현요소들을 중점적으로 다루고 있으며, 이 내용들은 디자인을 처음 접하는 초급자로부터 많은 재능과 이론적 원리를 필요로 하는 숙련자에 이르기까지 폭넓게 활용될 수 있다.

흙건축 ※

황혜주 저 / 256쪽(4*6배판) / 23,000원
이 책은 크게 3부분으로 나누어 건축의 본질과 흙건축의 역사, 흙건축의 특성의 이해를 도모하기 위한 흙의 성질, 흙 이용, 흙 시험 등을 다양한 실험 결과들과 함께 소개한다.

토목

건설의 LCA

이무라 히데후미(井村 秀文) 편저 / 전용배 역 / 384쪽(신국판) / 22,000원
본서의 특징은 일본에서 실제로 LCA를 이행한 사례를 소개하고, LCA의 개념과 기법을 사례적용별로 정리했다는 것이다. 실행하였던 사례들의 분석 결과인 원단위를 부록에 수록하여 LCA를 연구하고자 하는 경우뿐만 아니라, 현장실무자들의 활용도가 높다. 또한 이론과 사례가 함께 정리되어 있어 이론 습득의 효율성이 높아 교재로서의 활용도가 높을 것이다.

건설문화를 말하다

노관섭, 박근수, 백용, 이현동, 전우훈 저 / 2013년 3월 / 160쪽(신국판) / 14,000원
이 책에서는 국민의 삶과 국가 경제에 지대한 영향을 미치는 사회기반(SOC)시설과 건축물에 대한 국민의 관심을 높이고 국토 및 국가의 품격을 높이는 시설물을 확충할 수 있도록, 이와 관련된 '문화'에 대해서 들여다보았다.

건설현장 실무자를 위한 연약지반

박태영, 정종홍, 김호종, 이봉직, 백승철, 김낙영 저 / 2013년 3월 / 248쪽(신국판) / 20,000원
연약지반에서의 건설공사는 정밀한 지반조사, 설계를 바탕으로 시공 시 지반 파괴 방지 및 공기 준수를 위해 면밀한 현장 계측을 통한 지속적인 지반의 안정성 검토를 실시하고 이를 반영한 즉각적인 대책공법 수립 등 끊임없는 피드백이 필요하다. 이 책에서는 시공 지침 및 사례, 실무 노하우 등을 조사하여 처음 접하는 기술자도 이해하기 쉽도록 정리하였다.

지질공학

Luis I. González de Vallejo, Mercedes Ferrer, Luis Ortuño, Carlos Oteo 저 / 장보안, 박혁진, 서용석, 엄정기, 최정찬, 조호영, 김영석, 구민호, 윤운상, 김학준, 정교철, 채병곤, 우익 역 / 2013년 3월 / 808쪽(국배판) / 65,000원
지질공학은 공학적인 성질에 대한 지질학적인 영향을 인지하고 이해하는 학문이다. 이 책은 기초, 방법, 적용 및 지질 재해의 4개 부분에서 이러한 영역을 다루고 있다. 그리고 공학지질 및 지질공학의 기본적인 기초로서의 지질학에 대한 이해와 공학지질학자 및 지질공학자에게 지질학 및 공학적인 과학과 적용에 필요한 지식을 제공하는 핵심가치의 중요성을 강조하

였다. 이 책은 공학지질의 교육 및 응용에 도움이 되리라 판단되며 지질공학에 중요한 공헌을 할 것으로 기대된다.

유목과 재해
코마츠 토시미츠 감수 / 야마모토 코우이치 편집 / 재단법인 하천환경관리재단 기획 / 한국시설안전공단 시설안전연구소 유지관리기술그룹 역 / 2013년 3월 / 304쪽(사륙배판) / 25,000원
이 책에서는 유목 발생원부터 사방, 댐, 하천 및 해안에 이르는 전체 유역을 대상으로 수목이 가지는 재해발생요인뿐만 아니라 하천환경기능에도 배려하면서 하천 종단방향에 대해 유목화현상, 퇴적·집적현상을 명확하게 분석하고, 유목재해 경감대책에 대해서도 함께 기술하였다.

철근콘크리트 역학 및 설계(3판)
윤영수 저 / 2013년 2월 / 624쪽(4*6배판) / 28,000원
콘크리트는 현대사회를 구축한 실체적인 뼈대로 우리 주변에서 가장 많이 부딪히는 과학의 산물이다. '철근콘크리트 역학 및 설계'의 근본적인 목적은 철근콘크리트 부재의 거동을 이해하고 예측하는데 필요한 개념, 그리고 철근콘크리트 구조물을 설계하기 위한 기본적인 개념들을 설명하는 데 있다. 이 책은 2012년에 개정된 콘크리트구조기준과 콘크리트 표준 시방서(2009)를 기준으로 삼고 있고, 표준용어와 SI 단위를 사용하고 있다. 이 책은 학부 강의를 위해 선별하여 사용할 수 있고, 대학원생과 실무 엔지니어들을 위해서 부분적으로 그 깊이를 달리하여 도움을 주고자 하였다.

Q&A 흙은 왜 무너지는가?
Nikkei Construction 편저 / 백용, 장범수, 박종호, 송평현, 최경집 역 / 2013년 2월 / 304쪽(4*6배판) / 30,000원
이 책은 건설현장에서 발생할 수 있는 실패 사례를 모아서 구성한 것이다. 공사 전에 안정을 예측하고 설계를 하였으나, 지반의 특수성으로 인하여 붕괴가 발생한 사례에 대하여 대책방안을 문답형식으로 개제하였다. 지반공학 분야 중 특히, 사면, 옹벽, 연약지반 처리 등으로 인해 발생하는 피해사례를 중심으로 구성하였기 때문에 건설 분야에 종사하는 분들에게 많은 도움이 될 것이다.

물환경의 시대 막을 이용한 물재생
(사)일본물환경학회 막을 이용한 수처리기술 연구위원회 저 / 양민수, 김상욱, 김완호, 강태우, 윤교식 역 / 204쪽(신국판) / 20,000원
우리가 살고 있는 이 시대는 물 순환형 사회이기 때문에, 수자원을 유효하게 이용하자는 의식이 널리 퍼져 있다. 그렇기 때문에 생활 폐수, 하수처리수, 수로 등의 친수용 물뿐만 아니라, 농촌지역 폐수처리시설, 축산 폐수처리시설, 공장 폐수처리시설, 세차 폐수처리시설, 침출수 처리시설 등에 막을 이용한 물재생 기술의 점진적인 증가가 예상된다. 이 책은 막 기술의 기초부터 적용 사례까지 이해하기 쉽게 설명하고 있다.

상상 그 이상, 조선시대 교량의 비밀
문지영 저 / 384쪽(신국판) / 23,000원

이 책에서는 교량을 단순한 통과·이동의 수단으로서만 다루지 않았다. 교량은 인간의 필요에 의해 인간이 만든 인공구조물이기 때문에 원시자연에 인공의 요소가 가미된 개념인 '문화'의 속성을 이미 내포하고 있으며, 환경 가운데 시각적 존재감을 드러내고 있기 때문에 '경관구성요소'로서 역할을 한다. 이 책에서는 기술적 측면뿐만 아니라 문화·경관적 측면에서의 특징을 고루 갖추고 있는 '조선시대의 교량'을 대상으로, 다양한 측면에서 내용을 기술하고 있다.

인류와 지하공간
한국터널지하공간학회 저 / 368쪽(신국판) / 18,000원
이 책은 인류 역사의 흐름과 발전에 따라 지하공간이 어떻게 활용되었는지를 설명하며, 가까운 미래에 예상되는 지하공간의 활용 분야를 전망하였다. 총 4개의 부로 구성하여, 제1부인 '터널과 지하공간이란?'에서는 인류가 존재하면서부터 지하공간을 필연적으로 사용할 수밖에 없었던 이유와 배경을 소개하고, 제2부에서는 고대와 중세 사이에 이루어진 터널과 지하공간의 주요 활용 분야와 관련 사례들을 다루고 있다.

재킷공법 기술 매뉴얼
(재)연안개발기술연구센터 저 / 박우선, 안희도, 윤용직 역 / 372쪽(4*6배판) / 22,000원
이 책은 2000년 1월에 (재)연안기술연구센터에서 발간한 것으로 일본에서 시공한 호안과 잔교, 계류시설, 방파제, 이안제(離岸堤), 작업용 잔교 등에 대한 실적과 연구경험으로 토대로 체계적으로 잘 정리되어 있다. 항만 및 해양공학 입문자, 특히 설계자들에게 좋은 참고서가 될 것이다.

토목지질도 작성 매뉴얼
일본응용지질학회 저 / 서용석, 정교철 김광엽 역 / 312쪽(국배판) / 36,000원
이 책은 댐, 터널, 지하공간, 굴착, 기초, 원자력발전소 등과 같은 지반구조물의 시공을 위한 지질도는 물론 산사태, 자연재해, 수문 등과 같은 환경 관련 지질도의 작성방법을 실제 작성된 도면을 이용하여 설명하고 있다.

관리형 폐기물 매립호안 설계시공관리 매뉴얼(개정판)
(재)항만공간고도화 환경연구센터(WAVE) 저 / 권오순·오명학·채광석 역 / 안희도 감수 / 240쪽(4*6배판) / 20,000원
이 책은 일본에서 해상 폐기물처분장을 건설 및 운영하면서 지금까지 축적된 기술적인 내용을 담고 있다. 육상 폐기물처분장과의 기술적인 차이점과 기존의 항만구조물 설계 및 시공 기술과의 차이점을 비롯하여 해상폐기물처분장의 설계·시공·관리에 이르는 전체 분야에 대한 기술들이 상세히 정리되어 있다.

엑셀을 이용한 수치계산 입문
카와무라 테츠야 저 / 황승현 역 / 352쪽(신국판) / 23,000원
이 책은 수치계산법의 기초부분이 거의 포함되어 있으며, 특히 접근이 쉽고 사용하기 편리한 엑셀 VBA로 프로그램이 되어 있으며, 바로 사용할 수 있도록 다양한 수치계산법을 구사한 고정밀도·고속의 프로그래밍을 제공한다.

강구조설계(5판 개정판)

William T. Segui 저 / 백성용, 권영봉, 배두병, 최광규
역 / 728쪽(4*6배판) / 32,000원
이 책은 강구조물의 하중저항계수설계법 및 허용응력설계법
의 기본개념을 쉽게 이해가 되도록 명확하게 설명하고 있다.
또한 이론적인 배경 및 응용에 대한 제반 사항을 폭넓게 기술
하고 있기 때문에 공과대학의 토목, 건축 관련학과 학부학생
들의 교재로 적합하다.

지반기술자를 위한 지질 및 암반공학 III

(사)한국지반공학회 저 / 824쪽(4*6배판) / 38,000원
이 책은 지질 및 암반분야를 소개하고, 관련 업무에 활용할
수 있도록 조사설계시공에 대해 설명하고 있다. 지질 및 암
분공학을 기초와 이론편 그리고 실제와 응용편으로 나누어
기초이론과 다양한 적용사례를 들어 제시하고 있다.

수처리기술

쿠리타공업(주) 저 / 고인준, 안창진, 원홍연, 박종호, 강태
우, 박종문, 양민수 역 / 176쪽(신국판) / 16,000원
기후변동은 많은 지역을 건조화시켜 물 부족 현상을 일으키
고 있다. 따라서 인류는 생존을 위해 먼저 수자원 확보에 치
중해야 하는 현실에 직면해 있다. 이 책은 물 순환 시스템에
있어 물의 이용과 배출에 따른 처리기술뿐만 아니라, 처리과
정에서 분리된 성분의 회수자원화에 대해 설명하고 있다.

엑셀을 이용한 구조역학 공식예제집

IT환경기술연구회 저 / 다나카 슈조 감수 / 황승현 역 / 344
쪽(신국판) / 23,000원
이 책은 보·라멘·아치 등의 구조에 대해서 다양한 하중·지지
조건의 예를 들어, 그 '반력', '단면력', '처짐', '처짐각' 등의
공식뿐만 아니라 범용성 있는 엑셀 프로그램에 의해 해답을
얻을 수 있도록 구성되어 있다. 실무자나 학생 등 누구나 쉽
게 사용이 가능하며, 계산과정은 엑셀의 VBA로 프로그램이
되어 있어 응용의 폭을 넓힌 것이 특징이다.

풍력발전설비 지지구조물 설계지침·동해설 2010년판

일본토목학회구조공학위원회 풍력발전설비 동적해석/구조
설계 소위원회 저 / 송명관, 양민수, 박도현, 전종호 역 /
장경호, 윤영화 감수 / 808쪽(사륙배판) / 48,000원
막 태동하는 풍력산업과 관련한 풍력발전기 지지구조물 관련
기술서적이 국내에는 전무하다. 국내에서도 이러한 기술 서
적이 출간되기 위해서는 막대한 장기적인 연구비와 연구인
력들의 집중적인 투자가 필요할 것이다. 이러한 현재 상황에
서 이 책은 이웃인 일본의 선진 기술을 소개하고 있어, 국내
토목기술자들이 관련 기술을 습득하는 데에 도움을 줄 것이다.

엑셀을 이용한 토목공학 입문

IT환경기술연구회 저 / 다나카 슈조 감수 / 황승현 역 / 220
쪽(신국판) / 18,000원
이 책은 구조역학·지반·수리·측량·시공관리 등 토목의 다양
한 분야에 대한 기초지식과 더불어 엑셀 프로그램을 제공하
여 토목에 입문하는 학생은 물론이고 실무자들도 유용하게
사용할 수 있도록 구성되어 있다.

엑셀을 이용한 지반재료의 시험조사 입문

이시다 테츠로 편저 / 다츠이 도시미, 나카가와 유키히로,
다니나카 히로시, 히다노 마사히데 저 / 황승현 역 / 342쪽
(신국판) / 23,000원
이 책은 지반재료시험이나 지반조사법을 지반공학의 내용과
관련지어 시험의 목적, 시험순서와 결과정리를 위한 계산식
을 상세히 설명하여 누구나 쉽게 시험업무를 수행할 수 있도
록 하였다. 또한 시험결과를 엑셀의 데이터시트에 깔끔하게
양식화·그림화하여 제공하고 있기 때문에 데이터 정리에 소
비하는 시간을 단축시킬 뿐만 아니라, 컴퓨터상에서 즐기면
서 경험을 축적할 수 있다.

토사유출현상과 토사재해대책

타카하시 타모츠 저 / 한국시설안전공단 시설안전연구소 유
지관리기술그룹 역 / 480쪽(4*6배판) / 28,000원
본서에서는 토사유출 시스템의 구성, 그 과정의 현상과 평가,
시스템 시뮬레이션 및 시스템 관리에 대해서 논의하고 있다.

해상풍력발전 기술 매뉴얼

(재)연안개발기술연구센터 저 / 박우선, 이광수, 정신택, 강
금석 역 / 안희도 감수 / 282쪽(4*6배판) / 18,000원
이 책은 (재) 연안개발기술연구센터와 민간기업이 공동으로
항만, 연안지역에 있어서의 풍력발전시스템에 관한 공법의
기술개발 및 그 보급을 목적으로 수행한 연구의 결과물로,
해상풍력발전의 고정식 기초설계과정에 대해서 체계적으로
잘 정리되어 있다.

에너지자원 원격탐사 †

박형동, 현창욱, 오승찬 저 / 284쪽(4*6배판) / 28,000원
이 책은 국내외 에너지자원의 탐사, 개발, 투자, 협력 등의
모든 단계에서 필수적으로 알아야 할 현대적 기본지식의 집
합체이며, 에너지자원 개발에 초점을 두고 이에 대한 원격탐
사기술을 소개하고자 주력하였다.

해양시추공학

최종근 저 / 376쪽(4*6배판) / 27,000원
저자는 육상 및 해양에서 이루어지는 시추에 대한 전반적인
이해와 더불어 체계적인 교육을 위한 교재의 필요성을 절감
하게 되어 다년간의 연구와 강의를 바탕으로 이 책을 출간하
게 되었다.

터널설계시공 ※

Pietro Lunardi 저 / 선우춘, 김영근, 민기복, 장수호,
김광염 역 / 584쪽(4*6배판) / 38,000원
이 책은 터널 분야에 종사하고 있는 기술자에게 최신 터널
기술의 소개와 설계 및 시공단계에서의 활용에 대한 가이드
라인을 제공하기 위해 출간되었다.

건설공사와 지반지질

다나카 요시노리, 후루베 히로시 저 / 백용, 정재형 역 /
228쪽(신국판) / 20,000원
본서는 지반지질에 대한 지식의 필요성을 구체적으로 인식하
고, 실무에 활용하는 것을 목적으로 하고 있다. 지반지질이
란 무엇이며, 지반지질 지식이 건설공사의 설계, 시공에 어

떻게 활용될 것인가, 설계 및 시공 관계에서 무엇이 중요한 것인가 등에 포인트를 두고 최대한 이해하기 쉽게 설명하고 있다.

해외광물자원 개발실무 ※
강대우 저 / 736쪽(4*6배판) / 50,000원
이 책은 국가의 지속적인 경제발전을 위해 필수적인 에너지와 광물자원의 장기적이고 안정적인 확보를 위하여 해외광물자원을 개발하고자 하는 사람들을 위해 출간되었다.

수문설비공학
일본 水工環境防災技術硏究会 저 / 최범용, 김영도, 조현욱, 양민수 역 / 440쪽(4*6배판) / 27,000원
수자원의 필요성이 점점 증대되어가는 시점에서 중요한 수리시설 중 하나인 수문설비에 대해 상세하게 설명하고 있다.

준설토 활용공학 ※
윤길림, 김한선 저 / 308쪽(4*6배판) / 25,000원
본서에서는 최근 발생량이 크게 증가하고 있는 준설토에 대한 처리 및 활용에 관한 국내 현실에 적합한 활용기술을 개발하고 해양환경복원에 필요한 기술을 확립하는 등 국가 차원의 활용기술을 소개하고자 한다.

댐 및 수력발전 공학
이응천 저 / 374쪽(4*6배판) / 27,000원
이 책은 댐과 수력발전의 계획과 설계 관련 사항을 위주로 기술하면서 배경이 되는 개념을 독자가 파악할 수 있도록 노력하였으며, 구조물에 따라서는 일부 시공 관련 사항을 포함시켰다.

엑셀을 이용한 지반공학 입문
이시다 테츠로 저 / 황승현 역 / 204쪽(신국판) / 18,000원
이 책은 지반분야의 기초지식을 알기 쉽게 엑셀로 만들어 제공함으로써 배움에 있는 학생들이나 사회초년생에게 조금이나마 보탬이 되었으면 하는 바람으로 출간되었다.

지반기술자를 위한 지질 및 암반공학 Ⅱ †
(사)한국지반공학회 저 / 742쪽(4*6배판) / 35,000원
한국지반공학회에서는 지금까지의 기술적 성과를 지반기술자들에게 지질 및 암반분야를 소개하고 조사설계시공에 대한 기술도서로서 활용할 수 있도록, 특별세미나 및 지질실습 등의 내용을 바탕으로 이 책을 출간하였다.

홍콩트랩
백이호 저 / 352쪽(신국판) / 18,000원
이 책의 저자는 '홍콩 컨테이너터미널-9' 프로젝트의 공사 진행이 늦어지자 현장소장으로 발탁되어 현장을 지휘하고 관리하면서 끊임없이 발생하는 문제들을 해결하고 발주처와 시공사 사이에서 벌어지는 대결과 협상을 반복하는 길고도 험난한 여정을 상세하고 솔직하게 기록하였다.

방호공학개론
Theodor Krauthammer 저 / 박종일 역 / 400쪽(4*6배판) / 30,000원
이 책은 자연재해와 더불어 현재 전 세계적으로 증가하고 있는 비대칭 공격 또는 직접적인 군사적 공격에 대비한 방호설계에 대한 공학적 문제(관통, 기폭, 구조부재 거동 등)에 대해 광범위하게 다루고 있다.

토목기술자를 위한 한국의 암석과 지질구조
이병주·선우춘 편 / 296쪽(4*6배판) / 20,000원
이 책은 토목공사를 실시함에 있어서 대상이 되는 지질과 지질구조를 이해함으로써 설계 시 이를 반영하고, 시공 시에 부딪힐 수 있는 사고와 위험에 미리 대비할 수 있도록 암석과 지질구조에 대한 일반적인 내용을 비롯하여 고생대에서 신생대까지의 지역적인 암석들의 분포와 특성에 대하여 설명하였다.

보강토 공법 실무〉〉설계·시공·시험평가
한국토목섬유학회 편 / 492쪽(4*6배판) / 30,000원
이 책에서는 지반개량이나 지반보강, 제방 및 축조에 사용하기 위한 다양한 종류의 토목섬유의 종류와 공법들을 사진들과 함께 기술하였다.

실무자를 위한 흙막이 가설구조의 설계
황승현 저 / 472쪽(4*6배판) / 25,000원
이 책은 국내는 물론 해외의 설계기준이나 지침, 참고도서를 총망라하여 각 설계기준이나 지침에 없는 내용과 오류, 항목만 있고 상세한 내용이 없는 것, 설계실무자들이 관행적으로 잘못 알고 있는 사항, 반드시 검토할 사항 등 흙막이구조 전반에 걸쳐서 설계종사자들이 알아야 할 사항을 상세히 소개하였다.

지질공학 †
M. H. de Freitas 편저 / 선우춘, 이병주, 김기석 역 / 492쪽(4*6배판) / 27,000원
지질분야에 익숙하지 않은 자원개발 전문가나 토목기술자들이 현장에서 경험하지 못했던 상황에 대한 문제처리로 애를 태우는 경우가 많이 있다. 이 책이 그러한 문제들을 해결하기 위한 도우미로서 역할을 수행할 수 있으리라 믿는다.

토석류 재해대책을 위한 조사법
사방사태기술협회 저 / 한국시설안전공단 역 / 244쪽(신국판) / 18,000원
이 책은 사방(砂防) 관계의 기술에 관한 도서로서, 토석류를 대비할 수 있도록 토석류 재해 조사 방법과 정리 방법에 대해 기술하였다.

말레이시아에 대한민국을 심다
백이호 저 / 304쪽(신국판) / 15,000원
이 책은 페낭대교 수주부터 말레이시아 현장에서의 공사 완공까지의 내용을 꼼꼼하게 정리하고 있다. 토목기술자들이 일선 현장에서 무슨 생각을 하였고, 어떠한 활동을 했는지를 생생하게 알 수 있다.

엑셀을 이용한 구조역학 입문
차바타 요스카다나카 카즈미 저 / 송명관·노혁천 역 / 224쪽(신국판) / 18,000원
이 책에서는 기본적인 구조역학 개념을 소개하였으며, 이를

이용한 엑셀프로그램의 사용방법에 대하여 설명하였다.

지반기술자를 위한 입상체 역학
일본지반공학회 저 / 한국지반공학회 역 / 392쪽(4*6배판) / 28,000원
이 책은 기존의 연속체 역학에 바탕을 둔 이론서들과는 달리 입자들의 집합체인 입상체의 개념과 원리, 역학적 거동의 표현, 또한 그 해석과 응용 등을 다루고 있어 모든 지반구조물의 해석에 매우 유용하게 활용될 수 있다.

그라운드 앵커 유지관리 매뉴얼
독립행정법인 토목연구소·일본앵커협회 저 / 한국시설안전공단 역 / 238쪽(신국판) / 18,000원
각종 구조물 보강 및 비탈면 안정성 확보 등을 목적으로 사용되는 그라운드 앵커는 공용기간이 지나면 다양한 문제점이 발생하기 때문에 유지관리가 매우 중요하다. 이번에 한국시설안전공단에서 지반기술자들의 이해를 돕기 위해 본 번역본을 발간하게 되었다.

토질역학 †
장연수 저 / 614쪽(4*6배판) / 33,000원
저자는 실무에서 중요하게 활용되는 주요 개념을 포함할 수 있는 토질역학 교재의 필요성을 느껴 이 책을 내놓게 되었다.

자원개발공학
Howard L. Hartman, Jan M. Mutmansky 저 / 정소걸, 선우춘, 조성준 역 / 540쪽(4*6배판) / 30,000원
이 책은 자원개발을 위한 탐사, 탐광, 개갱, 채광 및 복구 등 5개의 주요 단계에 대한 내용과 시대의 변화에 따른 자동화 및 로봇화, 급속굴진, 수력채광, 메탄가스 배출 및 원유 채광 등 신채광법에 대한 내용도 포함되어 자원개발과 관련된 모든 것을 학습할 수 있다.

터널붕괴 사례집 ※
(사)한국터널공학회 저 / 420쪽(4*6배판) / 35,000원
약 반세기 동안 국내의 터널설계와 시공기술은 눈부신 발전을 이루어왔다. 하지만 이런 눈부신 기술성장 뒤에는 많은 시행착오가 있었다. 터널시공 중 발생한 붕락붕괴사고와 지반조건 판단의 오류로 인한 인재도 있었다. 이에 (사)한국터널공학회에서 국내는 물론 해외에서도 사례가 없는 터널 붕과붕락 사례집을 발간하게 되었다.

한국의 터널과 지하공간 †
(사)한국터널공학회 저 / 500쪽(4*6배판) / 30,000원
이 책은 과거에서 현재까지 우리나라의 터널과 지하공간에 대한 발전 동향에 대해 풍부하고 상세한 시공사례를 제공하며, 미래의 발전 방향을 제시하고 있다.

재미있는 흙이야기
히메노 켄지 외 저 / 이승호, 박시현 역 / 196쪽(신국판) / 15,000원
이 책은 흙에 있어 그 생성부터 조사방법에 이르는 전문적인 내용까지를 아우르고 있다.

터널설계기준 해설서
(사)한국터널공학회 저 / 420쪽(4*6배판) / 30,000원
이 책은 설계기준에 대한 독자들의 실무적인 이해를 돕고, 터널설계업무 전반에 있어 보다 명확한 가이드라인을 제시해 주는 책이다.

대형·대단면 지하공간 가상프로젝트
(사)한국터널공학회 저 / 184쪽(4*6배) / 16,000원
우리나라는 지난 20년 동안 사회간접시설의 중소단면 터널건설에 급속한 발전을 이룩하여 지하 대공간 활용의 중요성이 대두되고 그 요구가 절실하게 나타나고 있다. 이에 부응하여 지하대공간연구단은 이 책을 발간하게 되었다.

지반기술자를 위한 지질 및 암반공학 ※
(사)한국지반공학회 저 / 724쪽(4*6배판) / 35,000원
이 책은 지반공학 전문가나, 지반관련 현장을 담당하고 있는 많은 기술자들에게 중요한 참고도서로 손색이 없는 책이다.

건설기술자를 위한 토목지질학
노병돈 저 / 256쪽(4*6배판) / 20,000원
이 책은 터널을 축조할 때, 보다 신속하고 정확한 지반정보를 얻을 수 있는 표준화된 방법을 개발하고, 취득된 자료를 균일한 지반정보로 설계자 및 시공자에 제공함으로써 터널의 성공적 축조에 기여하기 위해 집필되었다.

터널표준시방서
(사)한국터널공학회 저 / 162쪽(4*6배판) / 15,000원
1999년 터널표준시방서가 개정된 이후 그동안 재개정된 각종 관련법, 기준, 지침과의 연계성을 확보하며 새롭게 개정하게 되었다. 터널에 재난과 재해의 피해가 발생하지 않도록 내용을 더욱 강화하였다.

지하 대공간 구조물_설계 및 시공가이드
이인모 외 저 / 232쪽(4*6배판) / 18,000원
이 책은 지하에 건설되는 교통(도로, 철도), 전력, 통신, 수로터널 등 사회간접시설뿐 아니라 각종 편의를 위한 지하 대공간 구조물의 적극적인 창출과 원활한 계획, 설계, 시공 및 유지관리를 목적으로 출간되었다.

터널 기계화시공 설계편 ※
한국터널공학회 저 / 672쪽(4*6배판) / 38,000원
2008년 기계화시공을 위한 설계 및 기술 강좌 교재를 수정 보완하여 이 책을 발간하였다. 이 책에서는 TBM 터널의 개념, 굴착이론 및 설계의 주요 과정들, 장비 선정과 시공계획, 현장 시공기술, 설계적용 사례 등을 상세히 다루고 있다.

사면 방재 포인트 100
오쿠조노 세이시 저 / 백용·이홍규·배규진·신희순·이승호·노병돈 역 / 231쪽(신국판) / 19,000원
이 책은 일본의 사면방재와 관련된 정보를 국내의 정황에 맞추어 각색하여 한 권의 책으로 엮었다. 필요한 기초지식을 중심으로, 과거의 체험, 교훈을 인용하여 중요한 포인트 100건을 소개해 준다.

터널설계기준

(사)터널공학회 저 / 148쪽(4*6배판) / 15,000원
1999년 터널표준시방서와 터널설계기준이 분리되어 제정된
이후 많은 시간이 흘렀다. 그동안 각종 관련법과 기준, 지침
등이 재개정되었다. 그동안 제·개정된 법안과의 연계성을 확
보하고, 최근의 현안문제 등을 개선해야 할 필요성에 따라 이
책이 출간되었다.

강구조공학(4판 개정판)

William T. Segui 저 / 권영봉, 배두병, 백성용, 최광규 공역
/ 708쪽(4*6배판) / 25,000원
이 책은 멤피스대학교의 William T. Segui 교수가 2005년
AISC 시방서 및 강구조편람의 개정된 사항을 포함하고 내용
을 보완해 개정한 강구조설계 4판을 번역한 것이다.

환경

북극해의 환경안보

폴 아서 버크만 저 / 박병권, 권문상 역 / 156쪽(신국판) /
18,000원
이 책은 크게 여섯 개 장으로 구성되어 있다. 첫째 장은 서론
으로 이 책의 목적과 내용을 개략적으로 설명하고 있으며, 둘
째 장은 북극해의 자연환경과 인문환경을, 셋째 장은 지구 시
스템의 변화과정과 지구촌 사회와의 관계 그리고 국제공역과
의 관계를, 넷째 장은 정치적, 경제적 그리고 문화적 안정을
유지하는 데 필요한 상호 간의 문제들을, 다섯째 장은 북극해
보전관리에 관해 국제적, 국제기구 간 그리고 환경안보를 통
합 관리하는 것에 관한 문제들을, 그리고 마지막 장에서 북극
해를 지구차원에서 보전·관리함에 있어서 어떻게 각국과 국
제적 균형을 유지할 것인가에 관한 문제들을 다루고 있다.

기후변화에 대비한 도시의 물 관리

제리 유델슨 저 / 한무영 역 / 396쪽(신국판) / 22,000원
이 책은 물에 대한 여러 화젯거리를 설명하고 있으며, 도시
물 위기와 물 부족을 관리하기 위한 최고의 해결방법을 보여
주고 있다. 또한 이 책에서는 물, 에너지, 도시 개발과 기후
변화 사이에 필수적인 연결고리를 검토하여, 건물에서 물을
자급자족할 수 있도록 하는 최고의 실행방법들을 제안하고 있
다.

신재생에너지

박형동, 현창욱, 서장원, 박지환 저 / 264쪽(4*6배판) /
26,000원
이 책은 누구나 쉽게 신재생에너지 전반에 대해 종합적이고
균형 잡힌 시각에서 살펴볼 수 있도록 구성하였으며, 신재생
에너지에 대한 의존도가 커질수록 전통적인 지하광물자원에
대한 수요가 증가할 수밖에 없는 사실도 포함시켰다.

최신 지반환경공학 ※

신은철 · 박정준 저 / 400쪽(4*6배) / 20,000원
이 책은 지반환경의 개념, 역사, 분류, 오염방지 및 정화기술,
폐기물매립지의 안정화 및 안정성평가, 사례 등을 총망라한
지반환경의 공학적 총서라고 할 수 있다.

농업

농업기계설계 II ※

장동일 외 공저 / 372쪽(4*6배판) / 22,000원
본 교재는 농업기계 전공자들이 관련된 기계 및 시설을 설계
할 때 직접적으로 도움이 될 수 있는 실용적인 교재가 되어야
한다는 철학을 가지고, 설계 사례를 중심으로 집필하였다.

농업환경학

양재의 · 정종배 · 김장억 · 이규승 저 / 370쪽(4*6배판) /
23,000원
이 책은 농업환경을 둘러싼 생태계, 토양, 물, 기상, 농약, 미
생물, 농업환경관리의 7개의 영역으로 나누어, 각각의 농업환
경과 그 문제와 대안을 담고 있다.

수확후공정공학 ※

금동혁 외 저 / 850쪽(4*6배판) / 35,000원
식생활의 다변화, 고급화됨에 따라 고품질의 안전한 농산물을
소비자에게 연중 공급하려면 생산 단계뿐만 아니라 수확 후의
관리 과정도 매우 중요하다. 이 책은 농산물을 수확한 후에
거치는 광범위한 관리 과정에 대해 기술한 책이다.

한국의 원예(영문판)

책임편집 이정명, 최근원(경희대학교 교수), Jules Janick(퍼
듀대학교 교수) 외 / 392쪽(컬러판, 양장본) / 50,000원
이 책은 대한민국 원예학 분야의 전문가가 대한민국의 원예와
작물에 대한 종합적인 정보를 제공하기 위해 저술한 원예학술서
이다.

바이오시스템기계공학

박준걸 외 공저 / 504쪽(4*6배판) / 23,000원
이 책은 현재 보급되고 있거나 개발되고 있는 농업기계들에
대한 소개와 현 기술 현황에 대해 기술하고 있다.